高等职业教育"互联网+"创新型系列教材

"十三五"江苏省高等学校重点教材

（编号：2017-1-111）

江苏省"十四五"职业教育规划教材

单片机应用技术

（C51版）

主　编　庄乾成

副主编　宋悦孝　聂开俊

参　编　顾菊芬　盛奋华

机械工业出版社

本书通过发光二极管闪烁控制、简易交通灯设计、简易电子琴设计、简易频率计设计、单片机串行通信、简易数字电压表设计、温度控制直流电动机转速设计等实际项目，介绍了单片机内部结构、单片机 I/O 口应用、单片机外部中断、定时/计数器溢出中断、单片机串行通信、单片机并行扩展、单片机串行扩展、A/D 转换以及高级语言的变量定义与各种运算、函数定义、数据类型、存储类型、程序基本结构、标志符、运算符及指针类型等知识点。

本书以常用仪器仪表及工业控制相关技术环节为载体进行项目引导，以任务驱动模式展开编写，运用 Proteus 仿真软件进行理实一体化教学，以便 C 语言零基础学生也可以学习。

为方便教学，本书有多媒体课件、单元测试答案、模拟试卷及答案等教学资源，凡选用本书作为授课教材的老师，均可通过 QQ（2314073523）咨询。

本书可作为高等职业院校电子信息类、机电类等相关专业的教学用书，也可作为工程技术人员的参考书及培训用书。

图书在版编目（CIP）数据

单片机应用技术：C51 版/庄乾成主编 .—北京：机械工业出版社，2020.11
（2024.8 重印）
高等职业教育"互联网+"创新型系列教材
ISBN 978-7-111-66800-8

Ⅰ. ①单…　Ⅱ. ①庄…　Ⅲ. ①单片微型计算机-高等职业教育-教材
Ⅳ. ①TP368.1

中国版本图书馆 CIP 数据核字（2020）第 200564 号

机械工业出版社（北京市百万庄大街 22 号　邮政编码 100037）
策划编辑：曲世海　责任编辑：曲世海　侯　颖
责任校对：刘雅娜　封面设计：马精明
责任印制：任维东
北京中兴印刷有限公司印刷
2024 年 8 月第 1 版第 9 次印刷
184mm×260mm · 17 印张 · 420 千字
标准书号：ISBN 978-7-111-66800-8
定价：59.80 元

电话服务　　　　　　　　网络服务
客服电话：010-88361066　机　工　官　网：www.cmpbook.com
　　　　　010-88379833　机　工　官　博：weibo.com/cmp1952
　　　　　010-68326294　金　书　网：www.golden-book.com
封底无防伪标均为盗版　机工教育服务网：www.cmpedu.com

前　言

MCS-51系列单片机广泛应用于各类智能产品控制中，其对应的单片机应用技术课程是电子信息类、电气类、机电类相关专业的重要专业课程。本书的编写汇集了苏州信息职业技术学院单片机应用技术课程组教师多年的教学经验，吸收了其他高职院校的教学改革经验。本书采用项目引导、任务驱动编写模式，并体现课前、课中、课后相结合，理论知识和实践能力相并重的理念。本书特色主要包括以下几个方面：

1. 采用 C 语言编程

C 语言易于模块化程序设计、便于移植、易于阅读，是单片机产品开发的主流编程语言。本书融入 C 语言基础知识，C 语言零基础的学生同样可以学习。同时，也避免了学生单独学习 C 语言时无法学以致用，影响学习效果的问题。

2. 采用项目引导、任务驱动模式，注重理实一体，贴近岗位需求

本书在内容阐述上，以循序渐进、由浅入深为原则；在项目选取上，注重实用性及可操作性。全书各项目和任务以常见仪器仪表及工业控制相关技术环节为载体，理论与实际相结合，突出对工程意识和应用能力的训练。任务实践以 Proteus 为仿真平台，强调做中学、学中做。

3. 任务设计具有针对性和扩展性，注重知识与能力的认知规律

本书共 7 个项目，包含多个实践任务，内容包括单片机输入/输出控制、单片机中断控制、定时/计时器应用、串行通信、并行扩展、串行扩展等知识。除项目 4 和项目 5 外，其他项目中各任务既相对独立，又紧密联系，项目最后一个任务是前面几个任务的综合应用，使训练内容由点到线，由线到面，由简单到复杂，符合学生的认知规律。同时，本书提供了预习测试、单元测试、电子课件、仿真案例以及微课等素材，以便更好地开展教学。

为方便教学，建设了在线课程，网址：http://www. icourse163.org/course/SZIUT-1449929189。

本书由苏州信息职业技术学院庄乾成负责统稿以及项目 1～项目 3 的编写，聂开俊负责项目 6 和项目 7 的编写，顾菊芬和盛奋华制作部分仿真电路并编写程序，山东信息职业技术学院宋悦孝负责项目 4 和项目 5 的编写。感谢江苏电子信息职业学院和南京机电职业技术学院的老师们对本书的指导和帮助。感谢常州爱凯电子科技有限公司张台锋总经理为本书提供案例和指导。

由于编者水平有限，书中难免存在不足和疏漏之处，欢迎读者批评指正。

编　者

目　　录

前　言

绪　论 ··· 1

项目 1　发光二极管闪烁控制 ··· 5

任务 1　微控之初：单片机最小系统电路设计 ································· 5

任务 2　星星点灯：发光二极管闪烁控制设计实践 ························ 20

项目小结 ··· 44

单元测试 ··· 44

项目 2　简易交通灯设计 ·· 46

任务 1　似水的年华流水的灯：8 位流水灯设计 ····························· 46

任务 2　心中有数：60s 倒计时控制（数码管静态显示） ··············· 64

任务 3　争分夺秒：数码管动态显示 ·· 77

任务 4　遵守交通法规，人人有责：简易交通灯设计实践 ············· 94

项目小结 ··· 112

单元测试 ··· 112

项目 3　简易电子琴设计 ·· 115

任务 1　我的流水我说了算：流水灯运行模式切换控制设计 ········· 115

任务 2　抢占先机，爱拼才会赢：多路抢答器设计 ······················ 131

任务 3　数字音乐，欢乐学习：电子音乐盒设计 ·························· 145

任务 4　琴声悠扬，乐创无边：简易电子琴设计实践 ··················· 158

项目小结 ··· 170

单元测试 ··· 171

项目 4　脉动的感觉：简易频率计设计 ··· 173

项目小结 ··· 192

单元测试 ··· 192

项目 5　单片机串行通信 ·· 195

任务 1　不一样的显示控制：串行口转并行口驱动数码管显示 ······· 195

任务 2　礼尚往来：双机通信 ·· 206

项目小结 ··· 217

单元测试 ……………………………………………………………………………… 217

项目6　简易数字电压表设计 …………………………………………………………… 219

任务1　低碳显示，技术有责：LCD1602 液晶模块显示 ……………………………… 219

任务2　感知电压，感知世界：简易数字电压表设计实践 …………………………… 230

项目小结 ……………………………………………………………………………… 240

单元测试 ……………………………………………………………………………… 240

项目7　温度控制直流电动机转速设计 ………………………………………………… 242

任务1　感知世界的温度：DS18B20 温度测量器设计 ……………………………… 242

任务2　温度决定速度：温度控制直流电动机转速设计实践 ………………………… 253

项目小结 ……………………………………………………………………………… 264

单元测试 ……………………………………………………………………………… 265

参考文献 ………………………………………………………………………………… 266

绪　　论

　　微型计算机经过几十年的迅速发展，主要有两个发展方向：一是高性能的通用微型计算机，从 20 世纪 80 年代推出的 286、386，到奔腾、赛扬、酷睿等系列处理器，字长已从 8 位扩展到 64 位，CPU 处理能力大大增强，主要用于信息管理、科学计算、辅助设计、辅助制造等；二是面向控制型应用领域的单片微型计算机（即单片机），由于其具有可靠性高、体积小、价格低、易于产品化等特点，在智能仪器仪表、实时工业控制、智能终端、通信设备、导航系统、家用电器等自动控制领域获得了广泛的应用。本书讲述的是应用时间长、范围广、影响较大的 MCS－51 系列单片机。

一、认识单片机

1. 单片机的概念

　　单片机是把各功能部件，如中央处理器（CPU）、只读存储器（ROM）、随机存取存储器（RAM）、输入/输出（I/O）接口电路、定时/计数器及串行通信电路等，集成在一块芯片上，构成的完整的微型计算机，因此又称为单片微型计算机（Single Chip Microcomputer，SCM），其专业名称为微控制器（Micro-controller Unit，MCU）。图 0-1 给出了几种常见的 MCS－51 系列单片机芯片外观。

　　自 20 世纪 70 年代单片机诞生以来，世界各大半导体公司推出的单片机有几十个系列、几百种产品，单片机经历了 4 位、8 位、16 位和 32 位四个阶段。其中，4 位单片机仅用在功能较单一的系统中，8 位、16 位和 32 位是市场主流。随着科学技术的发展，单片机的功能越来越强，集成度越来越高，应用越来越广泛，经过 40 多年的迅猛发展，其产品已经形成了多公司、多系列、多型号的局面。在国际上影响较大的生产公司及其典型产品见表 0-1。

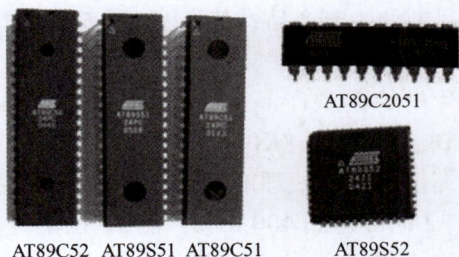

AT89C2051

AT89C52　AT89S51　AT89C51　　　AT89S52

图 0-1　常见 MCS－51 系列单片机芯片外观

表 0-1　国际上影响较大的生产公司及其典型产品

公司	典型产品
Intel	MCS－51 及其增强型系列
Motorola	6801 系列和 6805 系列
NXP	P89C51 系列及 P87C51 系列
Microchip	PIC16F 系列及 PIC18F 系列

1

（续）

公司	典型产品
ZiLog	Z8 系列及 SUPER8
Fairchild	F8 系统和 3870 系统
Rockwell	6500/1 系列
TI	TMS7000 系列
NS	NS8070 系列
RCA	CDP180 系列

2. 单片机的发展

单片机的发展经历了四个阶段。

第一阶段（1971 年—1974 年）：萌芽阶段。 1971 年 11 月，Intel 公司首先设计出集成度为 2000 只晶体管/片的 4 位微处理器 Intel 4004，并且配有随机存取存储器（RAM）、只读存储器（ROM）和移位寄存器芯片，构成一台 MCS-4 微型计算机。1972 年 4 月，Intel 公司又研制成功了处理能力较强的 8 位微处理器——Intel 8008。这些微处理器虽说还不是单片机，但从此拉开了单片机研制的序幕。

第二阶段（1974 年—1978 年）：初级阶段。 以 Intel 公司的 MCS-48 系列为代表，该系列单片机内集成有 8 位 CPU、并行 I/O 口以及 8 位定时/计数器，寻址范围不大于 4KB，且无串行口。

第三阶段（1978 年—1983 年）：高性能单片机阶段。 这一阶段推出的单片机普遍带有串行口、多级中断处理系统以及 16 位定时/计数器。片内 RAM、ROM 容量大，且寻址范围可达 64KB，有的片内还带有 A/D 转换器接口。此时的单片机有 Intel 公司的 MCS-51 系列、Motorola 公司的 6801 系列和 Zilog 公司的 Z8 系列等，它们的应用领域极其广泛，各类产品仍是目前的主流产品。其中 MCS-51 系列单片机以其优良的性能价格比，应用领域十分广泛。

第四阶段（1983 年至今）：8 位单片机巩固发展及 16 位、32 位单片机推出阶段。 16 位单片机的典型产品是 Intel 公司的 MCS-96 系列单片机，晶振为 12MHz，片内 RAM 为 256B，ROM 为 8KB，中断处理为 8 级，而且片内带有多通道 A/D 转换器和高速输入/输出部件，实时处理能力很强。1990 年后，32 位单片机除了有更高的集成度外，主频已由 72MHz 达到 400MHz，使 32 位单片机的数据处理速度比 16 位单片机快许多，其性能也比 8 位、16 位单片机更加优越。

3. 单片机的发展趋势

纵观单片机的发展历程，可以预估单片机的发展趋势大致有以下几个方面：

（1）8 位单片机仍是主流机型

由于 80C51 单片机具有许多优点，如性能价格比高；世界许多知名厂商加盟，不断改进、完善和拓展其功能，并可选择各种功能的兼容芯片；开发装置多；技术人员熟悉；芯片功能足够适用等，可以预见，在未来较长一段时期内，8 位单片机仍然是主流机型。

（2）低功耗

现在单片机制造商基本都采用 CMOS（互补金属氧化物半导体）工艺。传统的 CMOS 单片机低功耗运行方式有休闲方式（Idle）和掉电方式（Power Down）。采用低电压节能技术，允许适用电压范围为 3 ~ 6V，低电压供电单片机电源下限可达 1 ~ 2V，最低已有 0.8V 单片机问世，并且可实行外围电源管理，对集成在芯片内的外围电路实行供电管理，外围电路不运行时关闭电源。80C51 采用 HCMOS（高密度互补金属氧化物半导体）工艺和 CHMOS（互补高密度金属氧化物半导体）工艺。采用 CMOS 工艺虽然功耗较低，但其物理特征决定了工作速度不够高，而采用 CHMOS 工艺则具备了高速和低功耗的特点，更适合在要求低功耗的场合应用。

（3）高度集成化

现在常规的单片机普遍都是将中央处理器、数据存储器、程序存储器、并行和串行通信接口、中断系统、定时电路、时钟电路等集成在一块芯片上，增强型的单片机还集成了如 A/D 转换器、PWM（脉宽调制）电路、WDT（看门狗）技术、I^2C 总线、SPI 总线等。这样，单片机包含的单元电路越多，功能越强大。单片机厂商还可以根据用户对某一类系统的要求量身定做，制造出个性化较强的专用单片机。专用单片机可以最大限度地简化系统结构，提高资源利用效率，大批量专用单片机可带来可观的经济效益。

（4）主流与多品种共存

单片机的品种繁多且各具特色，但目前仍是以 80C51 为核心的单片机占主流，其兼容产品有 NXP（恩智浦）旗下的 P89C51、STC（宏晶科技）旗下的 STC89C51 系列和 WinBond（华邦电子）旗下的 W79E2051/W79E4051 等系列单片机；而 Microchip 公司的 PIC 精简指令集（RISC）也有较强劲的发展势头；近年来 HOLTEK 公司的单片机产量也与日俱增，以其低价优质的优势，占据了一定的市场份额；此外，还有 Motorola 公司及日本几大公司的专用单片机等。在一定时期内，不可能出现某种品牌的单片机一统天下的垄断局面，依存互补、相辅相成、共同发展仍是主流发展方向。

二、单片机的应用

由于单片机具有良好的控制性能、体积小、性价比高、配置形式丰富，在很多领域获得了广泛的应用。

1. 在家用电器中的应用

各种家用电器普遍采用单片机智能化控制代替传统的电子线路控制，如电视机、洗衣机、电风扇、空调、微波炉、电饭煲等。随着家用电器的功能复杂化和节能化，单片机在家用电器中的应用前景将更加广阔。

2. 在办公自动化和商业营销设备中的应用

现代办公室中很多通信和办公设备嵌入单片机，如打印机、复印机、传真机、绘图仪、考勤机等。在商业营销系统中已广泛使用的电子秤、收款机、条码阅读器、刷卡机等都通过单片机控制。

3. 在机电一体化产品中的应用

机电一体化是机械工业发展的方向。机电一体化产品是集机械技术、微电子技术、自动化控制技术和计算机技术于一体，具有智能化特征的机电产品，如汽车电子系统、微机控制机床等。单片机的出现促进了机电一体化技术的发展，它作为机电产品中的控制器，大大强化了机器的功能，提高了机器的自动化、智能化程度。

4. 在仪器仪表中的应用

由单片机控制的仪器仪表称为智能仪器仪表，智能仪器仪表提高了测量精度和测量速度，改善了人机交互界面，简化了操作，提升了仪器仪表的档次。

5. 在实时测控系统中的应用

在工业控制系统中，单片机被广泛地应用于各种实时监测与控制系统中，如温度、湿度、压力、液体液位等信号的采集与控制，使系统工作于最佳状态，提高了系统的生产效率和产品质量，如在航天、通信、遥控、遥测等控制系统中，都可以看到单片机控制器的身影。

三、课程任务和教学要求

本书采用项目式教学方式，结合仿真软件的应用，学生可不受上课场地和时间限制进行学习。本书共分为 7 个项目，除项目 4 外，其他各项目由多个任务组成，项目与项目及任务与任务之间按照学生的认知规律，由浅入深，将单片机输入/输出应用、单片机外部中断、定时/计数器中断、串行口中断及应用、单片机并行口扩展，以及单片机常用外围扩展技术，如独立式按键、矩阵式按键、数码管显示、发光二极管控制、外部周期信号采样、液晶显示、温度采集、直流电动机调速控制等相关知识点和技能点融入相关项目和具体任务中。学生可以根据具体任务边学习、边应用、边拓展，提升实践技能。任务以生活中常见实用的简单案例为载体，切实调动学生积极性。

作为教材，建议学生课前预习——完成预习测试和教材案例，课中讨论——完成课程重点和难点并进一步完成拓展任务，课后复习——完成单元测试巩固知识。学校可以根据自身实验条件，酌情安排理论和实践。

发光二极管闪烁控制

知识目标

1. 掌握单片机的内部硬件结构。
2. 了解 AT89C51 单片机 40 个引脚的基本功能。
3. 掌握单片机最小系统的功能和组成。
4. 理解单片机的内部存储结构。
5. 了解单片机的几种编程语言。
6. 掌握 C 语言的基本数据类型及定义方式。
7. 掌握 C 语言函数的定义方法和简单功能程序设计。

技能目标

1. 会利用 Proteus 仿真软件绘制单片机的简单实用电路。
2. 会利用 Keil 开发软件编写简单的单片机应用程序。
3. 会利用 Proteus 仿真软件和 Keil 开发软件进行软、硬件调试。

情景导入

生活中，人们经常能看到各种仪器仪表上由发光二极管组成的信号灯，以指示仪器仪表的工作状态，如交通信号灯、汽车仪表盘、洗衣机控制面板、便携式电子产品信号指示灯等，单片机控制发光二极管设计简单灵活、易学易操作。本项目通过两个任务完成学习：首先学习单片机正常工作的基本电路组成，即单片机最小系统电路；然后进一步学习单片机的发光二极管的方法。

任务1 微控之初：单片机最小系统电路设计

预习测试

班级：_____ 姓名：_____ 学号：_____

一、填空题

1. 单片机由_____、_____和_____三大部分组成。
2. 单片机的系统总线有_____、_____和_____。
3. 单片机最小系统包括单片机、电源电路、_____和_____。
4. AT89C51 单片机有 4 个并行口，分别为_____、_____、_____和_____。

5. MCS－51 系列单片机 CPU 主要组成部分为_____和_____。

6. AT89C51 外接 12MHz 晶振时，单片机一个机器周期的时间是_____；外接 6MHz 晶振时，单片机一个机器周期的时间是_____。

7. AT89C51 单片机复位时需要 RST 引脚保持_____个机器周期以上的_____电平，以完成单片机复位初始化工作。

二、选择题

1. 以下不是单片机的构成部件的是（   ）。
   A. 微处理器（CPU）   B. 存储器
   C. 接口适配器（I/O 接口电路）   D. 打印机

2. 下列不是单片机总线的是（   ）。
   A. 地址总线   B. 控制总线   C. 数据总线   D. 输出总线

3. MCS－51 系列单片机 CPU 的主要组成部分为（   ）。
   A. 运算器、控制器   B. 加法器、寄存器
   C. 运算器、加法器   D. 运算器、译码器

4. 访问外部存储器或其他接口芯片时，作数据线和低 8 位地址线的是（   ）。
   A. P0 口   B. P1 口   C. P2 口   D. P0 口和 P2 口

5. 单片机 8051 的 XTAL1 和 XTAL2 引脚是（   ）引脚。
   A. 外接定时器   B. 外接串行口   C. 外接中断   D. 外接晶振

6. 单片机 8051 的 VSS（20）引脚是（   ）引脚。
   A. 主电源＋5V   B. 接地   C. 备用电源   D. 访问

7. 单片机 8051 的 VCC（40）引脚是（   ）引脚。
   A. 主电源＋5V   B. 接地   C. 备用电源   D. 访问

三、简答题

1. 简述单片机的内部主要组成结构。

2. 单片机为什么要有复位电路？如何复位？

任务描述

在掌握单片机内部结构、外部引脚功能的基础上，熟练利用 Proteus 仿真软件，绘制能满足 AT89C51 单片机正常工作的单片机最小系统电路，为后续学习和实践单片机相关控制任务做好准备。

知识链接

一、MCS－51 系列单片机硬件结构

1. MCS－51 系列单片机引脚说明

MCS－51 系列单片机是 Intel 公司生产的 8 位单片机，它将 CPU、RAM、ROM、定时/计数器和多功能 I/O 口等基本功能部件集成在一块芯片上，在我国应用非常广泛。MCS－51 系列单片机常采用 40 个引脚双列直插封装（DIP），其实物及引脚排列（以AT89C51 为例）如图 1-1 所示。

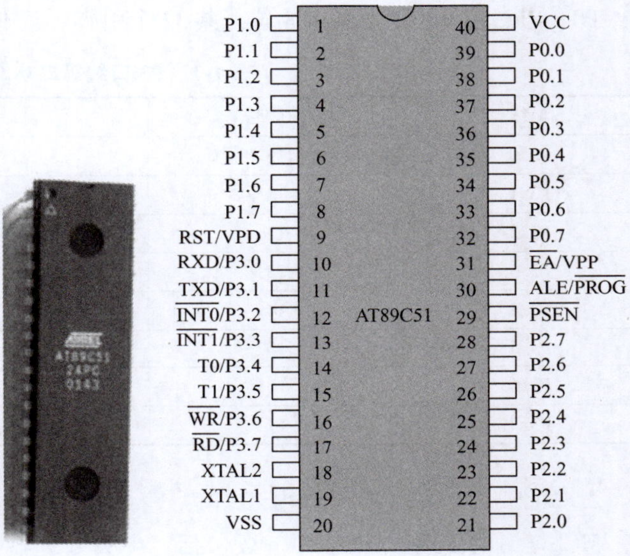

（1）电源引脚 VCC 和 VSS

1）VCC 为电源端，正常工作时接 +5V 电源。

2）VSS 为接地端。

（2）时钟电路引脚 XTAL1 和 XTAL2

XTAL1 和 XTAL2 分别为内部振荡电路反相放大器的输入端和输出端。这两个引脚外接石英晶体和微调电容，可为内部时钟电路提供振荡脉冲信号，以产生单片机有序工作所必需的时钟节拍。

a) AT89C51实物　　　　　　b) AT89C51的引脚排列

图 1-1　AT89C51 单片机实物及引脚排列

（3）控制信号引脚 RST/VPD、ALE/$\overline{PROG}$、$\overline{PSEN}$和EA/VPP

1）RST/VPD：RST 是复位信号输入端，高电平有效。当此输入端保持两个机器周期（24 个时钟振荡周期）的高电平时，就可以完成复位操作。RST 引脚的第二功能是 VPD，即备用电源输入端。当主电源 VCC 发生断电或电压降到一定值时，备用电源通过 VPD 给内部RAM 供电，以保证数据不丢失。

2）ALE/$\overline{PROG}$：ALE 为地址锁存允许信号端。当访问外部存储器时，ALE 用来锁存由P0 口送出的低 8 位地址信号。正常工作过程中，ALE 引脚以 $f_{osc}/6$ 的频率（f_{osc} 为晶振频率）不断向外输出正脉冲信号。需要注意的是，当访问外部存储器时，将跳过一个 ALE 脉冲。此引脚的第二功能$\overline{PROG}$是当片内带有可编程 ROM 的单片机编程写入时，作为编程脉冲的输入端。

3）$\overline{PSEN}$：外部程序存储器允许输出信号端，低电平有效。在访问 ROM 时，此端定时输出负脉冲作为读外部 ROM 选通信号。在取指令期间，每当$\overline{PSEN}$信号有效时，外部 ROM

的内容将被送至数据总线（P0 口）。

4）$\overline{EA}$/VPP：$\overline{EA}$为外部程序存储器访问允许信号端。当$\overline{EA}$引脚接高电平时，CPU 先访问片内 ROM 并执行片内 ROM 指令，一旦地址超出片内 ROM 范围，根据情况可访问片外 ROM。当$\overline{EA}$引脚接低电平时，CPU 只访问外部 ROM 并执行外部 ROM 指令。对于 8031 单片机，由于内部没有 ROM，因此$\overline{EA}$必须接地。该引脚的第二功能 VPP 是作为 8751 EPROM 的 21V 编程电源输入端。

（4）I/O 端口 P0、P1、P2 和 P3

P0、P1、P2 和 P3 口各有 8 位，共 32 个引脚。其中 P3 口各引脚具有第二功能，见表 1-1。

表 1-1 P3 口线第二功能定义

口线	引脚号	功能
P3.0	10	$\overline{RXD}$（串行输入口）
P3.1	11	$\overline{TXD}$（串行输出口）
P3.2	12	$\overline{INT0}$（外部中断 0）
P3.3	13	$\overline{INT1}$（外部中断 1）
P3.4	14	T0（定时/计数器 0 外部输入）
P3.5	15	T1（定时/计数器 1 外部输入）
P3.6	16	$\overline{WR}$（外部数据存储器写脉冲）
P3.7	17	$\overline{RD}$（外部数据存储器读脉冲）

2. MCS-51 系列单片机内部结构

MCS-51 系列单片机芯片一般包括：中央处理器（CPU）、数据存储器（RAM）、程序存储器（ROM）、定时/计数器及外围电路。图 1-2 为 MCS-51 系列单片机结构框图。单片机各组成单元通过总线与中央处理器进行信息传输。

总线是用于传送信息的公共途径。总线可分为数据总线（Data Bus，DB）、地址总线（Address Bus，AB）和控制总线（Control Bus，CB）。采用总线结构，可以减少信息传输线根数，提高系统的可靠性，增加系统的灵活性。

（1）数据总线

数据总线用来在 CPU 与存储器以及输入/输出接口之间传送指令代码和数据信息。

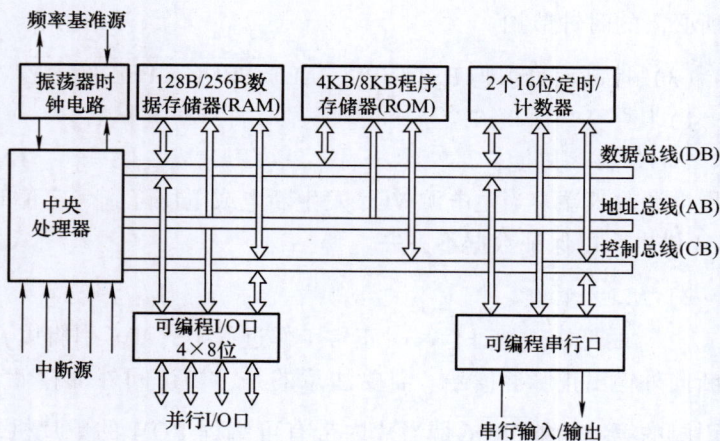

图 1-2 MCS-51 系列单片机结构框图

通常 CPU 的位数和外部数据总线位数一致，8 位 CPU 就有 8 根数据线。数据总线是双向的，既可以从 CPU 输出，也可以从外部输入到 CPU。

（2）地址总线

地址总线用于传送地址信息。当 CPU 与存储器或外围设备（简称外设）交换信息时，必须指明要与哪个存储单元或哪个外设交换，因此地址总线必须和所有存储器的地址线对应相连，也必须和所有 I/O 接口设备相连。这样，当 CPU 对存储器或外设读/写数据时，只要把单元地址或外设的设备码送到地址总线上便可选中对象。地址总线是单向的，即地址总线是从 CPU 传向存储器或外设的。地址总线的数目决定了 CPU 可以直接访问的存储器的单元数目，如在 8 位单片机中，通常为 16 根，CPU 可直接访问的存储器的单元数目为 $2^{16}B = 65536B = 64KB$。

（3）控制总线

控制总线用来传送使单片机各个部件协调工作的定时信号和控制信号，从而保证正确执行指令所要求的各种操作。控制总线是双向总线，可分为两类：一类由 CPU 发向存储器或外设进行某种控制，如读/写操作控制信号；另一类由存储器或外设发向 CPU 表示某种信息或请求，如忙信号、A/D 转换结束信号、中断请求信号等。控制总线的数目与 CPU 的位数没有直接关系，一般受引脚数量的限制，控制总线数目不会太多。

二、单片机最小系统

单片机最小系统，或者称为最小应用系统，是指用最少的元器件组成的可以工作的单片机系统。对 51 系列单片机来说，最小系统一般包括电源模块、单片机（内部包含运算器、控制器、RAM、ROM 及其他基本单元）、时钟电路、复位电路等。电源给整个系统供电；复位电路则保证系统上电后能从程序存储器的起始地址开始运行程序；时钟电路为整个系统提供了时钟同步，没了它整个系统将无法工作；基本的程序也就是整个系统的灵魂，没了灵魂，系统仅仅是一堆电子元器件的组合，不能执行对应功能。

1. 单片机电源模块

为了保证单片机能在各种环境下正常工作，AT89C51 单片机电源供电范围比较宽，一般为 5（1 ± 20%）V，通常单片机外接 5V 直流电源，如图 1-3 所示。连接方式为 VCC（第 40 脚）接 +5V，VSS（第 20 脚）接电源地。其最高供电电压不应超过 6.6V。根据应用环境的不同，其电源选择也有不同，如电池供电、USB 供电、220V 电压经过变压器直流稳压后供电等。

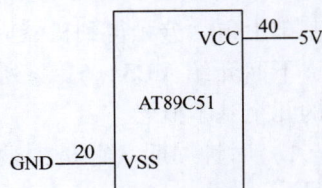

图 1-3 AT89C51 单片机
电源接线示意图

2. 单片机时钟电路

单片机时钟电路用于产生单片机内部各模块工作所需要的同步时钟信号，为了使单片机内部各硬件单元能协调运行，内部电路应在唯一的时钟信号控制下严格地按照时序进行工作。MCS - 51 系列单片机时钟信号的提供方式有两种方式，即内部方式和外部方式。

内部方式是指使用内部振荡器，这时只要在 XTAL1 引脚（19 脚）和 XTAL2 引脚（18 脚）之间外接石英振荡器和起振微调电容，使内部时钟信号频率与晶振振荡频率一致。XTAL1 是单片机内部反相放大器的输入端，这个放大器构成了片内振荡器。输出端为引脚

XTAL2。在芯片的外部通过这两个引脚接石英振荡器和起振微调电容，形成反馈电路，构成稳定的自激振荡器。如图1-4a所示，两电容一般选用陶瓷电容，容量取 18～47pF，典型值可取 30pF。晶振频率 f_{osc} 的选择范围为 1.2～12MHz，一般常选用 6MHz、11.0592MHz或 12MHz。

当使用外部信号源为 51 系列单片机提供时钟信号时，对于 HMOS 芯片，如图 1-4b 所示，XTAL1 接地，XTAL2 接外部时钟信号；对于 CHMOS 芯片，如图 1-4c 所示，XTAL1 接外部时钟信号，而 XTAL2 悬空。

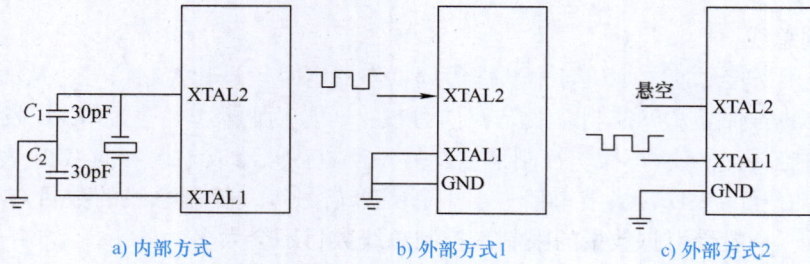

a) 内部方式   b) 外部方式1   c) 外部方式2

图 1-4 MCS-51 系列单片机时钟电路

对于内部方式而言，石英振荡器的频率越高，时钟频率就越高。但振荡电路产生的振荡脉冲并不是时钟信号，而是经过二分频后才作为系统时钟信号。如图 1-5 所示，在二分频的基础上再三分频产生 ALE 信号（ALE 是以晶振 1/6 的固有频率输出的正脉冲），在二分频的基础上再六分频得到机器周期信号。

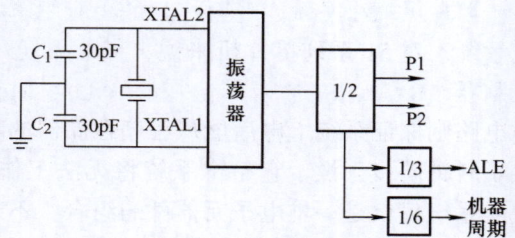

图 1-5 单片机时钟电路示意框图

下面介绍 MCS-51 系列单片机与时序相关的几个基本概念。

1）时钟周期。它是振荡器产生的时钟脉冲的频率的倒数，是最基本、最小的定时信号。

2）状态周期。它是将时钟脉冲二分频后的脉冲信号。状态周期是时钟周期的两倍。状态周期又称 S 周期。在 S 周期内有两个时钟周期，即分为两拍，分别称为 P1 和 P2。

3）机器周期。它是 MCS-51 系列单片机工作的基本定时单位，简称机周。机器周期与时钟周期有着固定的倍数关系。机器周期是时钟周期的 12 倍。当时钟频率为 12MHz 时，机器周期为 $1/10^6 s = 1\mu s$；当时钟频率为 6MHz 时，机器周期为 $2\mu s$。12MHz 和 6MHz 时钟频率是 MCS-51 系列单片机常用的两个频率，因此，采用这两个频率的晶振时，机器周期 $1\mu s$与 $2\mu s$ 就是两个重要的数据，应该记住。

4）指令周期。它指 CPU 执行一条指令占用的时间（用机器周期表示）。单片机执行各种指令的时间各不一样，有单机器周期指令、双机器周期指令和四机器周期指令。其中，单机器周期指令有 64 条，双机器周期指令有 45 条，四机器周期指令只有 2 条（乘法和除法指令），无三机器周期指令。

3. 单片机复位电路

上电瞬间由于单片机供电不够稳定，会造成单片机内部各功能部件初始状态和程序运行状态的不稳定，从而使系统出现意想不到的情况。因此，单片机运行需要专门的复位电路，复位后能使单片机内部各功能部件处于一个确定的初始状态，并从指定的 ROM 初始地址开始运行程序。除系统正常的上电（开机）外，在单片机工作过程中，如果单片机程序运行出错或其他原因使系统处于死机状态，也必须进行复位，使系统重新启动。

因此，复位是单片机的初始化操作，使 CPU 和系统中各部件处于一个确定的初始状态，并从这个状态开始运行工作。复位是一个很重要的操作，但单片机不能自动进行复位，必须配合相应的外部电路才能实现。在时钟电路工作后，只要使单片机的 RST 引脚出现 24 个时钟周期（2 个机器周期）以上的高电平，单片机便实现初始化复位。为了保证应用系统可靠地复位，在设计复位电路时，通常使 RST 引脚保持 10ms 以上的高电平。只要 RST 保持高电平，MCS－51 系列单片机就循环复位，因此，单片机成功复位后要及时撤销复位信号。单片机执行一次复位后，内部数据存储器（RAM）中数据保持不变，程序计数器（PC）初始化为 0000H，使单片机从 ROM 中地址为 0000H 的单元开始运行，其他内部特殊功能寄存器的初始状态见表 1-2。

表 1-2 内部特殊功能寄存器的初始状态

特殊功能寄存器	初始状态	特殊功能寄存器	初始状态
PC	0000H	TMOD	00H
ACC	00H	TCON	00H
B	00H	TH0	00H
PSW	00H	TL0	00H
SP	07H	TH1	00H
DPTR	0000H	TL1	00H
P0 ~ P3	FFH	SBUF	随机
IP	XXX0000000B	SCON	00H
IE	0XX0000000B	PCON	0XXXXXXXB

单片机复位电路有上电自动复位电路和按键手动复位电路两种，如图 1-6 所示。上电自动复位电路（见图 1-6a）是利用电容充放电来实现的；而按键手动复位电路（见图 1-6b）是通过使 RST 端经电阻 R_1 与 5V 电源接通而实现的，它兼具自动复位功能。电路中的 R_1 和 C_1 组成典型的充放电电路，充放电时间 $T = 1/R_1C_1$。根据理论计算结果可知，选择时钟频率为 12MHz 时，一个机器周期为 1μs，只要 $T > 2$μs 就可以可靠复位。因此，当选择 $R_1 = 1$kΩ 时，只要 $C_1 > 0.002$μF 即可。但在实际电路中，电容的充放电

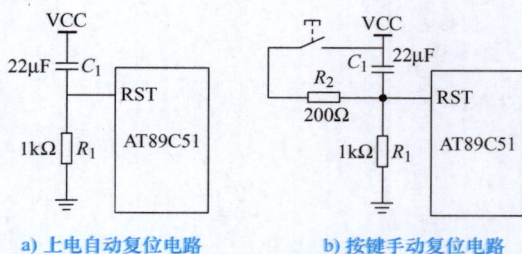

a) 上电自动复位电路 b) 按键手动复位电路

图 1-6 MCS－51 系列单片机复位电路

都会有一段时间延时，一般选择 $R_1 = 1\text{k}\Omega$ 或 $10\text{k}\Omega$，$C_1 = 22\mu\text{F}$。

任务实践

一、Proteus 电路仿真软件应用方法

Proteus 是 Lab Center Electronics 公司开发的 EDA（电子设计自动化）工具软件，可进行原理图设计、电路分析与仿真、单片机代码级调试与仿真、系统测试与功能验证以及 PCB（印制电路板）设计一系列完整的电子设计过程。Proteus ISIS 是智能原理图输入系统，利用该系统既可以进行智能原理图设计、绘制和编辑，又可以进行电路分析与实物仿真。尤为突出的是，它是目前为止最适合单片机系统开发使用的设计与仿真平台之一。

1. 启动 Proteus ISIS

在计算机上安装好 Proteus 后，双击桌面上的 ISIS 7 Professional 图标，或者通过选择屏幕下方"开始"→"程序"→"Proteus 7 Professional"→"ISIS 7 Professional"命令，启动 Proteus 软件，出现图 1-7 所示界面，表明进入 Proteus ISIS 集成环境。

图 1-7　Proteus 启动时的界面

2. 工作界面简介

Proteus ISIS 的工作界面是一种标准的 Windows 界面，如图 1-8 所示，包括标题栏、菜单栏、工具栏、对象预览窗口、元器件选择按钮、对象选择区、编辑区、仿真控制按钮、模式选择工具栏和状态栏。

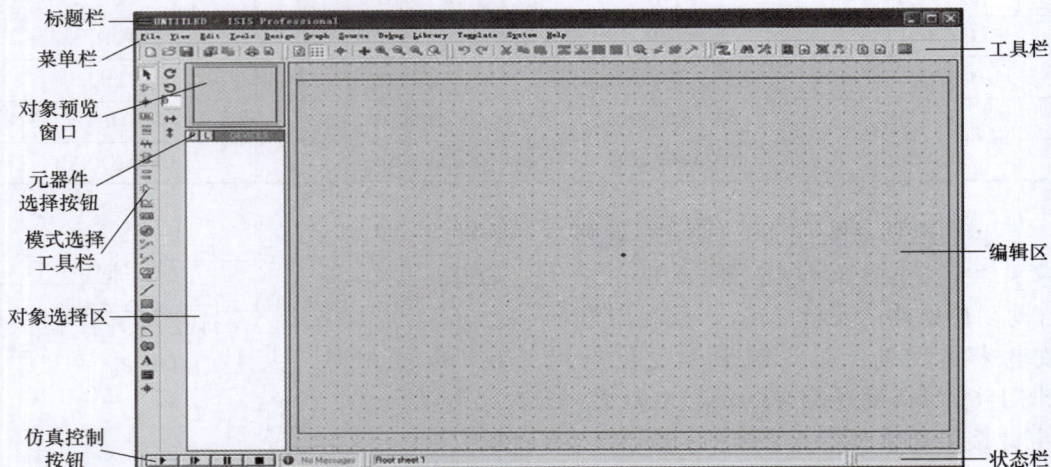

图 1-8　Proteus ISIS 的工作界面

在编辑区中可编辑原理图，设计各种电路、符号和器件模型等。同时，它也是各种电路的仿真平台。此窗口没有滚动条，可通过对象预览窗口来改变原理图的可视范围。同时，它

的操作不同于常用的 Windows 应用程序，其正确的操作是：单击鼠标左键（简称单击）放置元器件，滚动滚轮放/缩原理图，单击鼠标右键（简称右击）选择元器件，双击右键删除元器件，先右击后单击编辑元器件属性，先右击后长按左键拖拽为拖动元器件，连线用左键，删除用右键。

3. 对象预览窗口

对象预览窗口可显示两个内容，一个是在元器件列表中选择一个元器件时，会显示该元器件的预览图；另一个是当单击空白编辑区或在编辑区中放置元器件时，会显示整张原理图的缩略图，并显示一个绿色方框，绿色方框里面的内容就是当前原理图窗口中显示的内容。因此，可在对象预览窗口中单击来改变绿色方框的位置，从而改变原理图的可视范围。对象预览窗口功能如图 1-9 所示，其中，图 1-9a 是在元器件列表中选择元器件，图 1-9b 所示为在编辑区中放置元器件，图 1-9c 是在对象预览窗口中单击移动绿色方框。

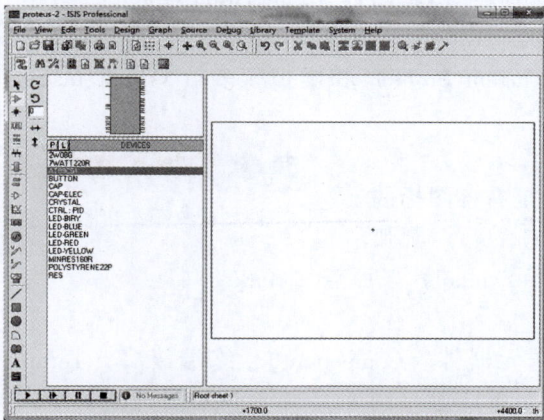

a) 对象选择器

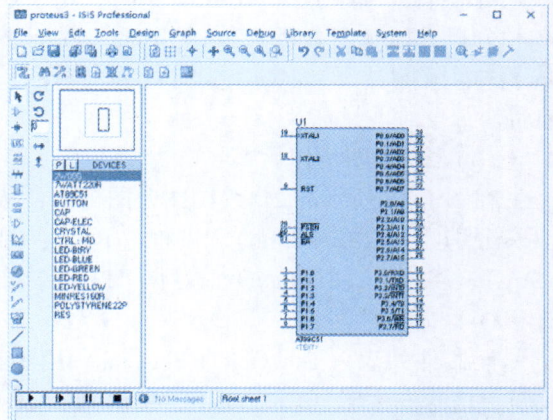

b) 在编辑区放置元器件

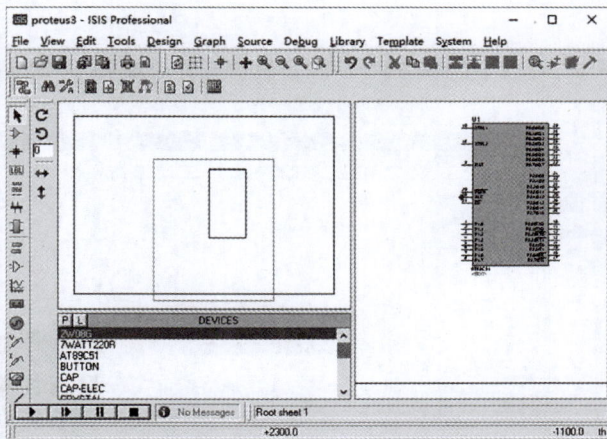

c) 在对象预览窗口中调整编辑区

图 1-9　对象预览窗口功能

4. 模式选择工具栏

（1）主要模式按钮

在图 1-10 所示的主要模式按钮图标中，从左至右各图标的含义分别为：即时编辑元器件（Instant Edit Mode）、元器件拾取（Components）（默认选择）、放置连接点（交叉点）

图 1-10　主要模式按钮图标

（Junction Dot）、放置标签（Wire Label）、放置文本（Text Script）、绘制总线（BUS）、放置子电路（Sub-circuit）。这些主要模式按钮图标的用法为先单击该图标再单击要修改的元器件。

（2）小工具箱按钮

在图 1-11 所示的小工具箱按钮图标中，从左至右各图标的含义分别为：终端（Terminals）模式，有 VCC、地、输出、

图 1-11　小工具箱按钮图标

输入等终端；器件引脚（Device Pin），用于绘制引脚；仿真图标（Simulation Graph），用于各种分析，如噪声分析（Noise Analysis）；录音机（Tape Recorder）；信号发生器（Generator）；电压探针（Voltage Probe）；电流探针（Current Probe）和虚拟仪表（Virtual Instruments）。

（3）2D 绘图按钮

在图 1-12 所示的 2D 绘图按钮图标中，从左至右各图标的含义分别为：直线（Line）、方框（Box）、圆（Circle）、圆弧

图 1-12　2D 绘图按钮图标

（Arc）、多边形（2D Path）、文本（Text）、符号（Symbol）及原点（Marker）。

（4）元器件列表

元器件列表（The Object Selector）用于挑选元器件（Component）、终端接口（Terminal）、信号发生器（Generator）和仿真图表（Graph）等。例如，当选择元器件时，单击"P"按钮会弹出"元器件拾取"（Pick Devices）对话框，如图 1-13 所示，选择一个元器件并双击该元器件后，该元器件在列表中显示。以后要用到该元器件时，只需在元器件列表中选择即可。

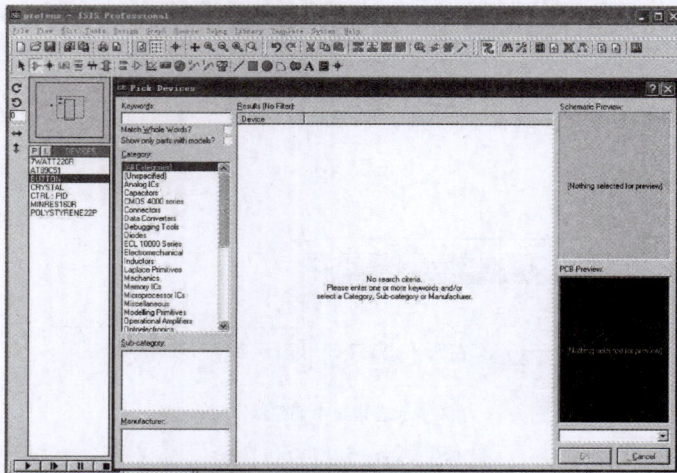

图 1-13　元器件拾取对话框

（5）仿真工具栏

在图1-14所示的仿真控制按钮图标中，从左至右各图标的含义分别为：仿真运行（Execute）、单步运行（Step Over）、暂停（Pause）、停止（Stop）。

二、单片机最小系统原理仿真图绘制

当前常用的MCS-51系列单片机芯片内部已经集成了运算器、控制器、RAM、ROM等基本部件，因此单片机最小系统只需在单片机基础上扩展电源模块、复位电路和时钟电路，即可满足单片机运行的基本条件，如图1-15所示。由于采用仿真软件绘制，电源模块在绘制电路时可以省略，但在实际电路中，电源模块不可缺少。单片机最小系统的元器件清单见表1-3。

图1-14 仿真控制按钮图标

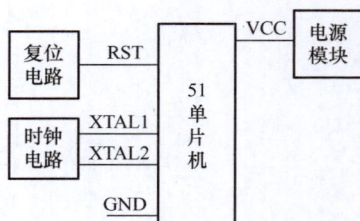

图1-15 单片机最小系统框图

表1-3 单片机最小系统的元器件清单

序号	名称	型号及参数	数量	所在仿真库名
1	单片机	AT89C51	1片	Microprocessor ICs
2	晶振	12MHz	1只	Miscellaneous
3	瓷片电容	30pF	2个	Capacitors
4	电解电容	10μF	1个	Capacitors
5	电阻	10kΩ	1个	Resistors

1. 从元器件库选择元器件进入对象选择区

打开Proteus仿真软件，建立Proteus文件，输入文件名，保存到指定目录。首先单击"元器件拾取"（Component Model）按钮，然后单击对象选择区上方的"P"（Pick from Libraries）按钮，进入"元器件拾取"（Pick Devices）对话框，如图1-16和图1-17所示。

"元器件拾取"对话框中的"Category"列表框为仿真软件中相关元器件库列表。查找元器件有两种方法。

方法1：如果确定元器件所在库，如拾取AT89C51，该芯片在Microprocessor ICs库中，如图1-18所示，首先单击选中"Microprocessor ICs"库，则该库的子库出现在下方的"Subcategory"列表框中；然后单击"8051 Family"子库，库中的元器件出现在右侧的"Results"列表框中；选择AT89C51芯片，双击后元器件进入对象选择区，元器件拾取成功。按照上述方法，逐步拾取其他元器件。

方法2：如果不确定元器件在哪个库，则可以在"Keywords"文本框中直接输入元器件名，如图1-19所示，输入"AT89C51"，右边"Results"列表框中即可显示相关的元器件，

15

双击对应的元器件，元器件进入对象选择区，元器件拾取成功。按照上述方法，逐步拾取其他元器件。

图 1-16　元器件拾取

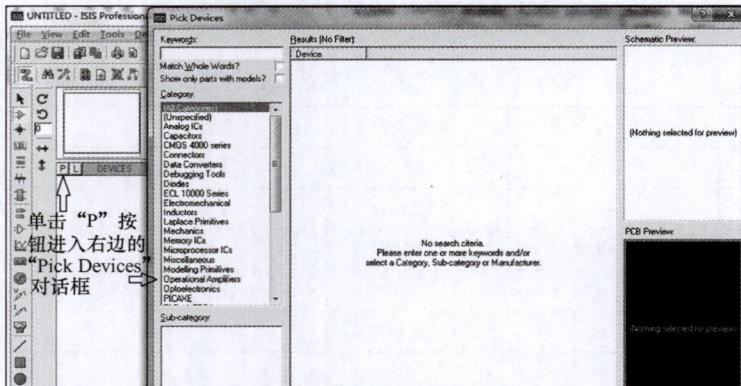

图 1-17　"元器件拾取"对话框

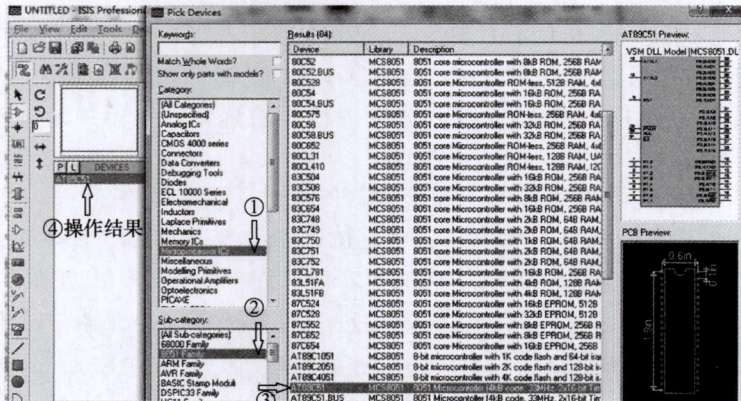

图 1-18　库查找

16

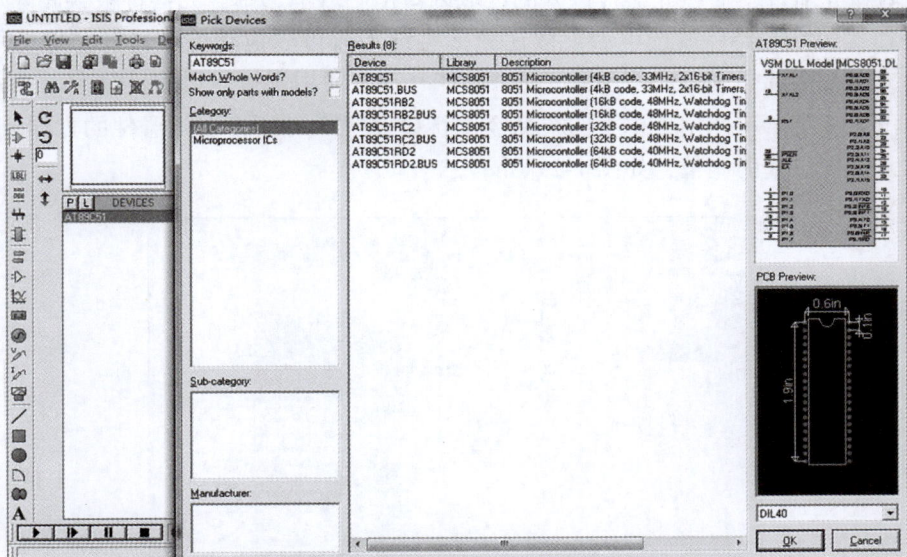

图 1-19　元器件名检索

2. 元器件的放置及位置调整

如图 1-20 所示，单击对象选择区中对应的元器件名，鼠标移至编辑区并双击，元器件即被放置到编辑区中。

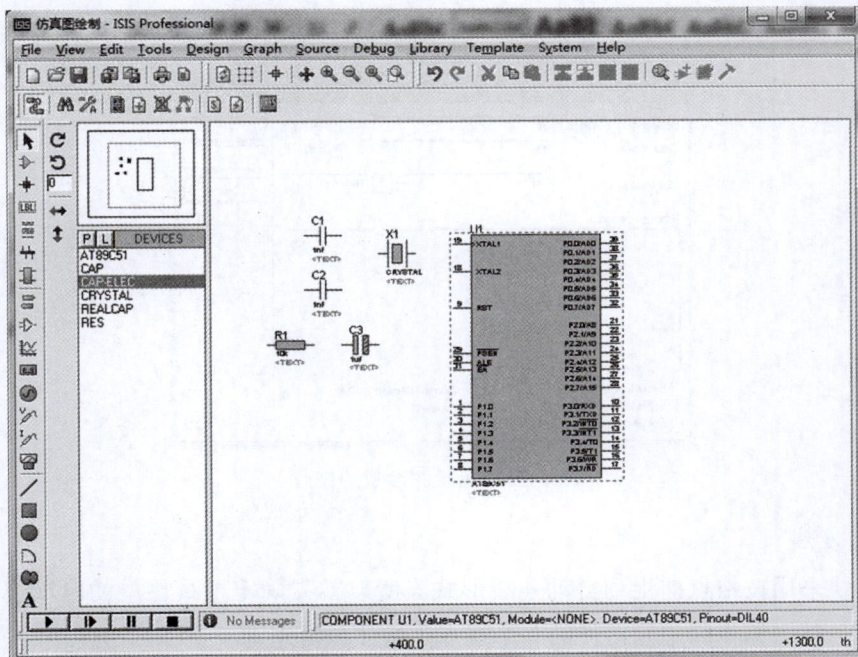

图 1-20　元器件的放置

右击编辑区的元器件，选中该元器件（元器件变为红色），在选中的元器件上再次右击，则删除该元器件，而在元器件以外的区域内单击则取消选中，元器件被误删除可以通过单击 ↩ 按钮找回。元器件被选中后，按住鼠标左键不放可以拖动该元器件。群选可以使用鼠标左键拖出一个选择区域，使用 ■ 按钮来整体移动。使用 ■ 按钮可整体复制。在元器件上右击可弹出快捷菜单，使用菜单中四个命令图标 **C ↻ ↔ ↕** 可以改变元器件的方向和对称性，以完成对元器件位置的调整，如图 1-21 所示。

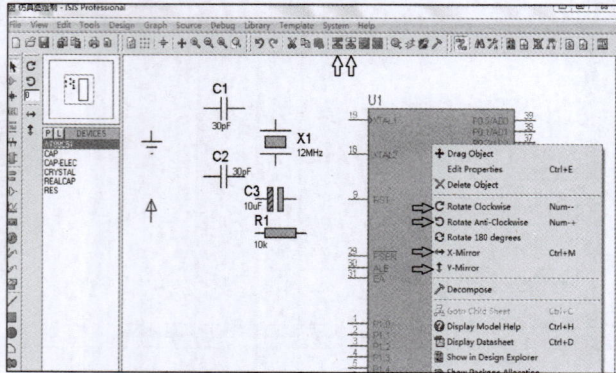

图 1-21　元器件位置调整工具

3. 元器件参数的修改

双击编辑区中的元器件，以电容 C1 为例，双击电容 C1，弹出"Edit Component"（元器件属性设置）对话框，把 C1 的"Capacitance"（容值）由 1nF 改为 30pF，如图 1-22 所示。照此设置其他元器件相应的参数。

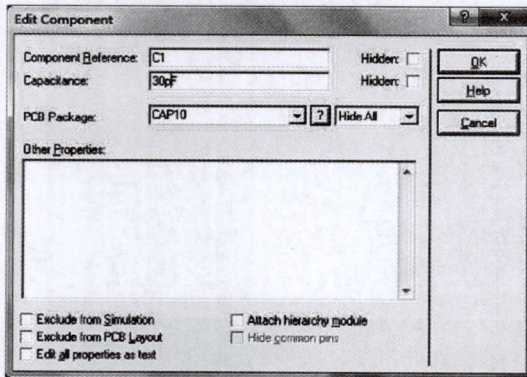

图 1-22　元器件参数的修改

4. 电路连线

电路连线采用按格点捕捉和自动连线形式，所以首先确定工具栏中的自动连线按钮 ▤ 为按下状态。单击编辑区中元器件的一个端点，按住鼠标左键，拖动到待连接的另外一个元器件的端点，先松开左键后再单击，即完成一根连线。如果要删除一根连线，在连线上双击右键即可。完成连线后，如果想要回到拾取元器件状态，单击左侧模式选择工具栏中的"元器件拾取"按钮 ▶ 即可。效果如图 1-23 所示。绘图过程中注意实时保存。

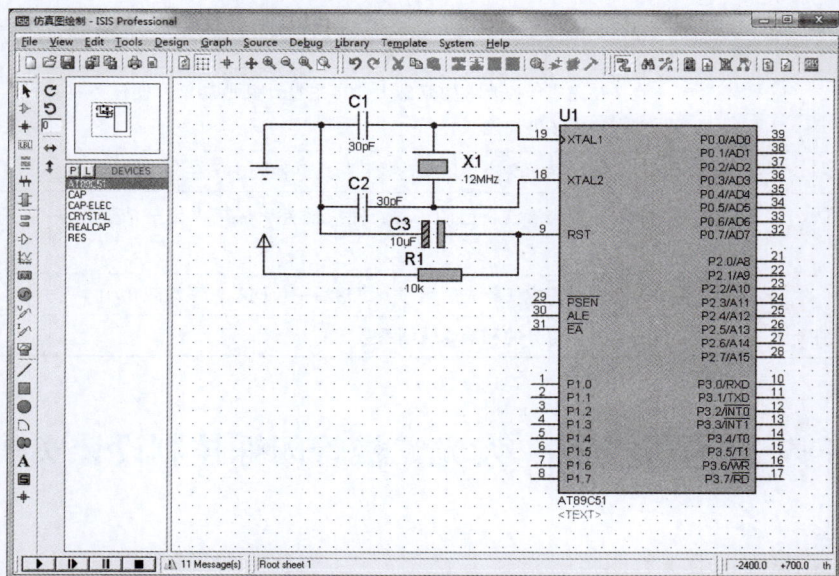

图 1-23　电路连线效果

三、举一反三——拓展实践

1. 实践任务

设计并用 Proteus 软件绘制单片机最小系统控制两个发光二极管的仿真电路。

2. 任务目的

1）学会单片机对发光二极管简单控制电路设计。

2）学会熟练应用 Proteus 软件绘制仿真原理图。

3. 任务要求及考核表

为进一步加强学生严谨的学习态度，形成良好的学习习惯，锻炼学生分析问题与解决问题的能力，培养学生精益求精的工匠精神，对任务进行如下考核，学生也可以对照下表进行任务自查。

任务名称：单片机最小系统控制两个发光二极管的仿真电路设计				
班级		姓名	学号	
考核项目	配分	要求及评价标准		得分
元器件数量	10	各元器件数量是否完整。缺失 1 个扣 1 分		
参数标注	10	各元器件参数是否正确。错误 1 个扣 1 分		
元器件布局	10	元器件布局合理美观，功能模块清晰。若不合要求，根据情况扣 0.5~4 分		
连线	20	连线合理，连线距离最优且整洁美观，无无必要交叉，交叉连接处有连接点。若不合要求，酌情扣分		
电路正确性	35	电路设计合理，无功能和逻辑错误，功能齐全。若不合要求，酌情扣分		

（续）

考核项目	配分	要求及评价标准	得分
自主创新	5	在完成任务要求的基础上，自主设计其他功能，使任务具有合理拓展性能	
团结协作	5	能和同学交流，乐于请教和帮助其他同学，会分工协作	
5S 整理	5	整理与清洁自己的工位，完成任务后保持工位整洁整齐，无垃圾	
时间系数	1	按照完成任务先后顺序，每落后一位同学，系数减 0.01	
成绩合计		各项得分的和乘以时间系数	

任务 2　星星点灯：发光二极管闪烁控制设计实践

预习测试

班级：_____　姓名：_____　学号：_____

一、填空题

1. MCS – 51 系列单片机分为_____子系列和_____子系列。

2. 51 子系列单片机内部有____KB 程序存储器，52 子系列单片机内部有____KB 程序存储器。

3. 8051 单片机片内 RAM 的 20H ~ 2FH 单元为_____区，位地址范围为_____。

4. 单片机内 RAM 通常指 00H ~ 7FH 的低 128B 空间，它又可以分为三个物理空间：_____、_____和_____。

5. 在 C 语言中，数据类型可分为_____、_____、_____、_____四大类。

6. 对于基本数据类型量，按其取值是否可以改变可分为_____和_____两种。

7. 一个 C 语言程序至少包括一个_____，一个 C 语言程序有且只能有一个名为_____，即_____。_____是 C 语言源文件的一个基本单元。

二、选择题

1. PSW = 18H 时，当前工作寄存器是（　　）。

A. 0 组　　　　　　B. 1 组　　　　　　C. 2 组　　　　　　D. 3 组

2. 单片机能直接运行的程序称为（　　）。

A. 源程序　　　　　B. 汇编程序　　　　C. 目标程序　　　　D. 编译程序

3. 对于 8051 单片机来说，其内部 RAM 的 20H ~ 2FH 单元（　　）。

A. 只能位寻址　　　　　　　　　　　　B. 只能字节寻址

C. 既可位寻址又可字节寻址　　　　　　D. 少部分只能位寻址

4. 单片机上电后或复位后，工作寄存器 R0 是在（　　）。

A. 0 区 00H 单元　　B. 0 区 01H 单元　　C. 0 区 09H 单元　　D. SFR

5. MCS‑51 系列单片机的片内外 ROM 是统一编址的，如果 $\overline{EA}$ 端保持高电平，8051 的程序计数器（PC）的地址范围是（　　）。

A. 1000H～FFFFH　　B. 0000H～FFFFH　　C. 0001H～0FFFH　　D. 0000H～0FFFH

6. 8051 单片机的程序计数器（PC）为 16 位计数器，其寻址范围是（　　）。

A. 8KB　　　　　　B. 16KB　　　　　　C. 32KB　　　　　　D. 64KB

7. 单片机的程序计数器（PC）是用来（　　）的。

A. 存放指令　　　　　　　　　　　　B. 存放正在执行指令地址

C. 存放下一条指令地址　　　　　　　D. 存放上一条指令地址

三、简答题

简述 PC 寄存器的基本工作方式。

任务描述

在单片机最小系统的基础上，利用 Proteus 仿真软件设计发光二极管控制电路，并编程实现发光二极管约每秒闪烁一次的功能。

知识链接

单片机程序存储于程序存储器中，程序运行时产生的临时数据占用数据存储空间。同时，单片机各接口都以存储单元的形式存在。因此，程序设计者必须熟练掌握单片机相关存储空间，编程时才能对存储空间合理分配与应用，配合合理的程序结构，才能发挥单片机高效的控制能力。

一、MCS‑51 系列单片机内部存储结构

MCS‑51 系列单片机分为 51 子系列和 52 子系列，其内部集成有一定容量的程序存储器（8031、8032、80C31 除外）和数据存储器。此外，它还有强大的外部存储器扩展能力。51 子系列单片机内部有 128B（字节）的 RAM 数据存储器和 4KB 的 ROM 或 EPROM 程序存储器（8031 除外），而 52 子系列内部有 256B 的 RAM 数据存储器和 8KB 的 ROM 程序存储器（8032 除外）。

如图 1-24a 所示，51 子系列单片机内部有 4KB ROM（EPROM、EEPROM）程序存储器，外部同样可以扩展到 64KB；当引脚 $\overline{EA} = 1$（$\overline{EA}$ 接高电平）时，低 4KB（0000H～0FFFH）指向片内，若超过 4KB 访问空间后，且有外部程序存储器时，则转向外部存储空间 1000H 地址处继续向后访问；而当 $\overline{EA} = 0$（$\overline{EA}$ 接低电平）时，低 4KB（0000H～0FFFH）指向片外。52 子系列单片机内部有 8KB ROM（EPROM、EEPROM）程序存储器，外部同样可以扩展到 64KB。当片内无 ROM（EPROM、EEPROM）程序存储器的 8031、8032 构成应用系统时，必须使 $\overline{EA} = 0$，程序存储器只能进行外部扩展。

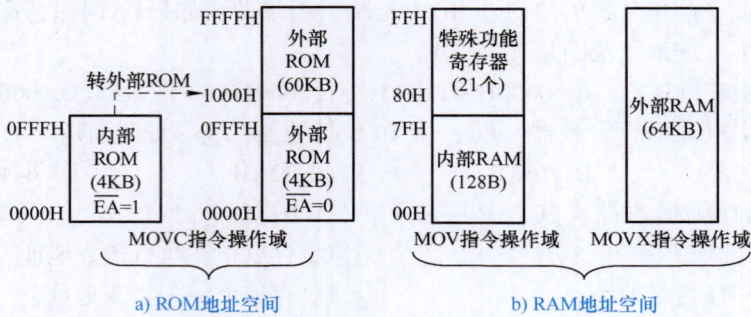

图 1-24　MCS-51 系列单片机存储空间分配

如图 1-24b 所示，片内的数据存储器（RAM）在物理上又可以分为两个不同的块：地址为 00H~7FH（0~127）单元组成的低 128B RAM 块、80H~FFH（128~255）单元组成的高 128B 的 SFR（特殊功能寄存器）块。在 52 子系列中，高 128B RAM 块和 128B 的 SFR 块地址是重合的，但由于访问时寻址方式不同，因此编程时能够加以区分。访问高 128B RAM 块时，采用寄存器间接寻址方式；访问 SFR 块时，只能采用直接寻址方式。访问地址在低 128B RAM 块时，两种寻址方式都可以采用。

综上所述，MCS-51 系列单片机存储器组织结构分为 3 个不同的存储空间，分别是：

1）64KB 程序存储器（ROM），包括片内 ROM 和片外 ROM。

2）64KB 外部数据存储器（外部 RAM）。

3）256B（包括特殊功能寄存器，52 子系列多 128B 内存单元）内部数据存储器（内部 RAM）。

1. 内部数据存储区

从广义上讲，80C51 单片机内部 RAM（128B）和特殊功能寄存器（128B）均属于片内 RAM 空间。为了加以区别，内部 RAM 通常指 00H~7FH 的低 128B 空间，它又可以分为 3 个物理空间：工作寄存器区、位寻址区和数据缓冲区（也称用户 RAM 区），具体内存分配如图 1-25 所示。

（1）工作寄存器区

地址从 00H~1FH 共 32B 属工作寄存器区。工作寄存器（R0~R7）是 80C51 的重要寄存器，指令系统中有专用于工作寄存器操作的指令，读/写速度比一般片内 RAM 要快，指令字节比一般直接寻址指令要短。另外，工作寄存器还具有间接功能，能给编程和应用带来方便。

30H~7FH									数据缓冲区
字节地址	展开对应位地址								
2FH	7F	7E	7D	7C	7B	7A	79	78	
2EH	77	76	75	74	73	72	71	70	
2DH	6F	6E	6D	6C	6B	6A	69	68	
2CH	67	66	65	64	63	62	61	60	
2BH	5F	5E	5D	5C	5B	5A	59	58	
2AH	57	56	55	54	53	52	51	50	
29H	4F	4E	4D	4C	4B	4A	49	48	位寻址区，可字节寻址
28H	47	46	45	44	43	42	41	40	
27H	3F	3E	3D	3C	3B	3A	39	38	
26H	37	36	35	34	33	32	31	30	
25H	2F	2E	2D	2C	2B	2A	29	28	
24H	27	26	25	24	23	22	21	20	
23H	1F	1E	1D	1C	1B	1A	19	18	
22H	17	16	15	14	13	12	11	10	
21H	0F	0E	0D	0C	0B	0A	09	08	
20H	07	06	05	04	03	02	01	00	
18H~1FH	工作寄存器3区(RS1=1、RS0=1)								工作寄存器区
10H~17H	工作寄存器2区(RS1=1、RS0=0)								
08H~0FH	工作寄存器1区(RS0=0、RS0=1)								
00H~07H	工作寄存器0区(RS1=0、RS0=0)								

图 1-25　内部数据存储区低 128B 空间分配图

工作寄存器分为 4 个区，即 0 区、1 区、2 区和 3 区。每个区有 8 个寄存器，即 R0～R7，寄存器名称相同。但当前工作寄存器区只能有一个，至于哪一个工作寄存器区处于当前工作状态，则由程序状态字 PSW 中的 D4（RS1）和 D3（RS0）位决定。若用户程序不需要 4 个工作寄存器区，则不用的工作寄存器区单元可作为一般的 RAM 使用。

（2）位寻址区

地址从 20H～2FH 共 16B 属位寻址区，每字节（B）有 8 位（bit），共 128 位，每一位均有一个位地址。在 MCS－51 系列单片机中，RAM 和 ROM 均以字节为单位，每字节有 8 位，每一位可容纳一位二进制数（1 或 0），但是一般 RAM 只有字节地址，操作时只能 8 位整体操作，不能按位单独操作。而位寻址区的 16B，非但有字节地址，字节中的每一位还有位地址，可位寻址、位操作。所谓位寻址、位操作，是指按位地址对该位进行置 1、清 0、求反或判转等，位寻址区的主要用途是存放各种标志位信息和位数据。

需要注意的是，位地址 00H～7FH 和内部 RAM 字节地址 00H～7FH 虽编址相同，但位操作指令和字节操作指令不同，因此在指令执行时，CPU 不会搞错，而初学者却容易搞错，应用中应特别注意。

（3）数据缓冲区

内部 RAM 中地址为 30H～7FH 的字节区域，共 80 个 RAM 单元为数据缓冲区，属于一般内部 RAM，用于存放各种数据和中间结果以及作为堆栈使用，起到数据缓冲的作用。

2. 特殊功能寄存器

在 MCS－51 系列单片机中，内部 RAM 的高 128B 是供特殊功能寄存器（Special Function Register，SFR）使用的。所谓特殊功能寄存器是指有特殊用途的寄存器的集合，也称专用寄存器，它们位于片内数据存储器之上。特殊功能寄存器的实际个数和单片机的型号有关，8051 或 8031 的 SFR 有 21 个，8052 的 SFR 有 26 个，它们离散地分布在 80H～FFH 的地址空间范围内，在此区间访问不为 SFR 占用的 RAM 单元没有实际意义。

特殊功能寄存器地址映像表如图 1-26 所示。图中列出了这些特殊功能寄存器的名称、符号和字节地址，其中字节地址被 8 整除的 SFR（字节地址末位为 0 或 8）可位寻址、位操作。可位寻址的特殊功能寄存器每一位都有位地址，有的还有位定义名。如 PSW.0 是位编号，代表程序状态寄存器最低位，它的位地址为 D0H，位定义名为 P，编程时三者都可以使用。有的 SFR 有位定义名，却无位地址，也不可位寻址、位操作。例如 TMOD，每一位都有位定义名，即 GATE、C/$\overline{T}$、M1、M0，但无位地址，因此不可以位寻址、位操作。不可位寻址、位操作的特殊功能寄存器只能有字节地址，无位地址，只能以直接寻址方式访问。

3. 内部程序存储器

程序是控制计算机动作的一系列命令，单片机只能处理由"0"和"1"代码构成的机器指令。如用助记符编写的命令"MOV A，#20H"，要换成机器能处理的代码 74H、20H（写成二进制就是 01110100B 和 00100000B）。在单片机处理问题之前必须事先将编好的程序、表格、数据汇编成机器代码后存入单片机的存储器中，该存储器称为程序存储器。程序存储器可以放在片内或片外，也可片内、片外同时设置。由于程序计数器为 16 位，使得程序存储器可用 16 位二进制地址，因此，内、外存储器的地址最大范围可为 0000H～FFFFH 的 64KB。

SFR名称	符号	位地址/位定义名称/位编号								字节地址
		D7	D6	D5	D4	D3	D2	D1	D0	
B寄存器	B	F7H	F6H	F5H	F4H	F3H	F2H	F1H	F0H	F0H
累加器A	ACC	E7H	E6H	E5H	E4H	E3H	E2H	E1H	E0H	E0H
		ACC.7	ACC.6	ACC.5	ACC.4	ACC.3	ACC.2	ACC.1	ACC.0	
程序状态字寄存器	PSW	D7H	D6H	D5H	D4H	D3H	D2H	D1H	D0H	D0H
		CY	AC	F0	RS1	RS0	0V	F1	F0	
		PSW.7	PSW.6	PSW.5	PSW.4	PSW.3	PSW.2	PSW.1	PSW.0	
中断优先级控制寄存器	IP	BFH	BEH	BDH	BCH	BBH	BAH	B9H	B8H	B8H
		—	—	—	PS	PT1	PX1	PT0	PX0	
I/O端口3	P3	B7H	B6H	B5H	B4H	B3H	B2H	B1H	B0H	B0H
		P3.7	P3.6	P3.5	P3.4	P3.3	P3.2	P3.1	P3.0	
中断允许控制寄存器	IE	AFH	AEH	ADH	ACH	ABH	AAH	A9H	A8H	A8H
		EA	—	—	ES	ET1	EX1	ET0	EX0	
I/O端口2	P2	A7H	A6H	A5H	A4H	A3H	A2H	A1H	A0H	A0H
		P2.7	P2.6	P2.5	P2.4	P2.3	P2.2	P2.1	P2.0	
串行数据缓冲区	SBUF	—								99H
串行控制寄存器	SCON	9FH	9EH	9DH	9CH	9BH	9AH	99H	98H	98H
		SM0	SM1	SM2	REN	TB8	RB8	TI	RI	
I/O端口1	P1	97H	96H	95H	94H	93H	92H	91H	90H	90H
		P1.7	P1.6	P1.5	P1.4	P1.3	P1.2	P1.1	P1.0	
定时/计数器1（高字节）	TH1									8DH
定时/计数器0（高字节）	TH0									8CH
定时/计数器1（低字节）	TL1									8BH
定时/计数器0（低字节）	TL0									8AH
定时/计数器方式选择	TMOD	GATE	C/$\overline{\text{T}}$	M1	M0	GATE	C/$\overline{\text{T}}$	M1	M0	89H
定时/计数器控制寄存器	TCON	8FH	8EH	8DH	8CH	8BH	8AH	89H	88H	88H
		TF1	TR1	TF0	TR0	IE1	IT1	IE0	IT0	
电源控制及波特率选择	PCON	SMOD	—	—	—	GF1	GF0	PD	IDL	87H
数据指针（高字节）	DPH									83H
数据指针（低字节）	DPL									82H
堆栈指针	SP									81H
I/O端口0	P0	87H	86H	85H	84H	83H	82H	81H	80H	80H
		P0.7	P0.6	P0.5	P0.4	P0.3	P0.2	P0.1	P0.0	

图 1-26　特殊功能寄存器地址映像表

51 子系列单片机内部有 4KB ROM（EPROM、EEPROM）（0000H～0FFFH），1000H～FFFFH 是外部扩展程序存储地址空间。而 52 子系列内部有 8KB ROM（EPROM、EEPROM）程序存储器，同样可以扩展到 64KB。在 64KB 程序存储器中，有 6 个地址单元用作 6 种中断的入口地址。

程序计数器是由 16 位寄存器构成的计数器。要单片机执行一个程序，就必须把该程序按顺序预先装入 ROM 的某个区域。单片机运行时应按顺序逐条取出指令来加以执行。因此，必须有一个电路能找出指令所在的单元地址，该电路就是程序计数器（PC）。当单片机开始执行程序时，给 PC 装入第一条指令所在的地址，每取出一条指令（如为多字节指令，则每取出一个指令字节），PC 的内容就自动加 1，以指向下一条指令的地址，使指令能顺序执行。只有当程序遇到转移指令、子程序调用指令或中断时（后面将介绍），PC 才转到其他需要的地方去。

MCS-51 系列单片机复位后 PC 的内容为 0000H，所以系统必须从程序存储器的 0000H 开始取指令，执行程序。因为 0000H 是系统的启动地址，所以用户在设计程序时，一般会在这一单元中存放一条绝对跳转指令，而主程序则从跳转到的新地址处开始存放。

PC 的基本工作方式包括：

1）自动加 1。CPU 从 ROM 中每读一字节，自动更新 PC 的值，即 PC = PC + 1。

2）执行转移指令时，PC 会根据该指令要求修改下一次读 ROM 的地址。

3）执行调用子程序或发生中断时，CPU 会自动将当前 PC 值压入堆栈，将子程序入口地址或中断入口地址转入 PC；子程序返回或中断返回时，恢复原压入堆栈的 PC 值，继续执行原程序指令。

二、单片机编程语言

编程语言（Programming Language）是用来定义计算机程序形式的语言。它是一种被标准化的交流技巧，用来向计算机发出指令。计算机语言能够让编程者准确地定义计算机所需要使用的数据，并准确地定义不同情况下应当采取的行动。

编程语言俗称"计算机语言"，种类非常多，总体来说，可以分成机器语言、汇编语言、高级语言三大类。计算机每执行一次动作、一个步骤，都是按照程序来执行的，程序是计算机要执行的指令的集合。而程序全部都是用我们所掌握的编程语言来编写的。

1. 机器语言

由于计算机内部只能接收二进制代码，因此，用二进制代码 0 和 1 描述的指令称为机器指令，全部机器指令的集合构成计算机的机器语言，用机器语言编写的程序称为目标程序。只有目标程序才能被计算机直接识别并执行。但用机器语言编写的程序无明显特征，难以记忆，不方便阅读和书写，且依赖于具体机种，局限性较大，机器语言属于低级语言。

2. 汇编语言

汇编语言和机器语言相似，都是直接对硬件进行操作，但汇编语言的指令采用了英文缩写的标志符，更容易识别和记忆。它同样需要编程者将每一步具体的操作用命令的形式写出来。汇编程序通常由三部分组成：指令、伪指令和宏指令。汇编程序的每一句指令只能对应实际操作过程中的一个很细微的动作。汇编源程序一般比较冗长、复杂、容易出错，使用汇编语言编程时需要很多的计算机专业知识。但汇编语言的优点也是显而易见的，用汇编语言所完成的操作不是一般高级语言能够实现的，汇编源程序经汇编生成的可执行文件不仅比较小，执行速度也较快。

3. 高级语言

高级语言和汇编语言相比，不但将许多相关的机器指令合成为单条指令，并且去掉了与具体操作有关但与完成工作无关的细节，如使用堆栈和寄存器等，这就大大简化了程序中的指令条数。同时，由于省略了很多细节，编程者也就不需要太多的专业知识。高级语言所编制的程序不能直接被计算机识别，必须经过转换才行。按照转换方式可将它们分为两类：一类是解释类，即源代码一边由相应语言的解释器"翻译"成目标代码，一边执行，该类程序的执行效率较低，而且不能生成可独立执行的可执行文件，应用程序不能脱离其解释器，但这种方式比较灵活，可以动态地调整、修改应用程序；另一类是编译类，即在应用程序执行之前，就将程序源代码"翻译"成目标代码，因此目标程序可以脱离其语言环境独立执行，使用比较方便、效率高，但一旦需要修改应用程序，必须先修改源代码，再重新编译生成新的目标文件才能执行，修改不方便。

C 语言作为一种高级语言，在 20 世纪 70 年代诞生，在编程语言中具有举足轻重的地位。它面向系统编程，定义结构简捷，编译简单；引入具体的数据类型，依赖输入/输出库，程序由全局声明和函数声明组成；提供了一套完整的循环结构，区分大、小写，并以分号来结束大多数语句。归纳起来，C 语言具有以下特点：

1）把高级语言的基本结构、语句与低级语言的实用性结合起来，可以对位、字节和地址进行操作。

2）采用结构化体系，层次清楚，便于按模块化方式组织程序，易于调试和维护。

3）功能齐全，具有各种各样的数据类型，便于实现各类复杂的数据结构，可以直接访问内存的物理地址。

4）使用范围广，适用于多种操作系统和多种机型，方便移植到不同的软、硬件环境中。

C51 语言以 C 语言为基础，在结构、定义及函数表达式等方面两者相同，不同之处在于寄存器、伪操作、数据分区等表述方式。

三、C 语言基本知识

1. 数据类型

数据是具有一定格式的数字或数值，是计算机操作的对象。不管用何种语言、何种算法进行程序设计，最终计算机中运行的只有数据流。数据的不同格式称为数据类型。数据按一定的数据类型进行排列、组合，称为数据结构。

在 C 语言中，数据类型可分为基本类型、构造类型、指针类型、空类型四大类，如图 1-27 所示。

在用 C 语言进行程序设计时，可以使用的数据类型与编译器有关。在 C51 编译器中基本整型（int）和短整型（short）相同，单精度浮点型（float）和双精度浮点型（double）相同。同时，C51 还支持其自身独有的其他类型数据，具体见表 1-4。

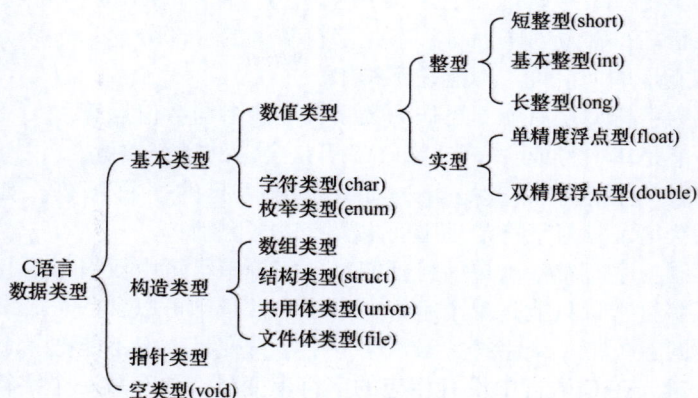

图 1-27　C 语言数据类型的分类

表 1-4　Keil C51 支持的数据类型

数据类型	名称	长度	值域
unsigned char	无符号字符型	1B	0 ~ 255
signed char	有符号字符型	1B	− 128 ~ + 127
unsigned int	无符号整型	2B	0 ~ 65535
signed int	有符号整型	2B	− 32768 ~ + 32767
unsigned long	无符号长整型	4B	0 ~ 4294967295
signed long	有符号长整型	4B	− 214783648 ~ + 2147483647
float	浮点型	4B	− 3.402823E + 38 ~ + 3.402823E + 38
*	指针型	1 ~ 3B	对象地址
bit	位类型	1b	0 或 1
sfr	专用寄存器	1B	0 ~ 255
sfr16	16 位专用寄存器	2B	0 ~ 65535
sbit	可寻址位	1b	0 或 1

2. 常量与变量

对于基本类型量，按其取值是否可以改变可分为常量和变量两种。在程序执行过程中，其值恒定不变的量称为常量，其值可变的量称为变量。

（1）常量

常量的数据类型有整型、浮点型、字符型和字符串型。

1）整型常量。整型常量可以表示为十进制，如 321、1、− 76；表示为十六进制则以 0x 开头，如 0x23、− 0x3a 等。

2）浮点型常量。浮点型常量可以分为十进制和指数两种表示形式，如 0.1234、3465、563、125E3、− 3.0E − 3 等。

3）字符常量。字符常量是单引号内的字符，如 'a'、'b'、'c'、' + '、' = ' 等。在 C 语言中，字符常量有以下一些特点：

- 字符常量只能用单引号括起来，不能用双引号。单引号只是字符与其他部分的分隔符，或者说是字符常量的定界符，不是字符常量的一部分。
- 字符常量只能是单个字符，不能是字符串。
- 数字被定义为字符型之后就不再作为数字，不能参与数值运算。
- 单引号内不能是单引号或"＼"，如'＼'不是合法的字符常量。

4）字符串常量。字符串常量是由一对双引号括起的字符序列，如"computer"和"program"等。字符串常量与字符常量之间主要有以下区别：

- 引用符号不同：字符常量由单引号括起来，字符串常量由双引号括起来。
- 容量不同：字符常量只能是单个字符，字符串常量则可以含一个或多个字符。
- 赋予变量不同：可把一个字符常量赋予一个字符变量，但不能把一个字符串常量赋予一个字符变量。在 C 语言中没有相应的字符串变量。要存放一个字符串常量可以使用字符数组。
- 占用内存空间大小不同：字符常量占 1B 的内存空间。字符串常量占的内存字节等于字符串中字节数加 1。增加的 1B 中存放字符"＼0"（ASCII 码为0），这是字符串的结束标志。例如，字符常量'b'和字符串常量"b"虽然都只有一个字符，但占用的内存空间不同，字符常量'b'占 1B，字符串常量"b"占 2B。同样，"computer"字符串占 9B：

c	o	m	p	u	t	e	r	\0

（2）变量

变量是存储数据的空间，或者说变量是指在程序的运行中，其值可以改变的量。一个变量应该有一个名字，在内存中占据一定的存储单元，在该存储单元存放变量的值。变量定义必须放在变量使用之前，一般放在函数体的开头部分。

变量的定义格式：

类型标志符 变量名,变量名,…;

定义变量后，在编译连接时由系统为该变量在内存中开辟（分配）存储空间。存储空间的大小是由类型标志符确定的。在程序中使用的变量名、函数名、标号等统称为标志符。标志符的命名规则如下：

- 标志符只能由字母、数字、下划线组成，且第一个字符必须为字母或下划线。
- 标志符的有效长度随系统而异，如果超长，则超长部分被舍弃。
- 标志符命名的良好习惯——见名知意，如 name（姓名）、age（年龄）等。
- 在标志符中，大、小写字母不同，如 test 和 TEST 是两个不同的标志符。
- 尽量避免使用容易混淆的字符，如 O、o、1 、I、i、2、Z、z 等。

例 1-1 变量定义举例。

```
bit b_temp;      // b_temp 为位变量,取值范围为 0 和 1,占 1 个二进制位
char c_temp;     // c_temp 为字符型变量,取值范围为 0~255,占 1B 存储单元
int  i_Temp;     // i_Temp 为整型变量,取值范围为 0~65535,占 2B 存储单元
long l_Temp;     // l_Temp 为长整型变量,占 4B 存储单元
float f_Temp;    // f_Temp 为浮点型变量,占 4B 存储单元
```

在声明变量时，可以为其赋一个初值，即将一个常数或者一个表达式的结果赋值给一个变量，变量中保存的内容就是这个常数或赋值语句中表达式的值，这就是为变量赋初值。

1）变量赋值为常数，一般形式如下：

```
类型 变量名 = 常数;
```

其中的变量名也称为变量的标识符。

例1-2 变量赋值为常数举例。

```
char cChar ='A';
int iFist =100;
float fPrice =1450.78f;
```

2）用赋值表达式为变量赋初值。赋值语句把一个表达式的结果值赋给一个变量，一般形式如下：

```
类型 变量名 = 表达式;
```

表达式赋值与常数赋值的一般形式是相似的。

例1-3 用表达式为变量赋初值举例。

```
int iAmount =1+2;
float fPrice =fBase +Day*3;
```

在例1-3中，得到赋值的变量 iAmount 和 fPrice 称为左值，因为它出现在赋值语句的左侧。产生值的表达式称为右值，因为它出现在赋值语句的右侧。

在声明变量时，直接为其赋值称为赋初值，也就是变量的初始化。也可以先声明变量，再进行变量的赋值。

例1-4 先声明变量后赋值举例。

```
int iMonth; //声明变量
iMonth =12; //为变量赋值
```

3. 函数

函数是 C 语言源文件的一个基本单元。实际上一个 C 语言程序就是由若干个模块化函数构成的。C 语言程序总是由主函数 main( ) 开始。main( ) 函数是一个控制程序流程的特殊函数，它是程序的起点和结束点。在进行程序设计的过程中，如果所设计的程序较大，一般应将其分成若干个子函数，每个子函数完成一种特定的功能以供反复调用。此外，C51 编译器还提供了丰富的运行库函数，根据需要随时调用。这种模块化的程序设计方法，可以大大提高编程效率。C 语言程序是由函数构成的，如图 1-28 所示，一个 C 语言程序至少包括一个函数，一个 C 语言程序有且只能有一个名为 main( ) 的函数，

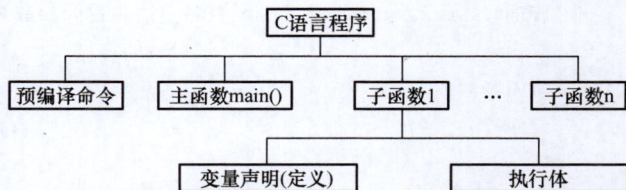

图 1-28 C 语言程序结构

还可以包含其他函数。因此，函数是 C 语言程序的基本单位，函数又由函数首部、变量声

明（或变量定义）和执行体组成。

（1）函数定义

函数按照定义形式可以分为无参数函数和有参数函数。

1）无参数函数的定义格式如下：

```
类型标识符 函数名()
{
    声明语句；
    代码块；
}
```

其中，类型标识符是函数返回值的类型，如果没有返回值则使用 void 标识符；函数名是用户自己定义的标识符，命名规则和变量名相同；函数名后面使用括号定义参数，对于无参数函数，括号内容为空或 void；花括号中的声明语句和代码块是对函数内使用的变量的声明以及函数功能的实现。

例1-5 无参数函数定义举例。

```
void sum()
{
    unsigned char i,j;
    ...
}
```

2）有参数函数的定义。参数分为传递参数和返回参数：传递参数是调用子程序时传递给子函数的参数，返回参数是作为被调用的子函数运行完后传递给调用者的参数，其值为返回值。有传递参数的函数定义和无传递参数的函数定义的不同之处在于：有传递参数的函数名后面的括号里给出形式参数列表，参数和参数的定义要隔开，参数的个数可以有多个。返回参数的类型应和定义该函数时的类型标识符相符合。有参数函数的定义格式如下：

```
类型标识符 函数名(形式参数列表)
{
    声明语句；
    代码块；
}
```

例1-6 有参数函数定义举例。

```
int sum(char a,char b)    //函数名左边为返回参数类型定义,括号内为传递参数变量
{
    int temp;            //变量定义及声明
    temp = a + b;        //代码
    ...
    return temp;         //返回参数值
}
```

（2）函数调用及声明

1）函数调用。在 C 语言程序中函数是可以相互调用的。所谓函数调用就是在一个函数

30

体中引用另外一个已经定义的函数，前者称为主调函数，后者称为被调函数。函数定义时在函数名称后的括号里列举的变量名为形式参数（简称形参），在函数被调用时，被调函数的函数名括号里的具体变量、表达式或数值称为实际参数（简称实参）。函数的返回值是指函数执行完成之后通过 return 语句返回给主调函数的一个值。函数的返回值只能通过 return 语句返回。在一个函数中可以使用一个以上的 return 语句，但是最终只能执行其中的一个 return语句。如果函数没有返回值，则使用 void 标识符。

例 1-7 带传递参数和返回参数的函数调用举例。

```
int sum(unsigned char a,unsigned char b)
{
    int temp;                  //定义返回值
    temp = a + b;
    return temp;               //返回参数值
}
 void main()
 {
    int realsum;
    unsigned char x,y;
    x = 23;
    y = 32;                    //实参赋值
    realsum = sum(x,y);        //调用函数,返回值存放在 realsum 变量中
}
```

函数 sum( )是一个有两个形参的 int 类型函数，其形参为无符号 char 型变量 a、b，函数计算了这两个变量的和，然后通过 return 语句返回。主函数在调用 sum( )函数时将 x、y 两个实参传入 sum( )函数。实参和形参的类型必须是相同的，数据只能从实参传递给形参。在函数被调用之前，形参并不占用实际的内存单元；在函数被调用时，系统给形参分配内存单元并且放入实参的数值，此时形参和实参占用不同的内存单元并且数据相同；函数执行完毕之后释放该内存，但实参仍然存在且数值不发生变化。需要注意的是，实参在使用之前必须先赋值。

2）函数声明。除了主函数 main( )之外的所有函数在被调用前都必须声明，即被调用的函数必须是已经存在的函数，包括库函数和用户自定义的函数。在使用库函数时，或者使用的函数和调用语句不在一个文件中时，需要在调用语句前，使用 include 语句将所用的函数信息头文件包含到程序中，例如，使用"#include math. h"可以把数学库函数引入程序，在程序编译时编译器会自动引入这些函数。如果调用语句和被调函数在一个文件内，则可以分为以下两种情况。

① 如果被调函数的定义出现在调用语句之后，则需要在调用语句所在的函数中，在调用语句之前对被调函数做出格式为"返回值类型说明符　被调函数名称( )"的声明。

② 如果被调函数的定义出现在调用语句之前，则不需要声明，可以直接调用。

例 1-8 和例 1-9 分别是两种情况下进行函数调用的实例。

例 1-8 子函数定义在后，需要预先声明举例。

```
#include < reg51.h >              //包含头文件
sbit   LED = P1^0;               // 定义引脚位名称
void DelayMS(unsigned   int   x);  //函数声明
void main(void)
{
 while(1)
 {
    LED = ~ LED;
    DelayMS(150);                 //函数调用
 }
}
 void DelayMS(unsigned   int   x)   //子函数定义
{
  unsigned   char   i;
  while(x --)
  {
     for(i =0;i <120;i ++);
  }
}
```

例1-9　子函数定义在前，不需要预先声明举例。

```
#include < reg51.h >              //包含头文件
sbit   LED = P1^0;               // 定义引脚位名称
void DelayMS(unsigned   int   x)  //子函数定义,共循环 x×120 次的运行时间
{
  unsigned char i;
  while(x --)                     //外循环 x 次
  {
    for(i =0;i <120;i ++);        //内空循环 120 次,占用运行时间达到延时的目的
  }
}
void main(void)
{
  while(1)
{
  LED = ~ LED;
  DelayMS(150);                   //函数调用
  }
}
```

任务实践

　　发光二极管闪烁控制设计包括两部分设计内容：硬件设计和程序设计。硬件设计即电路

设计。首先应设计单片机最小系统，在此基础上设计发光二极管控制电路。单片机最小系统电路设计方法在任务1中已经实践掌握，结合所学二极管知识，设计单片机控制发光二极管电路也比较简单。程序设计首先要学会单片机软件开发工具的使用，然后再进行程序固化、硬件仿真及实物制作等。

一、Keil 软件的应用方法

Keil 软件是 Keil 公司开发的单片机编译器，具有文件编辑处理、编译链接、软件仿真等多种功能，集可视化编辑、编译、调试、仿真于一体，支持汇编和 C 语言程序设计。其界面友好，易学易用，是当前单片机开发时使用较多的软件之一。

Keil 软件的应用步骤如图 1-29 所示，主要是：新建工程，新建源文件，添加源文件至工程，编写程序代码，编译改错（修改语法错误），生成 HEX 文件，然后下载 HEX 文件到单片机中进行软/硬件调试，进一步调试修改逻辑错误。下面主要介绍 Keil μVision4 软件应用的基本方法。

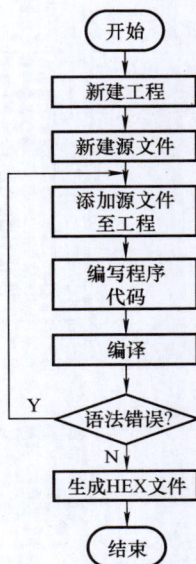

图 1-29 Keil 软件的应用步骤

1. 新建工程

（1）创建工程

如图 1-30a 所示，打开 Keil 软件，选择 "Project"→ "New μVision Project" 菜单命令。随即进入图 1-30b 所示界面。在 "文件名" 文本框中输入工程名，如这里输入 "zxxt"；单击 "保存" 按钮，进入单片机型号选择界面。

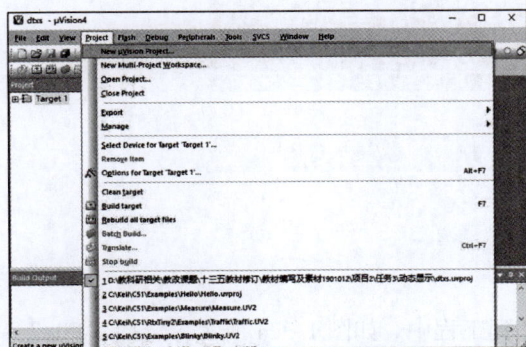

a) 创建工程界面

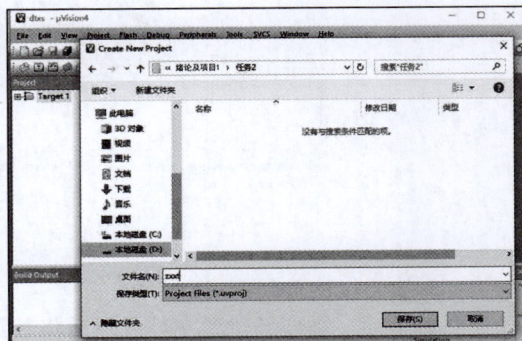

b) 工程命名保存界面

图 1-30 创建工程

（2）单片机型号选择

保存工程后，会弹出一个对话框，要求选择单片机型号，可以根据用户使用的单片机来选择。Keil 软件支持几乎所有的 51 内核单片机。这里选择 AT89C51 单片机，如图 1-31a 所示。选中后，右侧 "Description" 框里显示该型号单片机的基本说明，可以单击其他型号的单片机浏览其功能特点。然后单击 "OK" 按钮，出现图 1-31b 所示的空工程界面，表明工程创建完成。

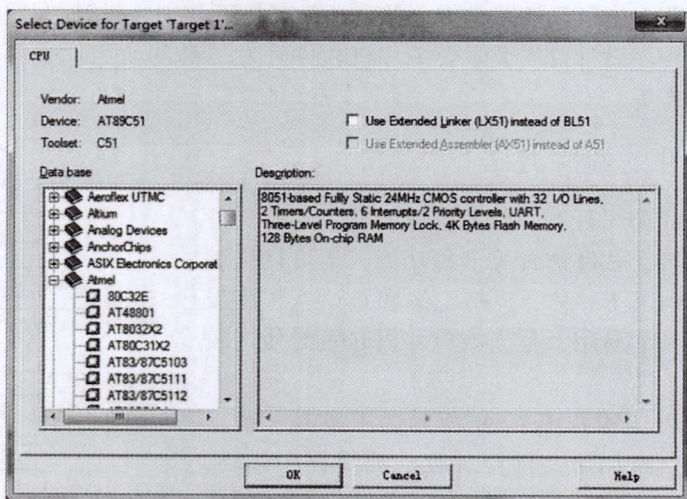

a) 选择单片机型号

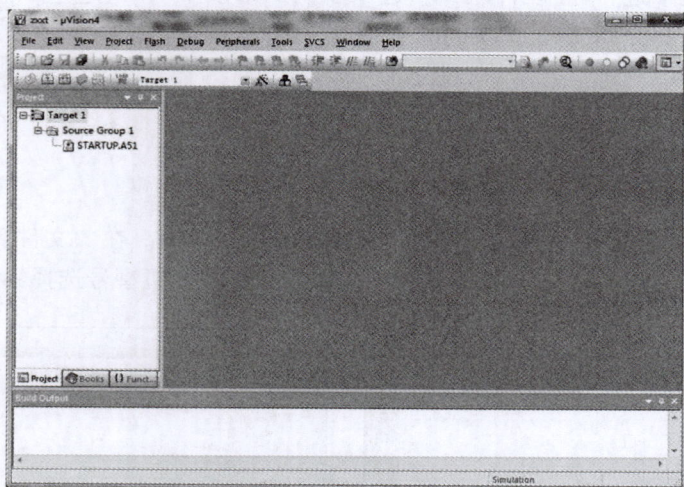

b) 空工程界面

图 1-31　单片机型号选择

2. 新建源文件并添加至工程

工程建好后，需要新建源文件，然后将其添加到工程中。如图 1-32a 所示，选择"File"→"New"菜单命令，出现图 1-32b 所示界面，此时新建的文件为文本文件，不能作为 C 文件编写程序，必须保存为扩展名为 . c 的文件，单击"保存"工具按钮，出现如图 1-32c 所示对话框，在"文件名"文本框中输入文件名，如"zxxt. c"，然后单击"保存"按钮，出现图 1-32d 所示界面，此时文件已经变为一个存在的 zxxt. c 文件了。

新建源文件成功后，需将其添加到工程中。在"Project"窗口中选中"Source Group1"，并右击，出现图 1-33a 所示下拉菜单；选择"Add Files to 'Source Group 1'…"命令，出现图 1-33b 所示对话框，选中对应文件，这里选中"zxxt. c"文件；单击"Add"按钮后界面如图 1-33c 所示，源文件出现在工程栏中，表明源文件添加成功。

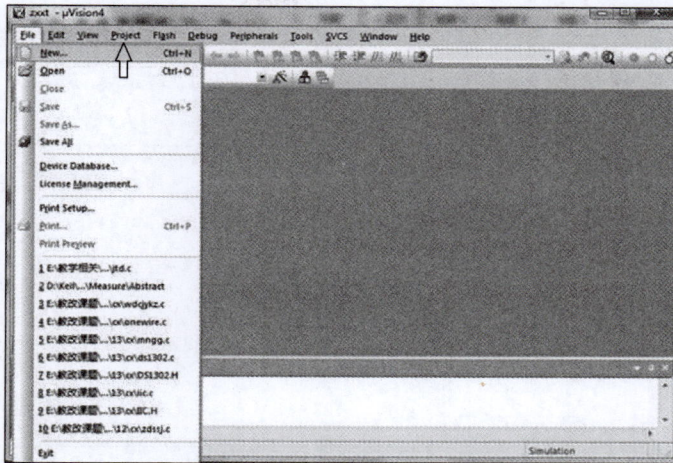

a) 选择菜单命令

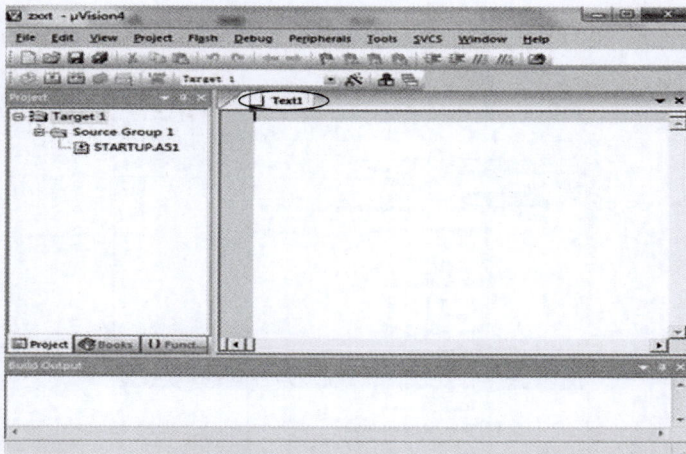

b) 新建文本文件

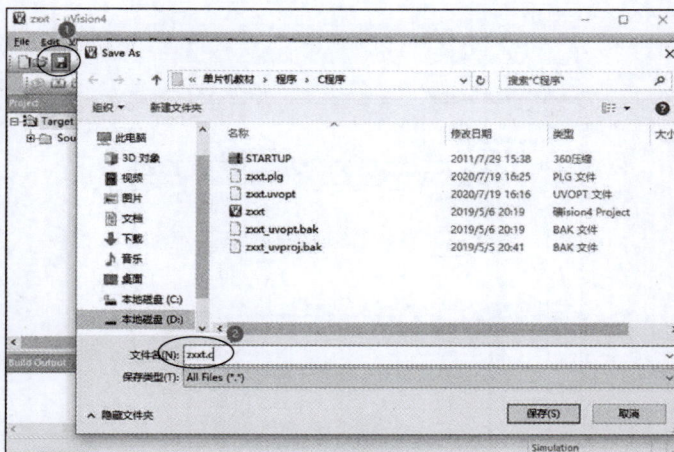

c) 修改扩展名并命名

图1-32 新建源文件

d) 新建源文件成功

图1-32　新建源文件（续）

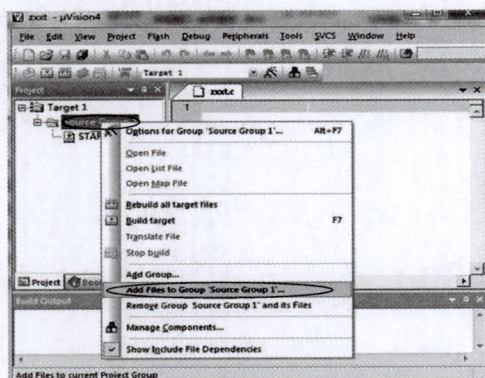

a) 执行添加源文件命令

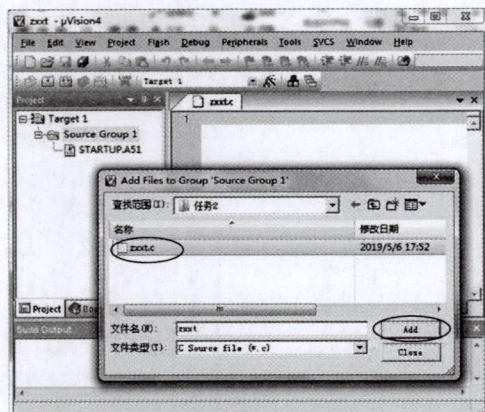

b) 选中源文件并添加

图1-33　添加源文件

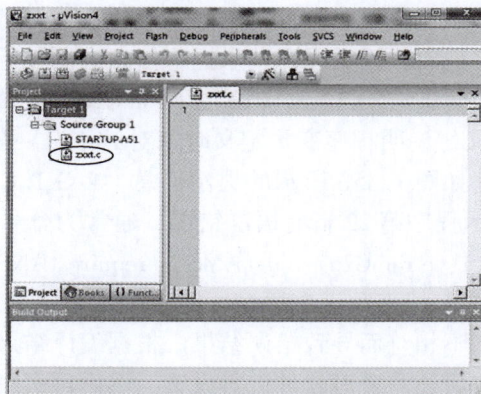

c) 源文件添加成功

图 1-33　添加源文件（续）

3. 程序编译

（1）修改语法错误

程序编写中或编写完成后需要对程序进行编译，如图 1-34a 所示，选择"Project"→"Build target"菜单命令，或按 < F7 > 键，或单击 两个图标中其中一个完成编译。如果程序没有语法错误，则如图 1-34b 所示，编译结果提示 0 Error（s），表示程序没有相关语法错误。

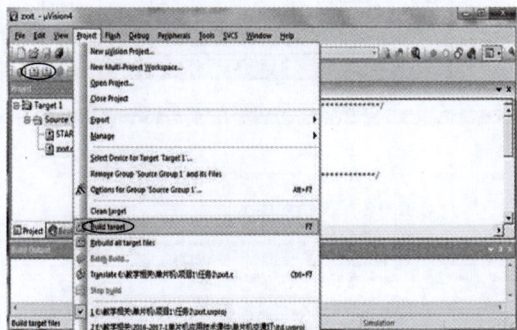

a) 编译命令

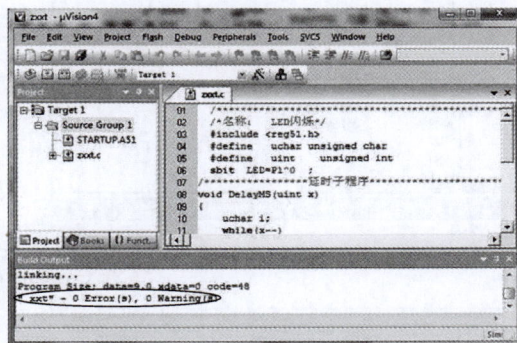

b) 编译结果提示

图 1-34　程序编译步骤

37

作为编程初学者，程序书写不正确，未注意程序书写细节而出现错误在所难免，编译后会提示一些错误，属于正常现象，根据编译结果提示信息可以分析修改错误。常出现的错误有：如图 1-35a 所示的提示信息"ZXXT. C（13）：error C202："i"：undefined identifier"，表示程序第 13 行变量 i 未定义，说明程序变量定义时未对 i 定义，或书写变量错误，如大小写未和所定义的变量名一致；如图 1-35b 所示的提示信息"ZXXT. C（22）：error C141：syntax error near 'DelayMS'"，表示程序第 22 行有语法错误，通常为分号的缺失；如图 1-35c 所示的提示信息"ZXXT. C（22）：error C267：'delayMS'：requires ANSI-style prototype"，表示程序第 22 行以 delayMS 为函数名的函数没有原型，即该函数未定义，通常是调用该函数时函数名书写有误，和原函数名不相符而导致错误结果。根据编译结果提示信息，有助于修改程序语法错误。完成错误修改后还需要对软件进行设置，然后再次编译，最终生成 HEX 文件，完成程序的编译。

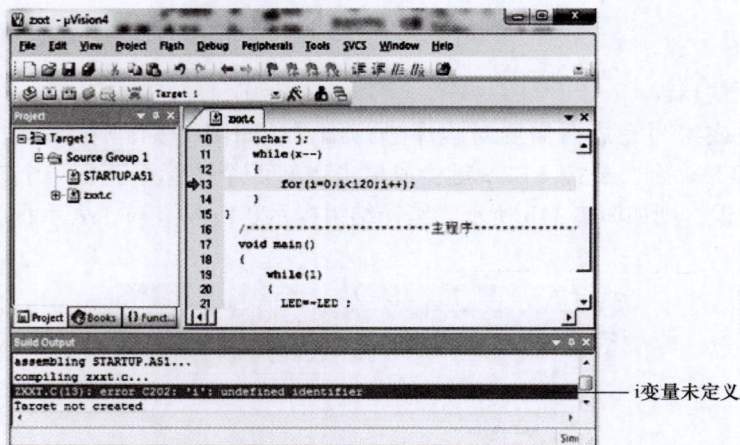

a) 变量未定义错误提示

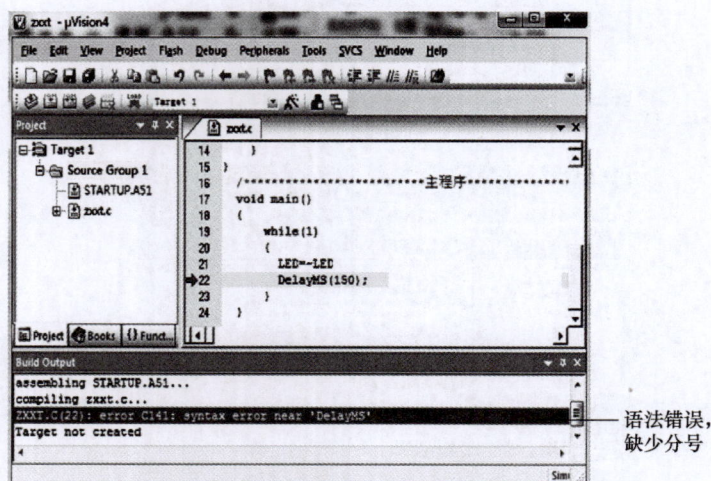

b) 语法错误提示

图 1-35　常见程序编译错误提示

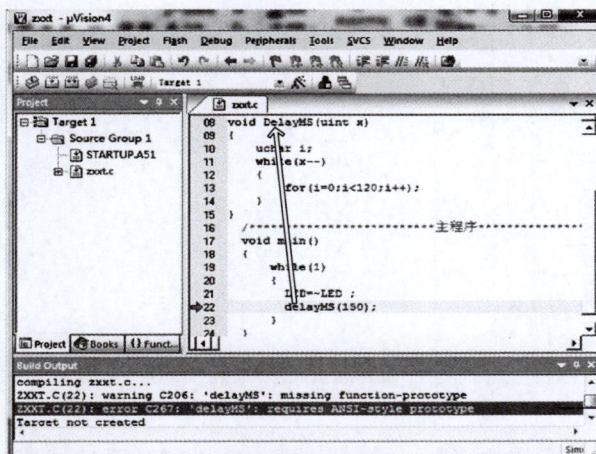

c) 函数未定义错误提示

图1-35　常见程序编译错误提示（续）

（2）生成HEX文件

利用Keil软件第一次创建工程编译程序时，不会生成二进制代码HEX文件，需要对Keil进行设置。如图1-36a所示，在"Project"窗口中选中"Target 1"并右击，在出现的下拉菜单中选择"Options for Target 1 'Target 1'…"命令，出现图1-36b所示对话框。切换到"Output"选项卡，选中"Create HEX File"复选框后单击"OK"按钮，设置成功。重新编译程序，如图1-36c所示，在"Build Output"窗口中输出提示信息"creating hex file from "zxxt"…"，表示编译成功。如图1-36d所示，生成的HEX文件名与工程名相同，并与工程文件保存在同一目录下。

二、发光二极管闪烁控制

1. 发光二极管控制原理

发光二极管（LED）是一种固体光源，如图1-37所示。当它两端加正向电压时，半导体中的少数载流子和多数载流子发生复合，放出的过剩能量将引起光子发射，从而发光。采用不同的材料，可制成不同颜色的发光二极管。发光二极管的反向击穿电压约为5V。它的正向伏安特性曲线很陡，使用时必须串联限流电阻以控制通过的电流。

普通发光二极管的正向压降和工作电流根据二极管的大小和颜色不同而不同。一般红绿LED正向压降为$1.8 \sim 2.4V$，蓝白LED正向压降是$2.8 \sim 4.2V$。3mm LED额定电流为$1 \sim 10mA$，5mm LED额定电流为$5 \sim 25mA$，10mm LED额定电流为$25 \sim 100mA$。单片机控制发光二极管示意图如图1-38所示。若要LED亮，则需选择合适的电阻值，并在P1.0引脚输出低电平"0"；若要LED灭，则由P1.0引脚输出高电平；若要LED出现闪烁效果，则控制LED亮、灭两种状态交替出现即可，闪烁的速度则由LED亮和灭各自维持的时间来决定。

2. 发光二极管闪烁控制设计实现

根据前面学习的内容可知，单片机控制发光二极管只需单片机最小系统及LED驱动电路即可，具体系统框图如图1-39所示。

a) 执行设置选项命令

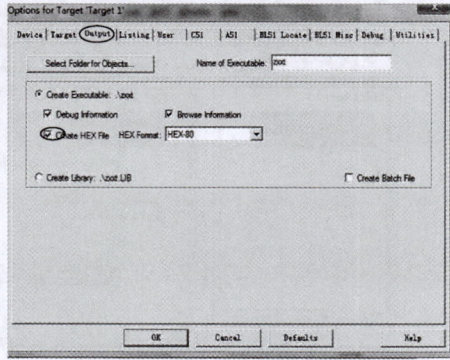

b) 设置选项对话框

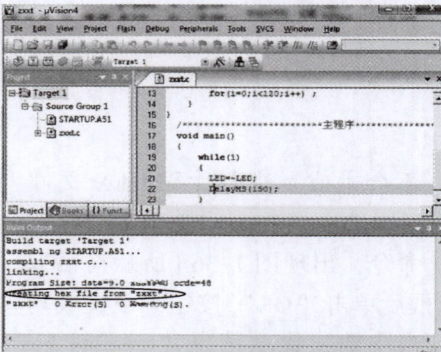

c) 生成HEX文件提示

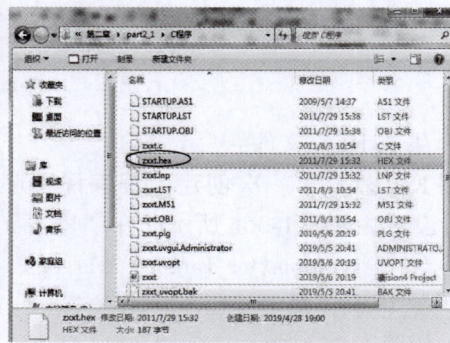

d) HEX文件

图 1-36　选项设置

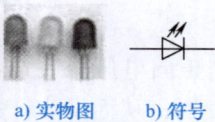

a) 实物图　　b) 符号

图 1-37　发光二极管

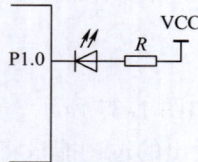

图 1-38　单片机控制发光
二极管示意图

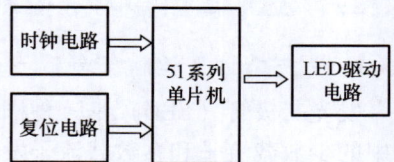

图 1-39　单片机控制发光二极管系统框图

（1）仿真电路设计

在任务 1 中单片机最小系统电路已经设计完成，只要在此基础上添加一 LED 驱动电路即可，仿真电路如图 1-40 所示。由 P1.0 引脚驱动发光二极管，电路中用电阻 R2 作为限流电阻，电阻的阻值可以根据亮度适当选择，范围为 0.1～1kΩ。具体的元器件清单见表 1-5。

（2）程序设计

LED 闪烁是被控制的发光二极管交替亮、灭实现的，亮、灭交替的速度太快容易看不出闪烁的效果，因此亮和灭之间需要有适当的延时以维持相应的状态。具体的控制流程如图 1-41 所示。

图 1-40　单片机控制发光二极管仿真电路

表 1-5　发光二极管闪烁控制元器件清单

序号	元件名称	型号或参数	数量	仿真库名
1	单片机	AT89C51	1	Microprocessor ICs
2	晶振	12MHz	1	Miscellaneous
3	瓷片电容	33pF	2	Capacitors
4	电解电容	22μF	1	Capacitors
5	电阻	1kΩ	1	Resistors
6	电阻	200Ω	1	Resistors
7	发光二极管	红色	1	Optoelectronics

　　延时程序可以利用单片机运行循环程序所占用的时间达到延时效果，程序设计时通常带有传递参数，以便调整延时长短。具体程序如下：

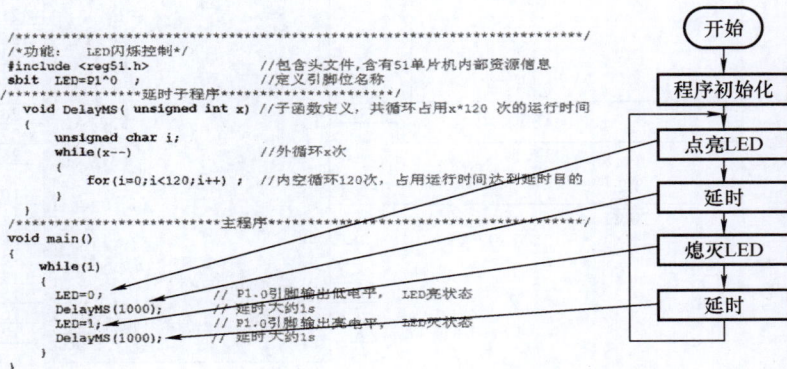

```
/*******功能：    LED闪烁控制*/
#include <reg51.h>             //包含头文件,含有51单片机内部资源信息
sbit  LED=P1^0  ;              //定义引脚位名称
/*************延时子程序********************/
  void DelayMS( unsigned int x) //子函数定义,共循环占用x*120次的运行时间
  {
     unsigned char i;
     while(x--)                 //外循环x次
     {
        for(i=0;i<120;i++) ;    //内空循环120次,占用运行时间达到延时目的
     }
  }
/*****************主程序******************/
void main()
{
     while(1)
     {
        LED=0;                  // P1.0引脚输出低电平，LED亮状态
        DelayMS(1000);          // 延时大约1s
        LED=1;                  // P1.0引脚输出高电平，LED灭状态
        DelayMS(1000);          // 延时大约1s
     }
}
```

开始 → 程序初始化 → 点亮LED → 延时 → 熄灭LED → 延时

图 1-41　发光二极管闪烁控制流程图

（3）软、硬件调试

利用 Keil 软件编译程序，排除语法错误，生成 HEX 文件。双击仿真电路中 AT89C51 单片机芯片，出现图 1-42a 所示的 "Edit Component" 对话框，单击 "Program File" 文本框右边的选择文件按钮，选择程序编译生成的 HEX 文件，如图 1-42b 所示，单击 "OK" 按钮即可。

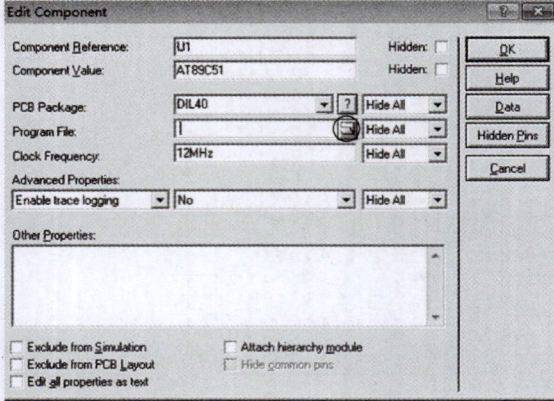

| a) 元器件编辑对话框 | b) 选中HEX文件 |

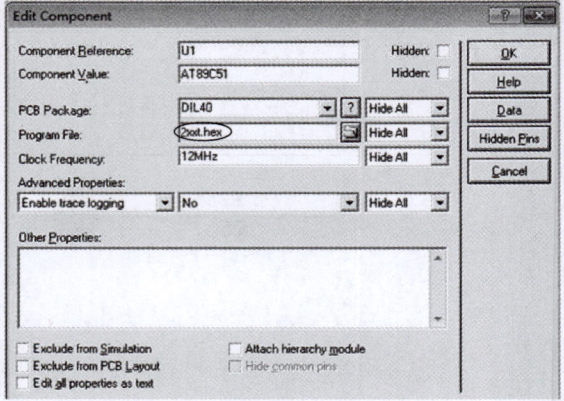

图 1-42　加载 HEX 文件

加载程序文件后，依次单击 Proteus 仿真软件左下方各按钮 |▶|▶|▶||⏸||■|，分别进行全速运行、单步调试、暂停调试和停止调试，观察仿真电路发光二极管的变化，如图 1-43 所示。根据运行情况编辑修改程序，直至达到运行效果的要求。

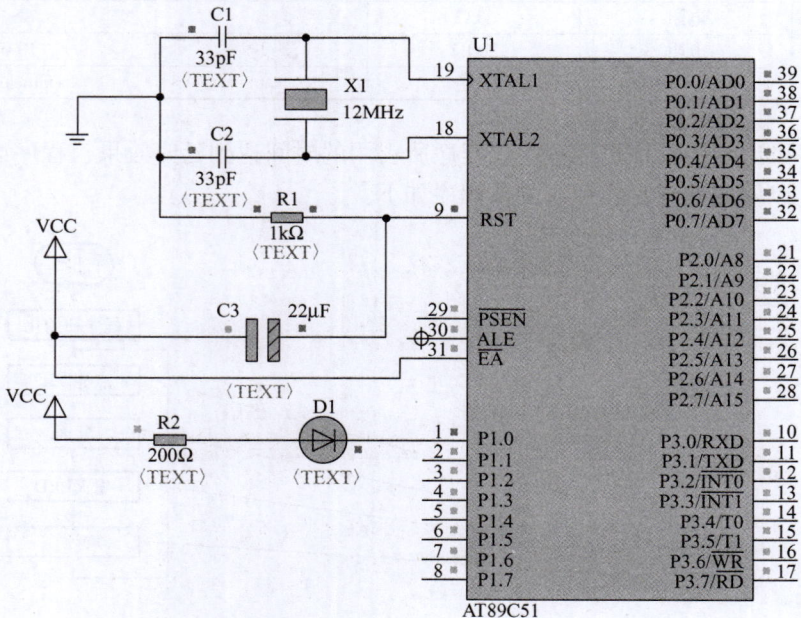

图 1-43　发光二极管闪烁控制调试效果

三、举一反三——拓展实践

1. 实践任务

设计并用 Proteus 软件绘制单片机最小系统控制两个发光二极管的仿真电路，完成发光二极管交替闪烁的效果。

2. 任务目的

1）学会单片机对发光二极管简单控制电路设计。

2）熟练应用 Proteus 软件绘制仿真原理图。

3）学会单片机简单输出控制程序设计。

4）学会利用 Keil 软件编辑程序、修改语法和逻辑错误及程序调试方法。

3. 任务要求及考核表

任务名称：单片机最小系统控制两个发光二极管交替闪烁					
班级		姓名		学号	
考核项目	配分	要求及评价标准		得分	
元器件数量	5	各元器件数量是否完整。缺失1个扣1分			
参数标注	5	各元器件参数是否正确。错误1个扣1分			
元器件布局	5	元器件布局合理美观，功能模块清晰。若不合要求，根据情况扣0.5~4分			
连线	5	连线合理，连线距离最优且整洁美观，无不必要交叉，交叉连接处有连接点。若不合要求，酌情扣分			
电路正确性	20	电路设计合理，无功能和逻辑错误，功能齐全。若不合要求，根据完成情况酌情扣分			
程序语法	10	能排除相关语法错误；编译成功；生成 HEX 文件。若有语法错误或未生成 HEX 文件，则各扣5分			
程序运行效果	35	程序无逻辑错误，运行效果符合要求，功能齐全。若不合要求，根据完成情况酌情扣分			
5S 整理	5	整理与清洁自己的工位，完成任务后保持工位整洁整齐，无垃圾			
自主创新	5	在完成任务要求的基础上，自主设计其他功能，使任务具有合理的拓展性能			
团结协作	5	能和同学交流，乐于请教和帮助其他同学，学会分工协作			
时间系数	1	按照完成任务先后顺序，每落后一位同学，系数减0.01			
成绩合计		各项得分和乘以时间系数			

项目小结

本项目以发光二极管闪烁控制为载体，通过学习和实践，掌握单片机产品开发流程和开发工具的应用方法。需要掌握的主要内容如下：

1）单片机的概念、类型及其应用领域，理解单片机内部硬件结构组成和引脚排列。

2）单片机复位电路、单片机时钟电路的工作原理和相关电路设计。

3）单片机内部存储结构。

4）单片机编程语言的相关概念。C语言的常用数据类型、变量及函数的定义及其应用方法和简单的程序设计。

5）单片机开发工具，如Proteus、Keil C等软件的应用，以及利用其进行仿真电路设计和程序设计，软、硬件调试方法等。

单 元 测 试

班级：_____ 姓名：_____ 学号：_____

一、填空题

1. 单片机是一种将运算器、控制器、存储器和_____接口集成在一个芯片中的微型计算机。

2. 单片机应用系统是由硬件系统和_____组成的。

3. MCS–51系列单片机的存储器主要有4个物理存储空间，即_____、片内程序存储器、片外数据存储器、片外程序存储器。

4. 片内RAM低128B单元，按其用途划分为_____、位寻址区和用户RAM区3个区域。

5. MCS–51系列单片机的XTAL1和XTAL2引脚是_____引脚。

6. 除了单片机和电源外，单片机最小系统包括_____电路和复位电路。

7. MCS–51系列单片机的CPU处理能力为_____位。

8. C51的数据类型有基本类型、_____、指针类型、_____。

9. C51的基本数据类型有字符型、枚举型_____、_____、长整型、_____、双精度浮点型。

10. 一个C语言源程序至少应包括一个_____函数。

11. 一个函数由_____、_____和函数体。

二、选择题

1. C程序总是从（　　）开始执行。

A. 主函数　　　　　B. 主程序　　　　　C. 子程序　　　　　D. 主过程

2. 单片机能够直接运行的程序是（　　）。

A. 汇编源程序　　　B. C语言源程序　　C. 高级语言程序　　D. 机器语言程序

3. 程序是以（　　）形式存放在程序存储器中的。

A. C语言源程序　　B. 汇编程序　　　　C. 二进制编码　　　D. BCD码

4. 使用单片机开发系统调试 C 语言程序时，首先应新建文件，该文件的扩展名是（　　）。

A. c　　　　　　　　B. hex　　　　　　　　C. bin　　　　　　　　D. asm

5. 以下说法中正确的是（　　）。

A. C 语言程序总是从第一个函数开始执行

B. 在 C 语言程序中，要调用的函数必须在 main( ) 函数中

C. C 语言程序总是从 main( ) 函数开始执行

D. C 语言程序中的 main( ) 函数必须放在程序的开始部分

6. PC 的值是（　　）。

A. 当前正在执行指令的前一条指令的地址　　B. 当前正在执行指令的地址

C. 当前正在执行指令的下一条指令的地址　　D. 控制器中指令寄存器的地址

7. MCS－51 系列单片机 CPU 的主要组成部分有（　　）。

A. 运算器、控制器　　B. 加法器、寄存器　　C. 运算器、加法器　　D. 运算器、译码器

8. 单片机能直接运行的程序称为（　　）。

A. 源程序　　　　　　B. 汇编程序　　　　　　C. 目标程序　　　　　　D. 编译程序

9. 8051 单片机的 VCC（40）引脚是（　　）引脚。

A. 主电源 5V　　　　B. 接地　　　　　　　　C. 备用电源　　　　　　D. 访问片外存储器

10. MCS－51 系列单片机复位后，程序计数器 PC =（　　），即单片机从该地址处开始执行指令。

A. 0001H　　　　　　B. 0000H　　　　　　　C. 0003H　　　　　　　D. 0023H

三、判断题

（　　）1. MCS－51 系列单片机是高档 16 位单片机。

（　　）2. 8051 单片机与 8031 单片机的区别是 8031 单片机片内无 ROM。

（　　）3. 单片机的 CPU 从功能上可分为运算器和存储器。

（　　）4. MCS－51 系列单片机的程序存储器用于存放运算中间结果。

（　　）5. 单片机的复位有上电自动复位和按钮手动复位两种，当单片机运行出错或进入死循环时，可按复位键重新启动。

（　　）6. MCS－51 系列单片机上电复位后，片内数据存储器的内容均为 00H。

（　　）7. 8051 单片机片内 RAM 的 00H~1FH 共 32 个单元不仅可以作为工作寄存器使用，而且可作为通用 RAM 来读/写。

（　　）8. MCS－51 系列单片机的片内存储器称为程序存储器。

（　　）9. MCS－51 系列单片机的数据存储器是指外部存储器。

（　　）10. PC 存放的是当前执行的指令。

四、简答题

1. PC 是什么寄存器？它是否属于特殊功能寄存器？它有什么作用？

2. 单片机最小系统包括哪些功能模块？各自的功能是什么？

项目2

简易交通灯设计

知识目标

1. 掌握单片机输入/输出（I/O）口工作原理。
2. 掌握单片机常用数制相互转换的方法。
3. 理解单片机常用结构化程序设计方法。
4. 理解两种类型 LED 数码管的工作原理。
5. 掌握 C 语言常用算术运算符的应用方法。
6. 掌握选择分支语句编程方法。
7. 理解变量的作用及生存周期。
8. 了解相关预处理命令的意义和使用方法。

技能目标

1. 会利用单片机灵活控制发光二极管。
2. 会利用单片机控制数码管静态显示。
3. 会利用单片机控制数码管动态显示。
4. 会利用发光二极管和数码管进行简单功能系统设计。

情景导入

交通灯控制系统作为城市交通的重要环节，为市民安全出行发挥了重要作用，也是日常生活中常见的控制系统。本项目分别通过 8 位流水灯设计、数码管静态显示、数码管动态显示和简易交通灯设计实践 4 个任务，循序渐进地完成项目学习和实践，最终学会利用单片机进行简单功能产品的软、硬件设计与开发。

任务1　似水的年华流水的灯：8 位流水灯设计

预习测试

班级：＿＿＿＿＿＿＿＿　姓名：＿＿＿＿＿＿＿＿　学号：＿＿＿＿＿＿＿＿

一、填空题

1. P0 口既能作为通用＿＿＿＿＿＿＿＿，又能用作＿＿＿＿＿＿＿＿。
2. P2 口既能作为通用＿＿＿＿＿＿＿＿，又能用作＿＿＿＿＿＿＿＿。
3. 十进制数 65D 转换成二进制为＿＿＿＿＿＿＿＿，转换成十六进制为＿＿＿＿＿＿＿＿。

4. 程序设计中，任何简单或复杂的算法都可以由_____、_____和_____这三种结构组合而成。

5. 在 C 语言中，用来标识函数名、变量名、符号常量名、文件名、数组名、类型名的有效字符序列称为_____。

6. _____及其编码是所有计算机的基本语言。

二、选择题

1. 51 系列单片机有 4 个并行 I/O 口，其中（　　）作为 I/O 口接外设时应外接上拉电阻，而其余三个并行口内部已接有上拉电阻，不需外接。

A. P3　　　　　　　B. P2　　　　　　　C. P1　　　　　　　D. P0

2. P1 口的每一位能驱动（　　）。

A. 2 个 TTL 低电平负载　　　　　　　B. 4 个 TTL 低电平负载

C. 8 个 TTL 低电平负载　　　　　　　D. 10 个 TTL 低电平负载

3. 下列属于合法标识符的是（　　）。

A. price　　　　　　B. −xyz　　　　　C. 500ms time　　　D. #int

4. 下列属于合法标识符的是（　　）。

A. while　　　　　　B. time　　　　　C. 500ms time　　　D. main

5. C 语言中的 while 和 do…while 循环的主要区别是（　　）。

A. do…while 的循环体至少无条件执行一次

B. while 的循环控制条件比 do…while 的循环控制条件严格

C. do…while 允许从外转到循环体内

D. do…while 的循环体不能是复合语句

6. C 语言程序的三种基本结构是（　　）。

A. 顺序结构、选择结构、循环结构　　　B. 递归结构、循环结构、转移结构

C. 嵌套结构、递归结构、顺序结构　　　D. 循环结构、转移结构、顺序结构

任务描述

设计单片机控制 8 位发光二极管电路，使发光二极管依次排列，并编程实现从两边向中间依次对称点亮两个发光二极管（如 D1D8 点亮、D2D7 点亮、D3D6 点亮、D4D5 点亮），然后再从中间向两边依次对称点亮两个发光二极管。循环上述动作构成简单流水灯。

知识链接

一、单片机输入/输出（I/O）口工作原理

1. P0 口工作原理

P0 口既能用作通用 I/O 口，又能用作地址/数据总线。图 2-1 为 P0 口其中一位结构。具体作用如下：

1）用作通用 I/O 口。用作通用 I/O 口时，CPU 令"控制"端信号为低电平，其作用有

两个：一是使多路开关 MUX 接通 B 端，即锁存器输出端 $\overline{Q}$；二是令与门输出低电平，VF2 截止，使输出为开漏电路输出。

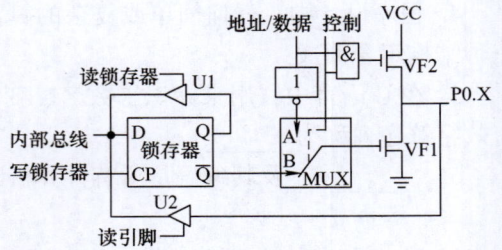

图 2-1　P0 口一位结构

作为输出口时，因为输出级处于开漏状态，必须外接上拉电阻。当"写锁存器"信号加在锁存器的时钟端 CP 上时，D 触发器将内部总线上的信号反向输出到 $\overline{Q}$ 端。若 D 端信号为 0，$\overline{Q}=1$，VF1 导通，P0.X 引脚输出 0（低电平）；若 D 端信号为 1，$\overline{Q}=0$，VF1 截止，此时控制信号为 0，VF2 截止，P0.X 引脚输出 1（高电平）。

作为输入口时，P0 口必须保证 VF1 截止。因为 VF1 若导通，则从 P0 口引脚上输入的信号将被 VF1 短路。为使 VF1 截止，必须先向该端口存储器写入"1"（高电平），使 $\overline{Q}=0$，VF1 截止。

输入信号，即 CPU 执行端口输入指令后，"读引脚"信号使输入缓冲器 U2 开通，P0.X 引脚信号进入内部总线。

2）"读—修改—写"。51 系列单片机对端口除了输入/输出操作外，还能进行"读—修改—写"操作。例如，执行"ANL　P0，A；"指令，是将 P0 口（锁存器）的状态信号（读）与变量 A 内容相"与"（修改）后，再重新从 P0 口输出（写）。其中的"读"不是读 P0 口引脚上的输入信号，而是读 P0 口原来的输出信号，即读锁存器 Q 端信号，所用的缓冲器是 U1，防止读错 P0.X 引脚上的电平信号。"读锁存器"信号使 U1 开通，锁存器 Q 端的信号进入内部总线。

2. P2 口工作原理

图 2-2 为 P2 口其中一位结构。P2 口能用作普通 I/O 口或地址总线高 8 位输出引脚。

1）作为通用 I/O 口。当控制端信号为低电平时，多路开关 MUX 接到 B 端，P2 口作为通用 I/O 口使用，其功能和使用方法与 P0 口相同。用作输入时，也必须先写入"1"。

2）作为地址总线。当控制端信号为高电平时，多路开关 MUX 接到地址信号端，地址信号经反相器和 VF 二次反相后从引脚输出。这时 P2 口输出地址总线高 8 位，供系统并行扩展用，P2 口负载能力为 4 个 LSTTL 门电路。

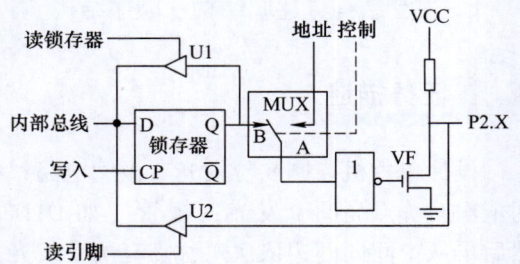

图 2-2　P2 口一位结构

3. P1 口工作原理

图 2-3 是 P1 口一位结构。P1 口为 8 位准双向口，每一位均可独立定义为输入或输出口。当作为输出口时，"1"写入锁存器，VF 截止，内部上拉电阻将电位拉至"1"，此时该口输出为 1；当"0"写入锁存器时，VF 导通，输出则为 0。P1 口作为输入口时，锁存器首先需置"1"，VF 截止，此时该位既可以由外部电路拉成低电平，也可由内部上拉电阻拉成高电平，所以 P1 口称为准双向口。P1 口负载能力为 4 个 LSTTL 门电路。

4. P3 口工作原理

图 2-4 为 P3 口一位结构。P3 口可用作通用 I/O 口，同时每一引脚还有第二功能。

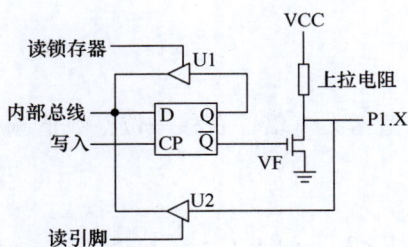

图 2-3　P1 口一位结构

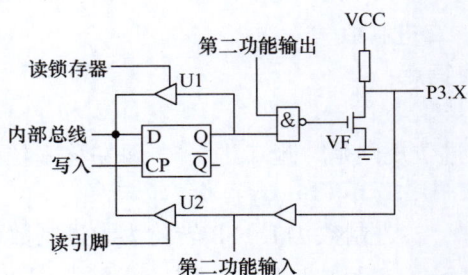

图 2-4　P3 口一位结构

1）用作通用 I/O 口。此时"第二功能输出"端为高电平，与非门输出取决于锁存器 Q 端信号。用作输出口时，引脚输出信号与内部总线信号相同。其功能与使用方法与 P1、P2 口相同。用作输入口时，也须先写入"1"。

2）用作第二功能。当 P3 口的某一位作为第二功能输出使用时，CPU 将该位的锁存器置"1"，使与非门和输出状态只受"第二功能输出"端控制。"第二功能输出"信号经与非门和 VF 二次反相后输出到该位引脚上。当 P3 口某一位作为第二功能输入使用时，该位的"第二功能输出"端和锁存器自行置"1"，VF 截止，该位引脚上信号经缓冲器送入"第二功能输入"端。P3 口负载能力为 4 个 LSTTL 门电路。

二、常用数制

计算机最基本的功能是进行大量的运算与加工处理，但计算机只能识别二进制数。二进制数及其编码是计算机的基本语言。在计算机中，用二进制数表示和处理非常方便，其基本信息是"0"与"1"，也可以表达一些特殊的信息，如脉冲的"有"或"无"、电压的"高"或"低"、电路的"通"或"断"等。用"0"或"1"两种状态表示，鲜明可靠，容易识别，实现方便。计算机正是利用只有两种状态的双稳态电路来表示和处理这种信息。但二进制数据位数比较多，书写和识别不方便，在计算机软件编制过程中又常常需要用十六进制数表示。十进制数、二进制数、十六进制数之间的关系、相互转换和运算方法，是学习计算机必备的基础知识。

1. 十进制数、二进制数和十六进制数

（1）十进制数

主要特点：

1）基数是 10，由 10 个数码（数符）构成，即 0、1、2、3、4、5、6、7、8、9。

2）进位规则是"逢十进一"。

所谓基数是指计数制中所用到的数码的个数。如十进制数有 0～9 共 10 个数码，故基数为 10，计数规则是"逢十进一"。当基数为 M 时，便是"逢 M 进一"。在进位计数制中常用"基数"来区分不同的进制。

例如，

$$1234.56 = 1 \times 10^3 + 2 \times 10^2 + 3 \times 10^1 + 4 \times 10^0 + 5 \times 10^{-1} + 6 \times 10^{-2}$$
$$= 1000 + 200 + 30 + 4 + 0.5 + 0.06$$

式中，10^3、10^2、10^1、10^0、10^{-1}、10^{-2} 称为十进制数各数位的"权"。

（2）二进制数

主要特点：

1）基数是 2，只有两个数码，即 0 和 1。

2）进位规则是"逢二进一"。每左移一位，数值增大一倍；右移一位，数值减小一半。二进制数用尾缀 B（Binary）作为标志符。

例如，二进制数 111.11B 转化为十进制数可表示为

$$111.11B = 1 \times 2^2 + 1 \times 2^1 + 1 \times 2^0 + 1 \times 2^{-1} + 1 \times 2^{-2} = 7.75$$

式中，2^2、2^1、2^0、2^{-1}、2^{-2} 称为二进制数各数位的"权"。又如，

$$1101B = 1 \times 2^3 + 1 \times 2^2 + 0 \times 2^1 + 1 \times 2^0 = 13$$

（3）十六进制数

主要特点：

1）基数是 16，由 16 个数符构成，即 0~9、A、B、C、D、E、F。其中，A、B、C、D、E、F 代表的数值分别为 10、11、12、13、14、15。

2）进位规则是"逢十六进一"。十六进制数常用尾缀 H 或前缀 0x 表示。

与其他进制的数一样，同一数字在不同位上所代表的数值是不同的。例如，1111.11H 转化为十进制数可表示为

$$1111.11H = 1 \times 16^3 + 1 \times 16^2 + 1 \times 16^1 + 1 \times 16^0 + 1 \times 16^{-1} + 1 \times 16^{-2}$$
$$= 4096 + 256 + 16 + 1 + 0.0625 + 0.00390625 = 4369.06640625$$

式中，16^3、16^2、16^1、16^0、16^{-1}、16^{-2} 称为十六进制数各数位的权。又如，

$$A3.4H = 10 \times 16^1 + 3 \times 16^0 + 4 \times 16^{-1} = 160 + 3 + 0.25 = 163.25$$

十六进制数与二进制数相比，大大缩小了位数，缩短了字长。一个 4 位二进制数只需用 1 位十六进制数表示，一个 8 位二进制数只需用 2 位十六进制数表示。目前，在计算机程序中普遍采用十六进制数表示。十进制数、十六进制数和二进制数的对应关系见表 2-1。

表 2-1　十进制数、十六进制数和二进制数的对应关系

十进制数	十六进制数	二进制数	十进制数	十六进制数	二进制数
0	00H	0000B	11	0BH	1011B
1	01H	0001B	12	0CH	1100B
2	02H	0010B	13	0DH	1101B
3	03H	0011B	14	0EH	1110B
4	04H	0100B	15	0FH	1111B
5	05H	0101B	16	10H	0001 0000B
6	06H	0110B	17	11H	0001 0001B
7	07H	0111B	18	12H	0001 0010B
8	08H	1000B	19	13H	0001 0011B
9	09H	1001B	20	14H	0001 0100B
10	0AH	1010B	21	15H	0001 0101B

二进制数用尾缀 B 表示；十六进制数用尾缀 H 表示（汇编语言）或用前缀 0x 表示（C 语言）；十进制数用尾缀 D 表示，但通常十进制数的尾缀 D 可以省略，即无尾缀数为十进制数。二进制数和十六进制数必须加尾缀或前缀，否则将会与十进制数混淆。

2. 二进制数与十六进制数的相互转换

4 位二进制数具有 16 个状态（$2^4 = 16$），而 1 位 16 进制数也具有 16 个状态，所以 1 位十六进制数对应于 4 位二进制数，转换十分方便。

（1）二进制数转换成十六进制数

只要将二进制数的整数部分自右向左依次分成 4 位一组，最后不满 4 位时在左侧加 0 补齐；小数部分自左向右 4 位一组，最后不满 4 位时在右侧加 0 补齐。每组用相应的十六进制数代替即可。

例 2-1　$1011011001111000011100 = \underline{0101}\ \underline{1011}\ \underline{0011}\ \underline{1100}\ \underline{0001}\ \underline{1100} = 5B3C1CH$

例 2-2　$110010.010101001 = \underline{0011}\ \underline{0010}.\ \underline{0101}\ \underline{0100}\ \underline{1000} = 32.548H$

（2）十六进制数转换成二进制数

只要将每 1 位十六进制数转换成 4 位二进制数即可。

例 2-3　$5BDFH = \underline{0101}\ \underline{1011}\ \underline{1101}\ \underline{1111}B$

例 2-4　$9A.23H = \underline{1001}\ \underline{1010}.\ \underline{0010}\ \underline{0011}B$

3. 二进制数及十六进制数转换成十进制数

二进制数及十六进制数转换成十进制数时，只要将二进制数或十六进制数按权展开，然后相加即可。

例 2-5　$1101.11B = 1 \times 2^3 + 1 \times 2^2 + 0 \times 2^1 + 1 \times 2^0 + 1 \times 2^{-1} + 1 \times 2^{-2}$
$$= 8 + 4 + 0 + 1 + 0.5 + 0.25 = 13.75$$

例 2-6　$4F5H = 4 \times 16^2 + 15 \times 16^1 + 5 \times 16^0 = 1024 + 240 + 5 = 1269$

也可以先将二进制数转换成十六进制数，然后再转换成十进制数，计算可能更加方便。

例 2-7　$10.1010B = 2.AH = 2 \times 16^0 + 10 \times 16^{-1} = 2 + 0.625 = 2.625$

4. 十进制数转换成二进制数及十六进制数

十进制数转换成二进制数或十六进制数，整数部分和小数部分要分别进行转换，然后将转换结果合并起来。

若将 R1 进制的整数转换为 R2 进制的整数，可在 R1 进制中用基数 R2 去除该数，所得到的余数即是 R2 进制的最低整数位。然后除得的商再用 R2 去除，又得一余数，这个余数就是 R2 进制数的次低位。如此不断除下去，直到商为 0。再将所得余数的数符换成 R2 进制中相应的数符，按先后顺序由低位到高位排列起来，即得转换结果。

（1）整数部分的转换

1）十进制整数转换成二进制整数的方法：先用 2 去除整数，然后用 2 逐次去除所得的商，直到商为 0 为止，依次记下得到的各个余数。第一个余数是转换后的二进制数的最低位，最后一个余数是最高位。这种方法称为"除 2 取余法"。

例 2-8　将十进制数 17 转换成二进制数。

$$
\begin{array}{r|l}
2 & 17 \quad \cdots\cdots \quad 余1 \\
2 & 8 \quad\ \ \cdots\cdots \quad 余0 \\
2 & 4 \quad\ \ \cdots\cdots \quad 余0 \\
2 & 2 \quad\ \ \cdots\cdots \quad 余0 \\
2 & 1 \quad\ \ \cdots\cdots \quad 余1 \\
& 0
\end{array}
$$

所以，17D = 10001B。

2）十进制整数转换成十六进制整数的方法：将十进制数连续用基数16去除，直到商为0为止，依次记下得到的各个余数。第一个余数是转换后的十六进制数的最低位，最后一个余数是最高位。这种方法称为"除16取余法"。

例2-9 将十进制数258转换成十六进制数。

$$
\begin{array}{r|l}
16 & 258 \quad \cdots\cdots \quad 余2 \\
16 & 16 \quad\ \ \cdots\cdots \quad 余0 \\
16 & 1 \quad\ \ \cdots\cdots \quad 余1 \\
& 0
\end{array}
$$

所以，258D = 102H。

（2）小数部分的转换

若将 R1 进制的小数转换为 R2 进制的小数，可在 R1 进制中用基数 R2 去乘该数，所得数的整数部分就是 R2 进制数的最高小数位。然后，将乘积的小数部分再与 R2 相乘，于是又得一整数，是 R2 进制数的次高小数位。如此不断乘下去，直到乘积的小数部分为 0 或达到转换精度为止，即得 R2 进制的小数。

1）十进制小数转换成二进制小数的方法：逐次用2乘小数部分，依次记下所得到的整数部分，直到积的小数部分为0或达到要求的精度为止。第一个整数是二进制小数的最高位，最后一个整数是二进制小数的最低位。这种方法称为"乘2取整法"。

例2-10 将十进制数0.275转换成二进制数。

$$
\begin{array}{rl}
0.275 & \\
\times\ \ 2 & \\
\hline
0.550 & \cdots\cdots\ 整数部分为0 \\
\times\ \ 2 & \\
\hline
1.100 & \cdots\cdots\ 整数部分为1 \\
0.100 & \\
\times\ \ 2 & \\
\hline
0.200 & \cdots\cdots\ 整数部分为0 \\
\times\ \ 2 & \\
\hline
0.400 & \cdots\cdots\ 整数部分为0 \\
\times\ \ 2 & \\
\hline
0.800 & \cdots\cdots\ 整数部分为0 \\
\times\ \ 2 & \\
\hline
1.600 & \cdots\cdots\ 整数部分为1 \\
0.600 & \\
\times\ \ 2 & \\
\hline
1.200 & \cdots\cdots\ 整数部分为1 \\
0.200 & 循环
\end{array}
$$

所以，0.275D ≈ 0.0100011B。

2）十进制小数转换成十六进制小数的方法：逐次用16乘小数部分，依次记下所得到的整数部分，直到积的小数部分为0或达到要求的精度为止。第一个整数是十六进制小数的最高位，最后一个整数是十六进制小数的最低位。这种方法为"乘16取整法"。

例2-11　将十进制小数0.90转换成十六进制数。

$$
\begin{array}{r}
0.90 \\
\times \quad 16 \\
\hline
14.40
\end{array}
$$
…… **整数部分为14（E）**

$$
\begin{array}{r}
0.40 \\
\times \quad 16 \\
\hline
6.40 \\
0.40
\end{array}
$$
…… **整数部分为6**
…… **循环**

所以，0.90D≈0.E6H。

对于整数与小数混合型数据，在转换时把整数部分和小数部分分别进行转换，然后合并起来。在小数部分转换时可能出现无限循环的情况，因此需要根据精度要求进行取舍。

5. 二进制数的运算

在计算机中，基本的运算有加、减、乘、除、与、或、异或等。

（1）二进制加法运算

运算规则：0 + 0 = 0，0 + 1 = 1 + 0 = 1，1 + 1 = 0（向高位进1）。

例2-12　1101B + 1011B = 11000B

$$
\begin{array}{r}
1101B \\
+ \quad 1011B \\
\hline
11000B
\end{array}
$$

（2）二进制减法运算

运算规则：0 − 0 = 0，1 − 0 = 1，1 − 1 = 0，0 − 1 = 1（向高位借1）。

例2-13　10110101B − 10011100B = 00011001B

$$
\begin{array}{r}
10110101B \\
- \quad 10011100B \\
\hline
00011001B
\end{array}
$$

（3）二进制乘法运算

运算规则：0 × 0 = 0，1 × 0 = 0 × 1 = 0，1 × 1 = 1。

例2-14　1101B × 0110B = 1001110B

$$
\begin{array}{r}
1101B \\
\times \quad 0110B \\
\hline
0000 \\
1101 \\
+ \quad 1101 \\
\hline
1001110B
\end{array}
$$

做乘法运算时，若乘数为1，则把被乘数照抄一遍，它的最后一位应与相应的乘数位对齐；若乘数为0，则全为0，无作用；当所有的乘数位乘过以后，在把各部分的积相加，便得到最后的乘积。二进制数的乘法实质是由"加"（即加被乘数）和"移位"（对齐乘数位）两种操作实现的。

（4）二进制除法运算

除法运算是乘法的逆运算。与十进制数的除法相似，可从被除数的高位数开始取出与除数相同的位数，减去除数，够减商记1，不够减商记0；然后将被除数的下一位移到余数上，继续够减商记 1，不够减商记 0；直至被除数的位都下移完为止。

运算规则：$0 \div 0 = 0$，$0 \div 1 = 0$，$1 \div 1 = 1$。

例 2-15　$1001110B \div 110B = 01101B$

$$
\begin{array}{r}
01101B \\
110B\overline{)1001110B} \\
-\ \ \ 110 \\
\hline
111 \\
-\ \ \ 110 \\
\hline
110 \\
-\ \ \ 110 \\
\hline
0
\end{array}
$$

（5）二进制"与"运算

两个二进制数之间的"与"运算是将两个二进制数按权位对齐，然后逐位相"与"。

运算规则：$0 \wedge 0 = 0$，$1 \wedge 0 = 0$，$1 \wedge 0 = 0$，$1 \wedge 1 = 1$。

例 2-16　$10110101B \wedge 10011100B = 10010100B$

$$
\begin{array}{r}
10110101B \\
\wedge\ 10011100B \\
\hline
10010100B
\end{array}
$$

（6）二进制"或"运算

两个二进制数之间的"或"运算与"与"运算相似，按权位对齐后逐位相"或"。

运算规则：$0 \vee 0 = 0$，$1 \vee 0 = 1$，$0 \vee 1 = 1$，$1 \vee 1 = 1$。

例 2-17　$10110101B \vee 10011100B = 10111101B$

$$
\begin{array}{r}
10110101B \\
\vee\ 10011100B \\
\hline
10111101B
\end{array}
$$

（7）二进制"异或"运算

两个二进制数之间的"异或"运算与"与"运算相似，按权位对齐后逐位相"异或"。

运算规则：$0 \oplus 0 = 0$，$0 \oplus 1 = 1$，$1 \oplus 0 = 1$，$1 \oplus 1 = 0$。

例 2-18　$10110101B \oplus 10011100B = 00101001B$

$$
\begin{array}{r}
10110101B \\
\oplus\ 10011100B \\
\hline
00101001B
\end{array}
$$

十六进制数运算时，先将十六进制数转换成二进制数，然后根据二进制运算法则进行运算，再将运算结果转换成十六进制数。

6. 原码、补码、反码及运算法则

（1）机器数

在计算机中，数有两种：一种是无符号数，另一种是带符号数。对于带符号数，常用最高位作为符号位，即"0"表示正数，"1"表示负数。例如：

符号位

$+ 1010011 \rightarrow 01010011$

$- 0101001 \rightarrow 10101001$

这种用"0"和"1"作为正负标识符表示的数称为机器数，它所表示的实际数值称为真值。机器数有一定的长度，即字长，因此所表示数的范围就有一定的限制。例如，8 位可表示：

最大无符号数为 255（11111111）；

最大带符号正数为 127（01111111）。

当无符号数的值超过 255 或者带符号正数的值超过 127 时，称为溢出。

（2）原码与真值

二进制数的符号位用"0"或"1"表示，这样的数称为原码，记作 $[X]_原$，而 X 本身称为真值。若设机器字长为 n，则原码的定义为

$$[X]_原 = \begin{cases} X & 0 \leqslant X \leqslant 2^{n-1} - 1 \\ 2^{n-1} + |X| & -(2^{n-1} - 1) \leqslant X \leqslant 0 \end{cases}$$

式中，2^{n-1} 称为模。例如：

$X_1 = +111\ 0010$，则 $[X_1]_原 = 0111\ 0010$。

$X_2 = -011\ 1001$，则 $[X_2]_原 = 1011\ 1001$。

当机器字长 $n = 8$ 时，

$[+1]_原 = 0000\ 0001$　　　　$[-1]_原 = 1000\ 0001$

$[+127]_原 = 0111\ 1111$　　　$[-127]_原 = 1111\ 1111$

$[+0]_原 = 0000\ 0000$　　　　$[-0]_原 = 1000\ 0000$

（3）补码

在校正钟表时，可以向前旋转，也可以向后倒转。例如，现在是下午 2 点，而钟表指示的是上午 10 点。这时，可向前旋转 4h，也可以向后倒转 8h。对于 12h 计时制来说，+4 和 -8 是等价的。因此可以说，+4 是 -8 相对于 12 的"补码"，12 称为"模"；或者说，+4 和 -8 相对于模 12 互为"补数"。早期的计算机常把减法（负数）运算转换成相应补码的加法运算，因此引入"补码"的概念。设机器字长为 n，则补码的定义为

$$[X]_补 = \begin{cases} X & 0 \leqslant X \leqslant 2^{n-1} - 1 \\ 2^n - |X| & -2^{n-1} \leqslant X < 0 \end{cases}$$

式中，2^n 称为模。例如：

$X = +100\ 1101$，则 $[X]_补 = 0100\ 1101$。

$Y = -010\ 1011$，则 $[Y]_补 = 1101\ 0101$。

当机器字长 $n = 8$ 时，

$[+1]_补 = 0000\ 0001$　　　　$[-1]_补 = 1111\ 1111$

$[+127]_补 = 0111\ 1111$　　　$[-127]_补 = 1000\ 0001$

$[0]_补 = 0000\ 0000$

补码的求法可概括为：正数的补码与原码相同；负数的补码是将其原码除符号位外，各位求反，末位加 1。

（4）反码

正数的反码与原码相同，负数的反码是其符号位用 1 表示，其余各位 1 变为 0，0 变为 1，即除符号位外，各位求反。设机器字长为 n，则反码的定义为

$$[X]_反 = \begin{cases} X & 0 \leqslant X \leqslant 2^{n-1} - 1 \\ (2^n - 1) - |X| & -(2^{n-1} - 1) \leqslant X \leqslant 0 \end{cases}$$

式中，2^{n-1}称为模。例如：

$X_1 = +100\ 1101$ 则 $[X_1]_{反} = 0100\ 1101$

$X_2 = -010\ 1011$ 则 $[X_2]_{反} = 1101\ 0100$

当机器字长 $n = 8$ 时，

$[+1]_{反} = 0000\ 0001$ $[-1]_{反} = 1111\ 1110$

$[+127]_{反} = 0111\ 1111$ $[-127]_{反} = 1000\ 0000$

$[+0]_{反} = 0000\ 0000$ $[-0]_{反} = 1111\ 1111$

反码的求法可概括为：正数的反码与原码相同，负数的反码是将其原码除符号位外，各位求反。

综上所述，8 位二进制数的原码、反码、补码有下列关系：

1）对于正数：$[X]_{原} = [X]_{反} = [X]_{补}$。

2）对于负数：$[X]_{反}$ 为 $[X]_{原}$ 的数值位取反，符号位不变 $[X]_{补} = [X]_{反} + 1$。

采用补码运算，可以将减法转换成加法运算，即减去一个数等于加上这个数的补码。

例 2-19 求 $Y = 99 - 63$。

解：$99 = 01100011B$，$[99]_{补} = 01100011B$

$-63 = -00111111B$，$[-63]_{补} = 11000001B$

$[Y]_{补} = [99]_{补} + [-63]_{补} = 00100100B$

因为在 8 位机中，和只保留 8 位，进位 1 自动丢失。由于 $D_7 = 0$，说明 Y 是正数，因此，$Y = [Y]_{补} = 00100100B = 36$。与直接做减法相比，$Y = 99 - 63 = 36$，其运算结果完全相同。在微型计算机中，带符号数采用补码表示后，运算器中只设置加法器，可以简化硬件结构。

三、结构化程序设计

C 语言是一门便于结构化程序设计的语言。结构化程序设计是荷兰科学家 E. W. Dijkstra 在 1965 年提出的，其主要思想是通过分解复杂问题为若干简单问题的方式降低程序的复杂性。采用自顶向下、逐步细化的程序设计方法，同时严格使用三种基本结构构造程序。三种基本结构指顺序结构、选择结构和循环结构。

1996 年，计算机学家 Bohra 和 Jacopini 证明：任何简单或复杂的算法都可以由顺序结构、选择结构和循环结构这三种结构组合而成。所以，这三种结构就被称为程序设计的三种基本结构，也是结构化程序设计建议采用的结构。

1. 顺序结构

图 2-5 所示程序中的各个操作是按照它们在源代码中的排列顺序依次执行的，操作 S1、S2 及 S3 按自上而下的顺序执行。这是最简单的一种基本结构。在这个结构里只有一个入口点 A 和一个出口点 B。其特点是：从入口点 A 开始，按顺序执行所有操作，直至出口点 B 处。事实上，所有程序的总流程总是一个顺序结构。

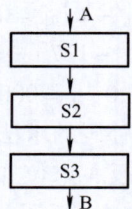

图 2-5　顺序结构

2. 选择结构

选择结构又称为分支结构。选择结构的程序里存在一些分支，程序通过对一些条件的判断选择执行相应的分支。按照分支数，选择结构又可以分为双分支、单分支和多分支三种形式。

（1）双分支结构

双分支结构是最常见的，如图2-6a所示。在该结构中有两个分支，必须要执行其中一支；如果满足条件，则执行操作S1，否则执行操作S2。

（2）单分支结构

单分支结构如图2-6b所示，当双分支结构中某个分支为空时，就称为单分支结构。

（3）多分支结构

多分支结构如图2-6c所示，有多个分支共存，程序根据Type值来选择其中之一执行。

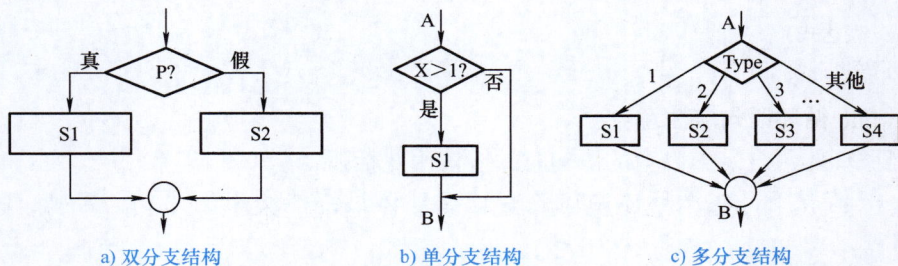

a）双分支结构   b）单分支结构   c）多分支结构

图2-6 选择结构

3. 循环结构

如图2-7所示，在循环结构中，反复地执行一系列操作，直到某条件为假（或为真）时才终止循环。

循环结构是程序中一种很重要的结构，其特点是在给定条件成立时，反复执行某程序段，直到条件不成立为止。给定的条件称为循环条件，反复执行的程序段称为循环体。C语言提供了多种循环语句，可以组成不同形式的循环结构，如for循环语句、while循环语句、do…while循环语句。

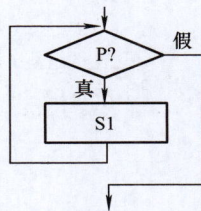

图2-7 循环结构

（1）for循环语句

for循环语句可使程序按指定的次数重复执行一个语句或一组语句。其一般格式如下：

```
for(初始化表达式;条件表达式;增量表达式)
语句;
```

它的执行过程如下：

1）初始化表达式。

2）求解条件表达式，若其值为真（非0），则执行for下面的语句；若为假（0），那么跳过for循环语句。

3）若条件表达式为真（非0），则在执行指定的语句后，执行增量表达式。

4）转回步骤2）继续执行。

5）循环结束，执行for后面的语句。

一般情况下，在循环体中应该有让循环体最终能结束的语句；否则，将造成死循环。

例如，求1~50的和，采用for循环语句的代码如下：

```
void main(void)
{
```

```
        unsigned char i,sum = 0;
        for(i = 1;i <= 50;i ++)
            sum = sum + i;
}
```

（2）while 循环语句

while 循环语句先判定其循环条件为真或假。如果为真，则执行循环体；否则，跳出循环体，执行后续操作。其一般格式如下：

```
while(表达式)
    循环语句;
```

使用 while 循环语句应注意：

1）当循环体包含一个以上的语句时，应该用花括弧"{}"括起来。

2）一般情况下，在循环体中应该有让循环体最终能结束的语句；否则，将造成死循环。

例如，求 1～50 的和，采用 while 循环语句的代码如下：

```
void main(void)
{
    unsigned char i = 1,sum = 0;
    while(i <= 50)
    {
        sum = sum + i;
        i ++;
    }
}
```

（3）do…while 循环语句

do…while 循环体先执行一次，再判断表达式的值。若为真值，则继续执行循环；否则，退出循环。其一般格式如下：

```
do
    循环体
while(表达式);
```

它的执行过程如下：

1）先执行一次指定的循环体语句，然后判断表达式。

2）当表达式的值为非 0 时，返回到第 1）步重新执行循环体语句。

3）如此反复，直到表达式的值等于 0 时，循环结束。

使用 do…while 循环语句应注意：

1）do 是 C 语言的关键字，必须和 while 联合使用。

2）"while（表达式）;"后的分号";"不能丢，它表示整个循环语句的结果。

例如，求 1～50 的和，采用 do…while 循环语句的代码如下：

```
void main(void)
```

```
{
    unsigned char i,sum;
    sum = 0,i = 1;
    do{
        sum = sum + i;/* 注意{}不能省,否则跳不出循环体*/
        i++;
    }while(i <= 50);
}
```

4. 流程图表示法

流程图表示法就是用各种图框表示各种操作,用线表示这些操作的执行顺序。这种表示法的优点是直观、易于理解。图2-8所示为常用的流程图符号。

1) 矩形:表示各种处理功能。例如,执行一个或一组特定的操作,从而使信息的值、信息形式或其所在的位置发生变化。矩形内可注明处理名称或其简要功能。

2) 菱形:表示判断。菱形内可注明判断的条件。它只有一个入口,但有若干个可供选择的出口,在对定义的判断条件求值后,有且仅有一个出口被选择。求值结果可在表示出口路径的流程线附近写出。

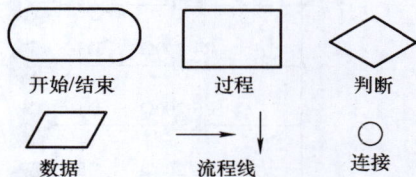

图2-8 常用的流程符号

3) 平行四边形:表示数据。其中可注明数据名称、来源、用途或其他文字说明。

4) 流程线:直线表示执行的流程。当流程自上向下或由左向右时,流程线可不带箭头,其他情况应加箭头表示流程方向。

5) 圆角矩形:表示转向外部环境或从外部环境转入的端点符,如程序流程的开始或结束。

6) 连接:用圆圈符号表示,用来表示流程图的待续。圈内有一个字母或数字。在相互联系的流程图内,连接符号使用同样的字母或数字,以表示各个过程是如何连接的。

任务实践

喜庆的节假日、夜晚上的高楼大厦或广告牌上,通常装饰一些美丽的霓虹灯,其工作原理和发光二极管控制原理相似。

8位流水灯设计任务中,可以采用8位发光二极管作为流水灯进行控制,单片机有4个并行口,每个并行口对应有8个引脚,每个引脚控制一个发光二极管,8个引脚信息对应8位二进制数据,即一个字节的数据信息,因此可以将8位发光二极管作为一个整体通过单片机并行口进行控制。

一、流水灯控制电路设计

根据任务要求,如图2-9所示,利用AT89C51单片机作为控制器,在单片机最小系统的基础上,利用P1口扩展8个发光二极管电路。R2 ~ R9为二极管限流电阻,可以更改其阻值以改变二极管的亮度,在实际应用中阻值不能太小,以免发光二极管电流过大导致过热，影响发光二极管使用寿命。元器件清单见表2-2。

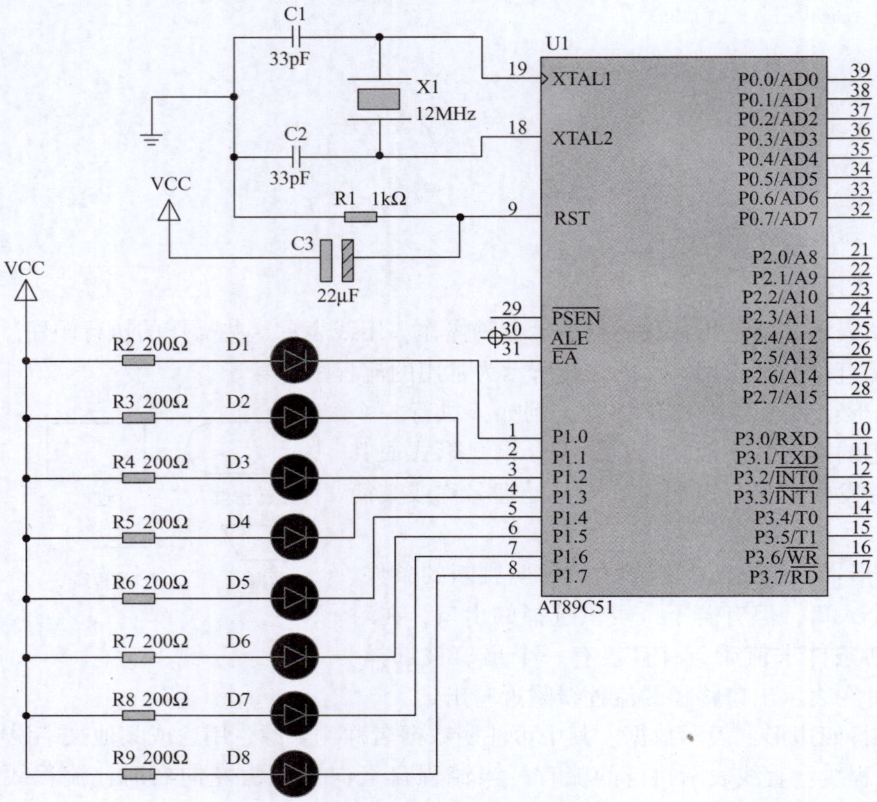

图2-9　流水灯控制电路

表2-2　流水灯控制元器件清单

序号	名称	型号及参数	数量	所在库名	备注
1	单片机	AT89C51	1	Microprcessor ICs	
2	晶振	12MHz	1	Micellaneous	
3	瓷片电容	33pF	2	Capacitors	
4	电解电容	22μF	1	Capacitors	
5	电阻	1kΩ	1	Resistors	
6	电阻	200Ω	8	Resistors	
7	发光二极管	绿色	8	Optoelectronics	

二、流水灯控制程序设计

1. 程序设计

根据任务要求，从两边向中间依次对称点亮两个发光二极管（如 D1D8 点亮、D2D7 点亮、D3D6 点亮、D4D5 点亮），然后再从中间向两边依次对称点亮两个发光二极管，循环上述动作构成简单流水灯。在电路中由 P1 口的每一位分别控制一个发光二极管，根据硬件扩展方式可知对应引脚输出低电平 0 时，对应发光二极管被点亮；反之，对应引脚输出高电平 1 时，对应发光二极管熄灭。因此，只要 P1 口分别循环输出高低电平组合状态信息，状态之间适当延时，即可达到控制要求。经分析 P1 口各状态信息见表2-3。

表2-3　P1 口各状态信息

发光二极管 P1 口	D8 P2.7	D7 P2.6	D6 P2.5	D5 P2.4	D4 P2.3	D3 P2.2	D2 P2.1	D1 P2.0	输出十六进制	功能说明
输出电平	0	1	1	1	1	1	1	0	0x7e	D1D8 亮
	1	0	1	1	1	1	0	1	0xbd	D2D7 亮
	1	1	0	1	1	0	1	1	0xdb	D3D6 亮
	1	1	1	0	0	1	1	1	0xe7	D4D5 亮
	1	1	0	1	1	0	1	1	0xdb	D3D6 亮
	1	0	1	1	1	1	0	1	0xbd	D2D7 亮

根据以上分析，流水灯控制流程如图 2-10 所示。程序开始给 P1 口赋值 0x7e，点亮最上和最下两个灯，延时约 1s（根据需要，时间长短可进行调整），点亮下一组灯，直到按要求点亮所有组灯，完成一轮循环，再进行下一轮循环。系统原程序如下：

```
/*功能：      LED流水灯控制*/
 #include <reg51.h>  //包含头文件,含有51单片机内部资源信息
 sbit  LED=P1^0 ;    //定义引脚位名称
/******************延时子程序*******************/
void DelayMS( unsigned int x)    //子函数定义，共循环占用x*120 次的运行时间
{
    unsigned char i;
    while(x--)                  //外循环x次
    {
        for(i=0;i<120;i++) ;   //内空循环120次，占用运行时间达到延时的目的
    }
}

/*********主程序*********/
void main()
{
    while(1)
    {
        P1=0x7e;
        DelayMS(1000);
        P1=0xbd;
        DelayMS(1000);
        P1=0xdb;
        DelayMS(1000);
        P1=0xe7;
        DelayMS(1000);
        P1=0xdb;
        DelayMS(1000);
        P1=0xbd;
        DelayMS(1000);
    }
}
```

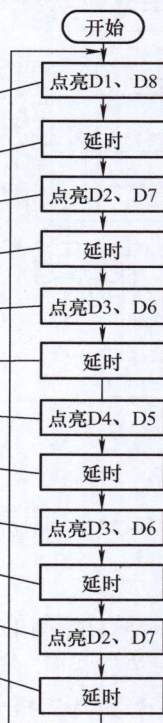

图 2-10　流水灯控制流程

2. 仿真调试

仿真电路图加载 HEX 程序后，单击运行按钮，进入运行状态，此时可以看到发光二极管 D1D8 被点亮，1s 后 D2D7 被点亮，各种状态依次点亮后进行下一轮循环，仿真效果如图 2-11 所示。

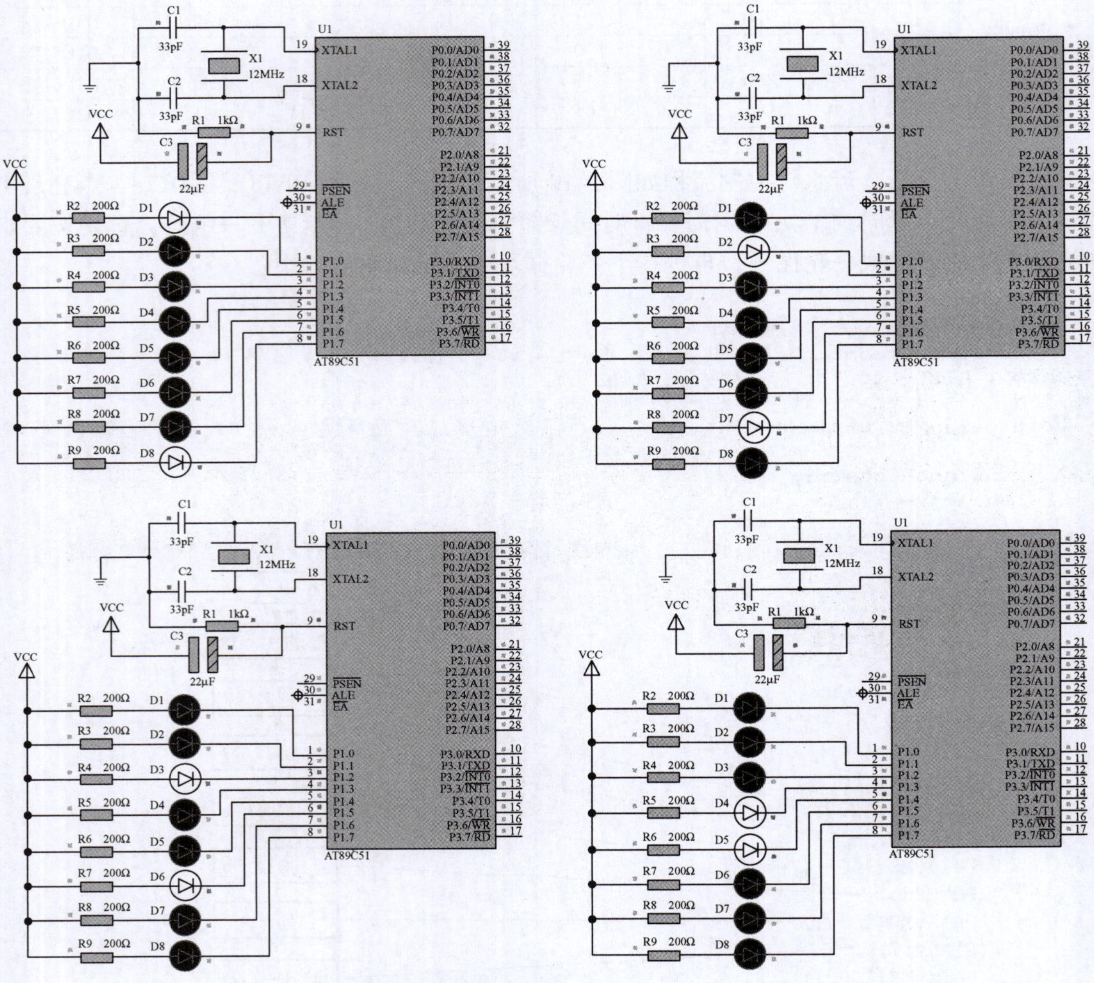

图 2-11　流水灯仿真效果

三、举一反三——拓展实践

1. 实践任务

设计并用 Proteus 软件绘制单片机控制 8 位流水灯仿真电路，完成流水灯拉幕效果控制，即依次对称点亮两边发光二极管（即 D1D8－D1D2D7D8－D1D2D3D6D7D8－D1D2D3D4D5D6D7D8）后，再依次对称熄灭发光二极管（D1D2D3D4D5D6D7D8－D1D2D3D6D7D8－D1D2D7D8－D1D8－全灭），循环运行达到拉幕和闭幕效果。

2. 任务目的

1）学会单片机对发光二极管简单控制电路设计。

2）熟练应用 Proteus 软件绘制仿真原理图。

3）学会单片机简单输出控制程序设计。

4）理解顺序结构程序设计方法。

5）学会利用 Keil 软件编辑程序、修改语法和逻辑错误，并能进行程序调试。

3. 任务要求及考核表

任务名称：流水灯拉幕效果控制

班级		姓名		学号	
考核项目	配分	要求及评价标准			得分
元器件数量	5	各元器件数量是否完整。缺失 1 个扣 1 分			
参数标注	5	各元器件参数是否正确。错误 1 个扣 1 分			
元器件布局	5	元器件布局合理美观，功能模块清晰。若不合要求，根据情况扣 0.5~4 分			
连线	5	连线合理，连线距离最优且整洁美观，无不必要交叉，交叉连接处有连接点。若不合要求，酌情扣分			
电路正确性	20	电路设计合理，无功能和逻辑错误，功能齐全。根据完成情况酌情扣分			
程序语法	10	能排除相关语法错误，编译成功；生成 HEX 文件。若有语法错误或未生成 HEX 文件，则各扣 5 分			
程序运行效果	35	程序无逻辑错误，运行效果符合要求，功能齐全。若不合要求，根据完成情况酌情扣分			
5S 整理	5	整理、清洁自己的工位，完成任务后保持工位整洁整齐，无垃圾			
自主创新	5	在完成任务要求基础上，自主设计其他功能，使任务具有合理的拓展性能			
团结协作	5	能和同学交流，乐于请教和帮助其他同学，学会分工协作			
时间系数	1	按照完成任务先后顺序，每落后一位同学，系数减 0.01			
成绩合计		各项得分和乘以时间系数			

任务2　心中有数：60s倒计时控制（数码管静态显示）

预习测试

班级：_____　姓名：_____　学号：_____

一、填空题

1. 常用的 LED 数码管根据内部电路连接的不同分为_____和_____数码管。

2. 数码管公共端的点位控制操作称为_____，而其余引脚输入的电平组合为段码，也称为_____码。它的不同组合，可得到不同的字形，控制数码管显示不同字符。

3. 51 系列单片机的存储空间分为_____和_____，在物理上分为程序存储器、片内数据存储器和片外数据存储器。

4. 在程序设计中，为了处理方便，把具有相同类型的若干变量按有序的形式组织起来，这些按序排列的同类数据元素的集合称为_____。

5. C51 语言中常用的数组是_____、_____和_____。

二、选择题

1. 在单片机控制电路中，数码管显示方式通常有（　　　）。

A. 静态显示　　　　B. 动态显示　　　　C. 静态显示和动态显示　　　D. 查询显示

2. （　　　）显示方式编程简单，但占用 I/O 口线多，一般用于显示位数较少的场合。

A. 静态　　　　　　B. 动态　　　　　　C. 静态和动态　　　　　　　D. 查询

3. 在 C 语言中，引用数组元素时，其数组下标的数据类型允许是（　　　）。

A. 整型常量　　　　　　　　　　　B. 整型表达式

C. 整型常量或整形表达式　　　　　D. 任何类型的表达式

4. 给出以下定义：

char x[ ] ="abcdefg";char y[ ] = {a,b,c,d,e,f,g};

则正确的叙述为（　　　）。

A. 数组 x 和数组 y 等价　　　　　　B. 数组 x 和数组 y 的长度相同

C. 数组 x 的长度大于数组 y 的长度　D. 数组 x 的长度小于数组 y 的长度

5. 下列关于 C 语言字符数组的描述中错误的是（　　　）。

A. 字符数组可以存放字符串

B. 字符数组中的字符串可以整体输入/输出

C. 可以在赋值语句中通过赋值符号 "=" 对字符数组整体赋值

D. 不可以用关系运算符对字符数值中的字符串进行比较

6. 对 a 和 b 进行如下初始化：

char a[ ] ="ABCDEF";　　　char b[ ] = {'A','B','C','D','E','F',};

则以下叙述正确的是（　　　）。

A. a 与 b 完全相同　　　　　　　　B. a 与 b 长度相同

C. a 与 b 都存放字符串　　　　　　D. a 比 b 数组长度长

7. 下面是对一维数组 s 的初始化，其中不正确的是（　　　）。

A. char s［5］=｛"abc"｝;　　　　　　　　B. char s［5］=｛'a'，'b'，'c'｝;

C. char s［5］="";　　　　　　　　　　　D. char s［5］="abcdef";

8. 共阴极 LED 数码管加反相器驱动时显示字符"6"的段码（字形码）是（　　　）。

A. 0x06　　　　　B. 0x7D　　　　　C. 0x82　　　　　　　　D. 0xFA

任务描述

利用 Proteus 仿真软件设计数码管静态显示电路，并实现 60s 倒计时功能，计数间隔时间约为 1s。

知识链接

一、LED 数码管工作原理

数码管常应用于各种仪器仪表等设备相关参数的显示，LED（Light Emitting Diode）是发光二极管的缩写。LED 数码管里面有 8 只发光二极管，分别记作 a、b、c、d、e、f、g、dp，其中 dp 为小数点。每只发光二极管有一根电极引到外部引脚上，而另一只引脚全部连接在一起，并引到外部引脚上，记作公共端（COM），如图 2-12a 所示。其引脚排列因制造厂商不同而有所不同。

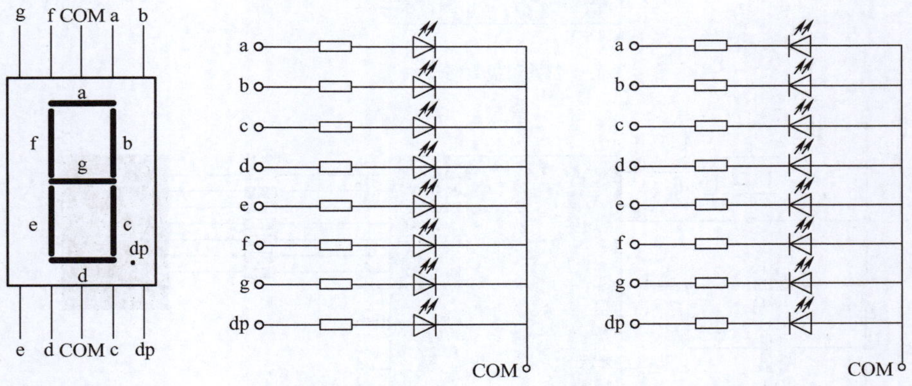

a) 引脚图　　　　　　　　　b) 共阴极　　　　　　　　　c) 共阳极

图 2-12　LED 数码管结构

常用的 LED 数码管有两种类型：共阴极和共阳极。若数码管里面发光二极管的阴极全接在一起作为公共端（COM），在正常使用时此引脚接电源负极，此数码管为共阴极数码管，如图 2-12b 所示，当发光二极管的阳极接高电平时，发光二极管被点亮，从而相应数码段显示，而输入低电平的发光二极管则不能点亮。若数码管里面发光二极管的阳极全接在一起作为公共端（COM），在正常使用时此引脚接电源正极，此数码管为共阳极数码管，如图 2-12c 所示，当对应发光二极管的阴极接低电平时，发光二极管被点亮，从而对应数码段显示，而输入高电平的段不能点亮。

单片机控制一位共阴极数码管和共阳极数码管接线图如图 2-13 所示。

图 2-13a 中，其数据线与 P0 口相连，公共端接地，由于单片机 I/O 口输出高电平时驱动能力（电流）有限，因此各数据线需要接上拉电阻增强驱动能力。图 2-13b 中，各数据线需串联限流电阻，以对 P0 口加以保护，防止过电流损坏单片机，同时也保证数码管工作于合适的亮度，降低数码管功耗，延长数码管使用寿命。

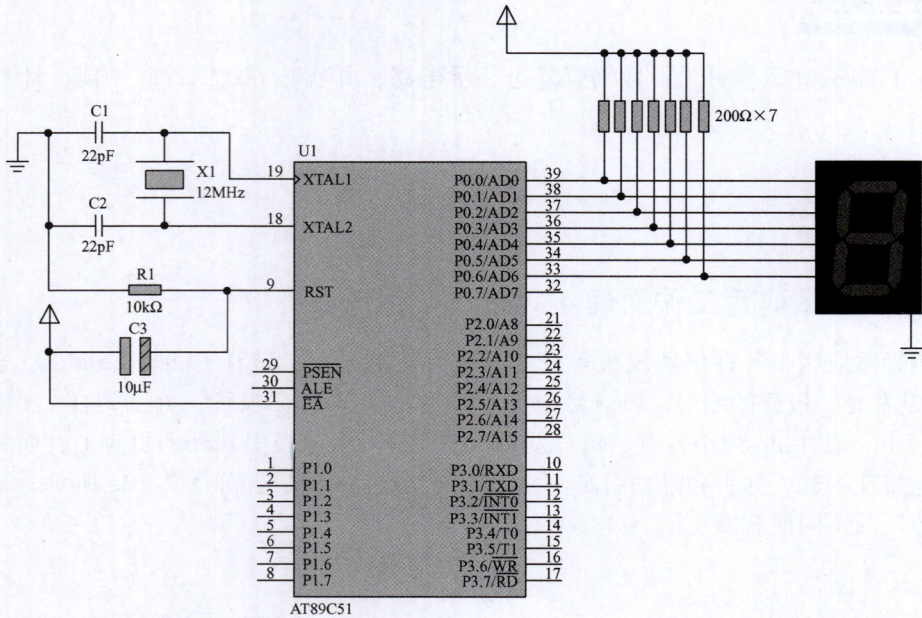

a) 一位共阴极数码管

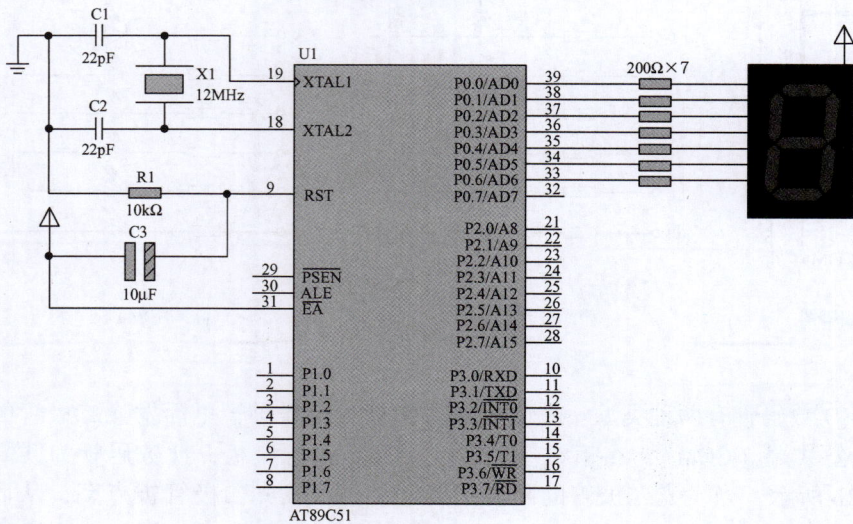

b) 一位共阳极数码管

图 2-13　单片机控制数码管接线图

数码管公共端引脚的位控制操作称为位选，而其余引脚输入的电平组合为段选码，也称为字形码或笔形码。通过不同组合，便可得到不同的字形。图 2-12a 所示为 8 段数码管的引脚图，COM 为 8 个发光二极管的公共端，每个发光二极管为一个段选，由 a ~ dp 表示，对应的 a ~ dp 的各段二进制代码组合正好是一个字节，各段与二进制位的对应关系见表 2-4。

表 2-4　字形码和显示段对应关系

代码位	D7	D6	D5	D4	D3	D2	D1	D0
显示段	dp	g	f	e	d	c	b	a

在应用中，只需将一个 8 位并行段选码送至 LED 数码管对应的引脚，同时选中位选，即可让 LED 数码管工作。送入的段选码不同，显示的数字或字符也不同。共阴极与共阳极的段码互为反码，具体见表 2-5。

表 2-5　LED 数码管十六进制字形码

字形	共阳极数码管	共阴极数码管	字形	共阳极数码管	共阴极数码管
0	0xC0	0x3F	8	0x80	0x7F
1	0xF9	0x06	9	0x90	0x6F
2	0xA4	0x5B	A	0x88	0x77
3	0xB0	0x4F	b	0x83	0x7C
4	0x99	0x66	C	0xC6	0x39
5	0x92	0x6D	d	0xA1	0x5E
6	0x82	0x7D	E	0x86	0x79
7	0xF8	0x07	F	0x8E	0x71

二、C 语言基础知识——数组

数码管字形码通常放在数组中进行访问，数组在 C 语言中至关重要，合理利用数组，可以节省很多变量，使程序设计变得简单方便。C 语言的基本数据类型包括整型、浮点型和字符型。通过前面的学习，可以通过定义这些基本数据类型的变量，来解决简单的数据处理问题。然而现实生活中的数据往往没有那么简单。如在学生成绩管理系统中，对一个班 30 名学生的学习成绩，应该怎么进行存储呢？通过前面的学习可知，可以定义 30 个变量分别存放这些成绩，如 "int x1，x2，…，x30;"。此法貌似可行，但是假如要存放 1000 名学生的学习成绩呢？要定义 1000 个变量吗？有没有更加便捷的实现方法呢？实际上，这些数据是同类型的、具有相同属性的数据。C 语言提供了 "数组" 这一构造类型，用来表示一批具有相同属性的数据。将数组与循环结合起来使用，可以快速地处理大批量的数据，极大地提高了工作效率。

1. 一维数组

在程序设计中，为了处理方便，把具有相同类型的若干变量按有序的形式组织起来，这些按序排列的同类数据元素的集合称为数组。一个数组可以分解为多个数组元素，这些数组元素可以是基本数据类型或是构造类型。因此，按数组元素的类型不同，数组又可分为数值数组和字符数组。C 语言中常用的数组有一维数组、二维数组和字符数组。

（1）一维数组的定义

在 C 语言中使用数组必须先定义。一维数组定义的一般定义形式为

类型说明符　数组名[常量表达式];

其中，"类型说明符"是任意一种基本数据类型或构造数据类型；"数组名"是用户定义的数组标识符；方括号中的"常量表达式"表示数据元素的个数，也称为数组的长度。

例如：

```
int a[10];            /* 整型数组 a,有 10 个元素*/
float b[10],c[20];    /* 浮点型数组 b,有 10 个元素;浮点型数组 c,有 20 个元素*/
char ch[20];          /* 字符数组 ch,有 20 个元素*/
```

对于数组类型的说明应注意以下几点：

1）数组的类型实际上是指数组元素的取值类型。对于同一个数组，其所有元素的数据类型都是相同的。

2）数组名的书写规则应符合标识符的书写规则。

3）数组名不能与其他变量名相同。

4）方括号中常量表达式表示数组元素的个数，如 a［5］表示数组 a 有 5 个元素。但是其下标从 0 开始计算，因此 5 个元素分别为 a[0]、a[1]、a[2]、a[3]、a[4]。

5）不能在方括号中用变量来定义元素的个数，但是可以用符号常量或常量表达式。

例如：

```
#define FD 5
int main()
{
    int a[3 +2],b[7 +FD];
    ...
}
```

以上定义是合法的，但下述说明方式是错误的：

```
int n =5;
int a[n];
```

6）C 编译系统为数组分配连续的存储空间，数组名代表数组在内存中存放的首地址。如整型数组 a[10]，其存储情况如图 2-14 所示。C51 中整型数据每个存储单元占 2B。

（2）一维数组的初始化

给数组赋值，除了用赋值语句对数组元素逐个赋值外，还可采用初始化赋值和动态赋值的方法。初始化赋值即在定义数组时赋值，其一般形式为

类型说明符 数组名[常量表达式] ={值,值,…,值};

其中，在 {} 中的各数值即为各元素的初值，各值之间用

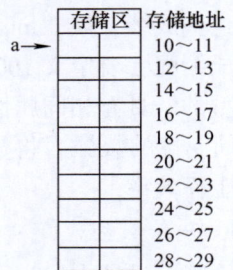

存储区	存储地址
	10～11
	12～13
	14～15
	16～17
	18～19
	20～21
	22～23
	24～25
	26～27
	28～29

a→

图 2-14　数组 a［10］存储单元占用情况示例

逗号间隔。例如，

```
int a[10] ={0,1,2,3,4,5,6,7,8,9};
```

相当于，a[0]=0,a[1]=1,…,a[9]=9。

C 语言对数组的初始化赋值还有以下几点规定：

1）可以只给部分元素赋初值。当 {} 中值的个数少于元素个数时，只给前面部分元素赋值。例如，

```
int a[10] ={0,1,2,3,4};
```

表示只给 a[0]~a[4] 这 5 个元素赋值，而后 5 个元素自动赋值为 0。

2）只能给元素逐个赋值，不能给数组整体赋值。例如，给 10 个元素全部赋值为 1，只能写成

```
int a[10] ={1,1,1,1,1,1,1,1,1,1};
```

而不能写成

```
int a[10] =1;
```

若给全部元素赋值，则在数组说明中可以不给出数组元素的个数。例如，

```
int a[5] ={1,2,3,4,5};
```

可写为

```
int a[] ={1,2,3,4,5};
```

在第二种写法中，花括号中有 5 个数，系统就会据此自动定义数组 a 的长度为 5。

（3）一维数组元素的引用

数组元素是组成数组的基本单元。数组元素也是一种变量，其表示方法为数组名后跟一个下标。下标表示了元素在数组中的顺序号。数组元素的一般表示形式为

```
数组名[下标];
```

其中，"下标"只能为整型常量或整型表达式。例如，a[5]、a[i+j]、a[i++] 都是合法的数组元素。

数组元素通常也称为下标变量。必须先定义数组，才能使用下标变量。在 C 语言中，只能逐个使用下标变量，而不能一次引用整个数组。例如，给 10 个元素的数组逐个赋值连续的 0~9，则可使用循环语句逐个给出下标变量：

```
for(i =0;i <10;i ++)
   a[i] =i;
```

例 2-20　对任务 1 流水灯设计中的控制数据，采用数组的方式赋值。

将任务程序中每次给 P1 口赋的值存放在专门的数组中，然后按顺序从数组中读取数据赋值给 P1 口即可。程序如下：

```
void main()
{
  unsigned char LED_data[6] ={0x7e,0xbd,0xdb,0xe7,0xdb,0xbd};
```

```
    unsigned char i;
    while(1)
    {
      for(i = 0;i < 6;i ++)
      {
          P1 = LED_data[i];
          DelayMS(1000);
      }
    }
}
```

其运行效果同任务 1 程序的运行效果一致。

例 2-21 按照图 2-13a，编程实现一位数码管 0 ~ 9 循环显示。

将 0 ~ 9 的共阴字形码依次放入数组，只要将该数字作为数组元素下标即可访问对应的字形码。主程序如下：

```
void main()
{
  unsigned char LED_data[10] =
  {0x3f,0x06,0x5b,0x4f,0x66,0x6d,0x7d,0x07,0x7f,0x6f};
  unsigned char i;
  while(1)
  {
    for(i = 0;i < 10;i ++)
    {
        P0 = LED_data[i];
        DelayMS(1000);
    }
  }
}
```

运行结果如图 2-15 所示，依次从 0 ~ 9 循环显示。

2. 二维数组

前面介绍的数组只有一个下标，称为一维数组，其数组元素也称为单下标变量。在实际问题中有很多量是二维的或多维的，C 语言允许构造多维数组。多维数组元素有多个下标，以标识它在数组中的位置，所以也称为多下标变量。这里只介绍二维数组，多维数组可由二维数组类推。

二维数组的一般定义形式为

类型说明符　数组名[常量表达式 1][常量表达式 2]；

"常量表达式 1" 表示第 1 维下标的长度，"常量表达式 2" 表示第 2 维下标的长度，两个表达式分别用方括号括起来。例如：

int a[3][4]；

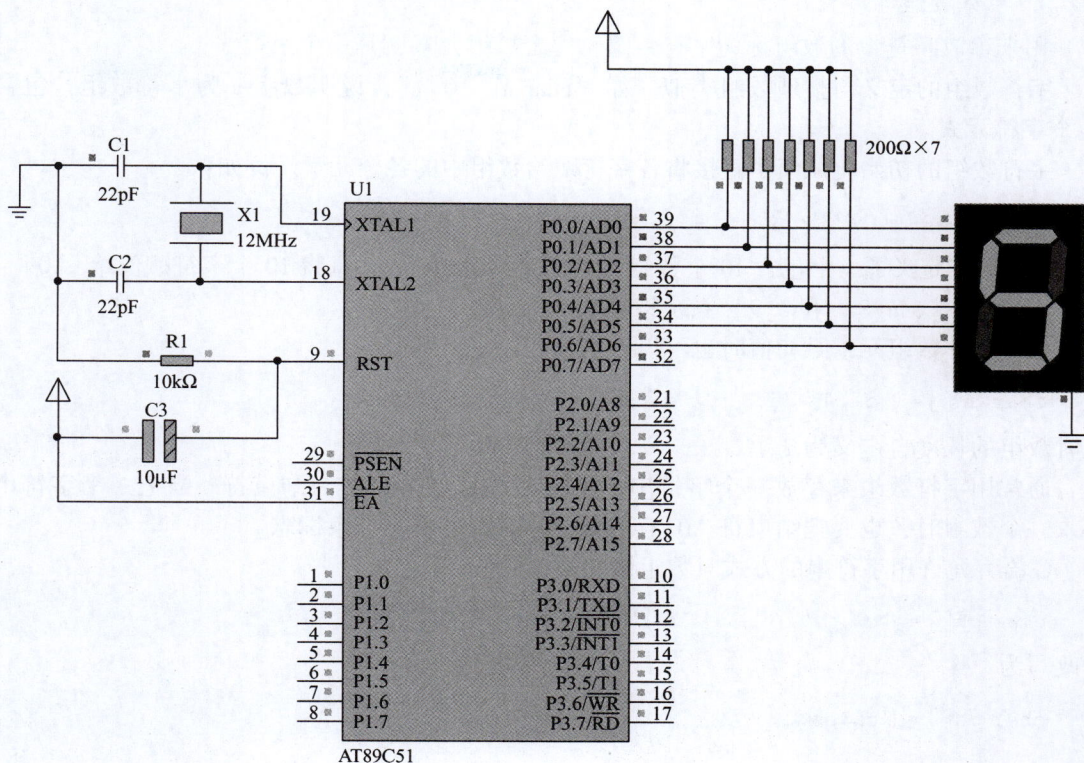

图2-15　数码管显示效果

定义了一个3行4列的数组，数组名为a，该数组共包括3×4个数组元素，即

```
a[0][0], a[0][1], a[0][2], a[0][3],
a[1][0], a[1][1], a[1][2], a[1][3],
a[2][0], a[2][1], a[2][2], a[2][3];
```

C编译系统为二维数组分配连续的存储空间，将二维数组元素按行依次存储，数组名代表数组在内存中存放的首地址。例如，对于上面定义的二维数组，先存放a[0]行，再存放a[1]行，最后存放a[2]行；每行中的4个元素也是依次存放的。由于数组a为int类型，该类型数据占2B的内存空间，所以每个元素均占2B。

二维数组的初始化赋值可按行分段赋值，也可按行连续赋值。

例如，对数组a[3][4]可按下列方式进行赋值。

1）按行分段赋值可写为

```
int a[3][4]={{23,56,42,13},{41,51,87,36},{43,54,78,76}};
```

2）按行连续赋值可写为

```
int a[3][4]={23,56,42,13,41,51,87,36,43,54,78,76};
```

以上两种赋初值的结果是完全相同的。同样，二维数组每个元素可以作为一个变量，引用方法类似一维数组。

3. 字符数组

用来存放字符量的数组称为字符数组，每个数组元素就是一个字符。

字符数组的定义与整型数组类似。如"char a［10］;"，说明数组 a 为字符数组，包含 10 个字符元素。

字符数组的初始化赋值是直接将各字符赋给数组中的各个元素。例如：

```
char c [10] = {'a','b','c','e','s','m','n'};
```

上述语句定义了一个包含 10 个数组元素的字符数组 c，并且将 10 个字符赋值给 c［0］~ c［6］，而 c［7］、c［8］ 和 c［9］ 系统将自动赋予空格字符 '\0'。

当对全体数组元素赋初值时也可以省去长度说明。例如，

```
char ch[] = {'c','h','i','n','e','s','e'};
```

此时数组的长度自定义为 7。

通常用字符数组来存放一个字符串，字符串总是以 '\0' 作为结束符。当把一个字符串存入一个数组时，也要把结束符 '\0' 存入数组，并以此作为结束标志。

C 语言允许用字符串的方式对数组做初始化赋值。例如，

```
char ch[] = {'c','h','i','n','a','\0'};
```

可改写为

```
char ch[] = {"china"};
```

或

```
char ch[] = "china";
```

一个字符串可以用一维数组来装入，但数组的元素数目一定要比字符数多一个，即字符串结束符 '\0' 由 C 编译器自动加上。

4. 数组及变量存储类型

51 系列单片机的存储空间分为程序存储器（ROM）和数据存储器（RAM），在物理上分为程序存储器、片内数据存储器和片外数据存储器。这些存储空间有不同的寻址机构和寻址方式。C51 语言需要将用到的数据定位存储在单片机的存储分区中。所以，C51 语言与 ANSIC 不同，定义变量时要说明变量的存储器类型。常见 C51 编译器支持的存储类型见表 2-6。

表 2-6　常见 C51 编译器支持的存储类型

存储类型	描　　述
data	数据存放在片内可直接寻址 RAM 的低 128B 空间中，访问速度最快
bdata	数据存放在片内地址为 20H~2FH 的可位寻址 RAM 中，允许位与字节混合访问
idata	数据存放在片内间接寻址访问 RAM 的 256B 空间中
pdata	数据存放在片外分页 RAM 的第 1 页，256B 空间，间接寻址访问
xdata	数据存放在片外 RAM 的 64KB 空间中，间接寻址方式，访问速度最慢
code	数据存放在程序存储器的 64KB 空间中，间接寻址方式，数据不能改变

data、bdata、idata 型变量存放在片内数据存储器，pdata、xdata 型变量存放在片外数据存储器，code 型变量固化在程序存储器。

访问片内数据存储器（data、bdata、idata）比访问片外数据存储器（pdata、xdata）快。所以，可以将经常使用的变量放到片内数据存储器中，而将规模较大的或不经常使用的数据存放到片外数据存储器中。对于在程序执行过程中不用改变的数据信息，一般使用 code 关键字将其存储在程序存储器中，与程序代码一起固化到程序存储器中。

在 C51 中使用变量可以声明它的存储位置。举例如下：

```
unsigned char data i;              //无符号字符型变量 i 存储在片内数据存储器
unsigned int xdata j;              //无符号整型变量 j 存储在片外数据存储器
unsigned char code disp[] ="hello";//字符串变量 disp 存储在程序存储器
unsigned int pdata sun;            //无符号整型变量 sun 存储在片外分页数据存储器
```

5. 变量存储模式

定义变量时还可以省略存储器类型的说明。这时 C51 编译器按照指定的存储模式自动采用默认的存储器类型来存储变量数据。C51 编译器支持的存储模式见表2-7。

表2-7 C51 编译器支持的存储模式

存储模式	描　　述
small	变量放在可直接寻址的片内 RAM 中，默认存储器类型为 data
compact	变量放在片外分页 RAM 的第 1 页 256B 中，默认存储器类型为 pdata
large	变量放在片外 RAM 中，最大 64KB，默认存储器类型为 xdata

存储模式决定了变量的默认存储器类型、参数传递区和无明确存储种类的说明。例如，如果定义变量为"char s;"，在 small 存储模式下，s 被定位在 data 存储区；在 compact 存储模式下，s 被定位在 pdata 存储区；在 large 存储模式下，s 被定位在 xdata 存储区。

存储模式定义关键字 small、compact、large 属于 C51 编译器控制指令，可以在 Keil 编译环境中设置，也可以在源文件的开头按照下面的预处理语句格式直接说明。

```
#pragma compact   //程序预处理命令,存储模式为 compact 模式
```

除非有特殊说明，本书中的 C51 程序都运行在 small 模式下。

三、C 语言基础知识——算术运算符

表达式是由运算符及运算对象组成的具有特定含义的式子。C 语言提供了丰富的运算符，它们能构成多种表达式，处理不同的问题，从而使 C 语言的运算功能十分强大。C 语言是一种表达式语言，表达式后面加上分号";"就构成了表达式语句。C51 编程中，常用到的运算有算术运算、赋值运算、关系运算、逻辑运算、位运算、逗号运算等。首先介绍算术运算符。算术运算符及其表达式见表2-8。

表 2-8 算术运算符及其表达式

运算符	意义	表达式举例（设 x = 17，y = 4）
+	加法运算符	z = x + y; //z = 21
−	减法运算符	z = x − y; //z = 13
*	乘法运算符	z = x * y; //z = 68
/	除法运算符（求商，即除法运算保留商，余数丢弃）	z = x / y; //z = 4
%	模运算符（求余，即除法运算保留余数，商丢弃）	z = x % y; //z = 1

C 语言中表示加 1 和减 1 时可以采用简洁的运算符，即自增运算符 " ++ " 和自减运算符 " −− "，根据运算符所在前后的位置不同，计算的顺序也有区别，具体见表 2-9。

表 2-9 自增和自减运算符及表达式举例

运算符	意义	表达式举例（设 x = 17）
x ++	x 值先使用，再自身加 1	y = x ++ ; //y = 17，x = 18
++ x	x 先自身加 1，再使用 x 值	y = ++ x; //y = 18，x = 18
x −−	x 值先使用，再自身减 1	y = x −− ; //y = 17，x = 16
−− x	x 先自身减 1，再使用 x 值	y = −− x; //y = 16，x = 16

任务实践

静态显示是指当数码管显示某一字符时，相应的发光二极管恒定导通或恒定截止。这种显示方式下的各位数码管的公共端恒定接地（共阴极）或 5V 电源（共阳极）。每个数码管的 8 个段选端与一个 8 位 I/O 口相连。只要 I/O 口有显示字形码输出，数码管就显示给定字符，并保持不变，直到 I/O 口输出新的段选码。

对于静态显示，在同一时间，每个数码管显示的字符可以各不相同，因此每个数码管需要有独立的 I/O 口控制。实现 60s 倒计时，需要两位数码管显示，示意框图如图 2-16 所示，需要利用单片机两个 8 位并行口扩展数码管接口。

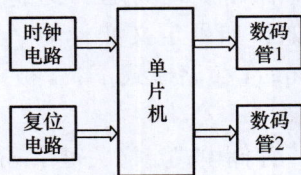

图 2-16 60s 倒计时电路示意框图

一、60s 倒计时电路设计

本设计采用 P0 口和 P2 口扩展两位共阳数码管实现静态显示的 60s 倒计时，具体电路设计及元器件清单分别如图 2-17 和表 2-10 所示。P0 口和 P2 口每个引脚串联的电阻为限流电阻，根据亮度要求可以取值为 100 ~ 1000Ω。

表 2-10 60s 倒计时扩展电路元器件清单

序号	名称	型号及参数	数量	所在库名	备注
1	单片机	AT89C51	1	Microprcessor ICs	
2	晶振	12MHz	1	Micellaneous	

（续）

序号	名称	型号及参数	数量	所在库名	备注
3	瓷片电容	33pF	2	Capacitors	
4	电解电容	22μF	1	Capacitors	
5	电阻	10kΩ	1	Resistors	
6	电阻	200Ω	14	Resistors	
7	共阳极数码管	绿色	2	Optoelectronics	

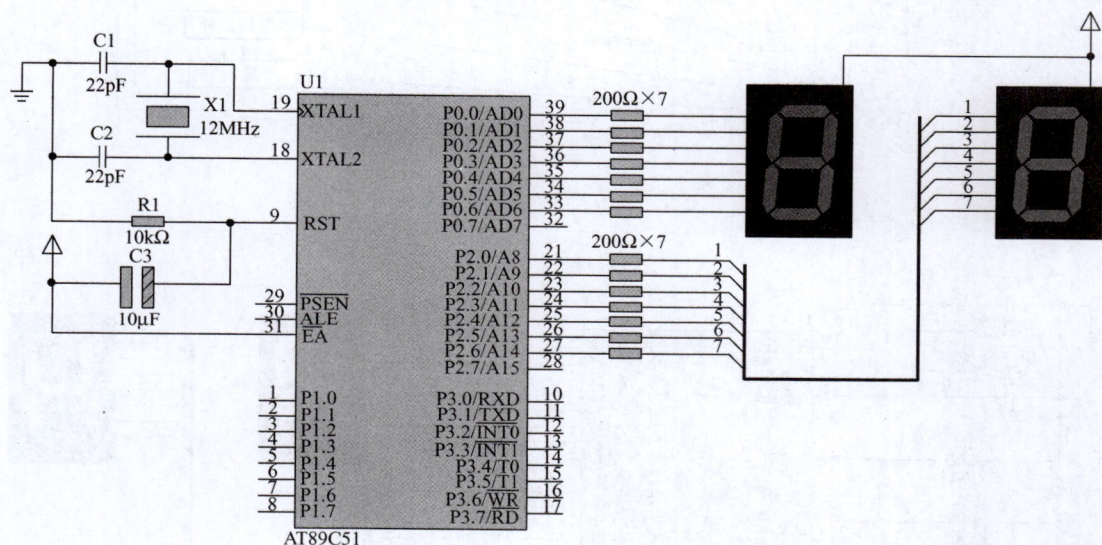

图 2-17　两位数码管静态显示扩展

二、60s 倒计时程序设计

1. 程序设计

模块化程序设计有利于程序的可读性和可移植性以及程序的功能扩展设计。在本设计中，可以将数码管显示程序作为一个独立的程序模块，以供主程序调用。两位数码管显示范围为 0~59，此时需要将十进制的两位数分别显示到对应的数码管上，因此首先通过对 10 求商和求余运算分别求出两位十进制数的十位数和个位数，然后通过数组查找对应的字形码，并将其分别送至单片机对应的数码管扩展端口，完成两位十进制显示。

如图 2-18 所示，在静态显示电路扩展基础上实现 60s 倒计时程序设计时，对于有规律的数字变化，可以通过循环语句实现，每循环一次显示一个数据并延时 1s，每轮循环 60 次即可。

2. 仿真调试

编译程序，根据编译提示修改语法错误后，生成 HEX 文件，并加载至仿真电路进入运行状态。仔细观察运行结果，判断是否符合功能逻辑，进一步完善程序功能。仿真运行效果如图 2-19 所示。

```
#include <reg51.h>
void DelayMS(unsigned int x);//延时函数声明
unsigned char code LedCode[16]=         //共阳极数码管字形码
{ 0xC0,0xF9,0xA4,0xB0,0x99,0x92,0x82,0xF8,0x80,0x90 };
/*****************数码管显示子程序*******************/
void display(unsigned char dis)
{
  P0=LedCode[dis/10];
  P2=LedCode[dis%10];
}
/*********************主程序*****************/
void main()
{
  unsigned char i,disp;

  while(1)
  { disp=59;   //倒计时初始值
    for(i=0;i<60;i++)     //循环60次控制
    {
      display(disp--);  //显示一次数据
      DelayMS(1000);   //延时大约1s
    }
  }
}
```

开始 → 秒数据初始化59 → 循环60次? → Y / N → 显示一次秒数据 → 秒数据自减1 → 延时

图 2-18   60s 倒计时程序流程图

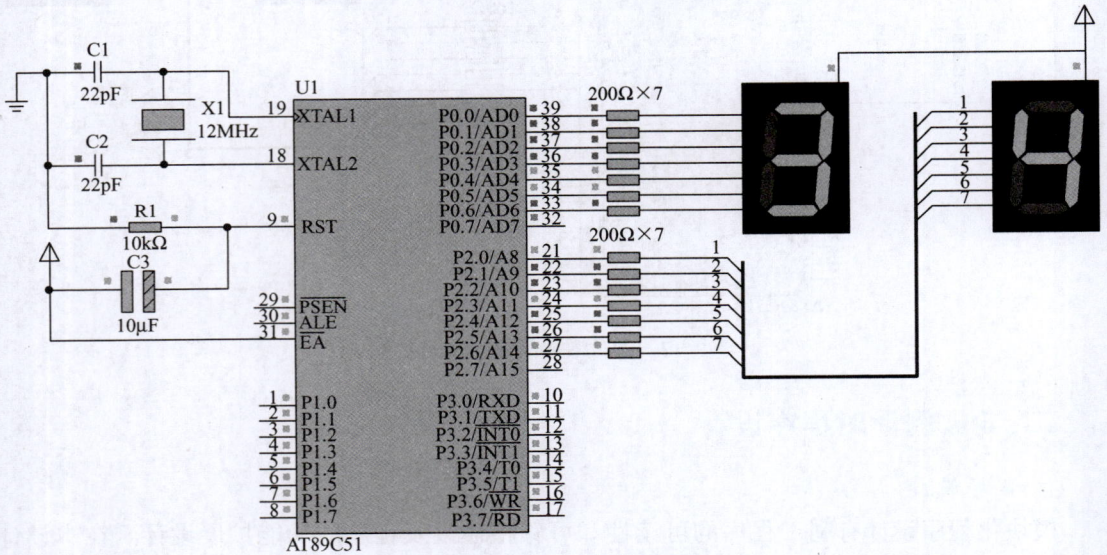

图 2-19   60s 倒计时仿真运行效果

三、举一反三——拓展实践

1. 实践任务

设计并用 Proteus 软件绘制单片机控制三位数码管静态显示电路，完成三位数码管 0 ~ 999 计数（正计数或倒计数）功能。

2. 任务目的

1）学会单片机对数码管静态显示控制电路设计。

2）熟练应用 Proteus 软件绘制仿真原理图。

3）学会单片机对数码管控制程序设计。

4）理解顺序结构和循环结构程序设计方法。

5）学会利用 Keil 软件编辑程序、修改语法和逻辑错误，会进行程序调试。

3. 任务要求及考核表

任务名称：三位数码管 0～999 计数（正计数或倒计数）

班级		姓名		学号	
考核项目	配分	要求及评价标准			得分
元器件数量	5	各元器件数量是否完整。缺失 1 个扣 1 分			
参数标注	5	各元器件参数是否正确。错误 1 个扣 1 分			
元器件布局	5	元器件布局合理美观，功能模块清晰。若不合要求，根据情况扣 0.5～4 分			
连线	5	连线合理，连线距离最优且整洁美观，无不必要交叉，交叉连接处有连接点。若不符合要求，酌情扣分			
电路正确性	20	电路设计合理，无功能和逻辑错误，功能齐全。若不合要求，根据完成情况酌情扣分			
程序语法	10	能排除相关语法错误，编译成功。生成 HEX 若文件有语法错误或未生成 HEX 文件，则各扣 5 分			
程序运行效果	35	程序无逻辑错误，运行效果符合要求，功能齐全。若不合要求，根据完成情况酌情扣分			
5S 整理	5	整理、清洁自己的工位，完成任务后保持工位整洁整齐，无垃圾			
自主创新	5	在完成任务要求基础上，自主设计其他功能，使任务具有合理拓展性能			
团结协作	5	能和同学交流，乐于请教和帮助其他同学，学会分工协作			
时间系数	1	按照完成任务先后顺序，每落后一位同学，系数减 0.01			
成绩合计		各项得分和乘以时间系数			

任务 3　争分夺秒：数码管动态显示

预习测试

班级：_____　　姓名：_____　　学号：_____

一、填空题

1. 在 C 语言中，表示逻辑值"真"用_____表示，表示逻辑值"假"用_____表示。

2. 三个整数 a、b、c，将 b 的值赋给 a，将 c 的值赋给 b，再将 a 的值赋给 c。补充下面的程序，实现上述功能。

```
int main()
  {int a,b,c,_____;
    _____;
   a = b;
   b = c;
    _____;
  }
```

3. 当 a = 10，b = 6 时，执行表达式"max = (a > b)？a : b;"后，max 值为_____。

4. a = 5.46，i = (int) a，则 i = _____。

二、选择题

1. 若要求在 if 后的一对圆括号中表示 a 不等于 0 的关系，则能正确表示这一关系的表达式为（   ）。

A. a < > 0   B. ! = a   C. a = 0   D. a

2. 在 C 语言的 if 语句中，用作判断的表达式是（   ）。

A. 关系表达式   B. 逻辑表达式   C. 算术表达式   D. 任意表达式

3. （   ）显示方式电路简单，但编程比较复杂，一般用于显示位数较多的场合。

A. 静态   B. 动态   C. 静态和动态   D. 查询

4. 在 C 语言程序中，表达式 5%2 的结果是（   ）。

A. 2.5   B. 2   C. 1   D. 3

5. 如果有"int a = 3,b = 4;"，则条件表达式"a < b？a : b;"的值是（   ）。

A. 3   B. 4   C. 0   D. 1

6. 若有"int x = 2,y = 3,z = 4;"，则表达式"x < z？y : z"的结果是（   ）。

A. 4   B. 3   C. 2   D. 0   E. 1

7. 在 C 语言中，关系表达式和逻辑表达式的值是（   ）。

A. 0   B. 0 或 1   C. 1   D. "T"或"F"

8. 算术运算符、赋值运算符和关系运算符的运算优先级从高到低依次为（   ）。

A. 算术运算、赋值运算、关系运算   B. 算术运算、关系运算、赋值运算

C. 关系运算、赋值运算、算术运算   D. 关系运算、算术运算、赋值运算

任务描述

利用 Proteus 仿真软件设计数码管动态显示电路，扩展 5 个共阳极数码管并编程实现分钟和秒的计时功能，中间数码管显示时钟闪烁提示符，计时间隔时间约为 1s。

知识链接

一、C 语言基础知识——运算符（续）

1. 关系运算符

在程序中经常需要比较两个数据的大小关系，以便对程序的功能进行选择。用以比较两

个数据的运算符称为关系运算符。C 语言有 6 种关系运算符，见表 2-11。关系运算的结果只有"假"（0）和"真"（1）两种，即条件满足时结果为 1，否则为 0。

例如"a×b>c"，当 a = 3，b = 4，c = 9 时，结果为 1；而 a = 3，b = 4，c = 15 时，结果为 0。

表 2-11　关系运算符

运算符	意义	表达式举例（设 a = 3，b = 4）
<	小于	a < b; // 返回值 1
>	大于	a > b; // 返回值 0
<=	小于或等于	a <= b; // 返回值 1
>=	大于或等于	a >= b; // 返回值 0
!=	不等于	a != b; // 返回值 1
==	等于	a == b; // 返回值 0

2. 逻辑运算符

逻辑运算的结果只有"真"和"假"两种，用 1 表示真，用 0 表示假，即当条件满足时为真，不满足时为假。C 语言的逻辑运算符有 3 种，见表 2-12。

表 2-12　逻辑运算符

运算符	意义	功能举例（设 a = 3，b = 0）
&&	逻辑与（AND）	有 0 则 0。即当且仅当两个运算量的逻辑值都为 1 时，运算结果为 1；否则，只要其中有一个逻辑值为 0，则运算结果为 0。例如"a&&b"，运算结果为 0
‖	逻辑或（OR）	有 1 则 1。即当且仅当两个运算量的逻辑值都为 0 时，运算结果为 0；否则，只要其中有一个逻辑值为 1，则运算结果为 1。例如"a‖b"，运算结果为 1
!	逻辑非（NOT）	当运算量为逻辑值 1 时，运算结果为 0；否则为 1。例如"!a"，运算结果为 0；"!b"，运算结果为 1

3. 位运算符

C51 语言直接面对 51 单片机硬件编程，往往要求编程时对相关数据位进行运算处理，所以提供了强大、灵活的位运算功能，使得 C51 语言也能像汇编语言一样具有强大、灵活的位处理能力。位运算即按变量的二进制位进行逻辑运算。C51 提供了 5 种位运算符，见表 2-13。

表 2-13　位运算符

运算符	意义	功能举例（设 a = 3，b = 13）
&	按位逻辑与	对两个运算量的二进制数按相应位进行逻辑与运算。例如"a&b"，运算结果为 00000011B&00001101B = 00000001B = 0x01
‖	按位逻辑或	对两个运算量的二进制数按相应位进行逻辑或运算。例如"a‖b"，运算结果为 00000011B‖00001101B = 00001111B = 0x0f

（续）

运算符	意义	功能举例（设 a = 3，b = 13）
~	按位取反	对运算量的二进制数按位进行取反运算。例如 " ~ a"，运算结果为 ~00000011B = 11111100B = 0xfc；" ~ b"，运算结果为 ~00001101B = 0x11110010B = 0xf2
<<	按位左移	把 << 左边的运算量的各二进制位全部左移若干位，移动的位数由 << 右边的常数指定，高位丢弃，低位补 0。例如 "a << 2"，指把 a 的各二进制位向左移动 2 位，移位后为 00001100B（0x0c，十进制数 12）
>>	按位右移	把 >> 左边的运算量的各二进制位全部右移若干位，移动的位数由 >> 右边的常数指定。对无符号数或正数右移，低位丢弃，高位补 0；对负数右移，低位丢弃，高位补 1。例如 "b >> 3"，指把 b 的各二进制位向右移动 3 位，00001101B >> 3 结果为 00000001B（0x01）

按位逻辑与运算通常用于对某些位消零或保留。例如，要保留从 P3 口的 P3.0 和 P3.1 读入的两位数据，可以执行 "P3 = P3&0x03;" 操作（0x03 的二进制数为 00000011B）；而要将 P1 口的 P1.4 ~ P1.7 清 0，可以执行 "P1 = P1&0x0f;" 操作（0x0f 的二进制数为 00001111B）。

同样，按位逻辑或经常用于把指定的位置 1 而其余位不变的操作。

4. 赋值运算符

赋值运算符用于赋值运算，它将一个数据赋值给一个变量，也可以将一个表达式的值赋值给一个变量。C 语言中的赋值运算符见表 2-14。

表 2-14　赋值运算符

运算符	意义	说明
=	将右边表达式的值赋给左边的变量或数组元素	a = 5，a = b + c，…
+=	左边的变量或数组元素加上右边表达式的值	x += a 等价于 x = x + a
-=	左边的变量或数组元素减去右边表达式的值	x -= a 等价于 x = x - a
*=	左边的变量或数组元素乘以右边表达式的值	x *= a 等价于 x = x * a
/=	左边的变量或数组元素除以右边表达式取商的值	x/= a 等价于 x = x/a
%=	左边的变量或数组元素除以右边表达式取余数的值	x%= a 等价于 x = x%a
<<=	左移操作，再赋值	x <<= a 等价于 x = x << a
>>=	右移操作，再赋值	x >>= a 等价于 x = x >> a
&=	按位与操作，再赋值	x&= a 等价于 x = x&a

5. 逗号运算符

逗号运算符用于将几个表达式串连在一起。其格式如下：

表达式 1，表达式 2，…，表达式 n

运算顺序为从左到右，整个逗号表达式的值是最右边表达式的值，如 x = (y = 3, z = 5, y + 2)，结果为 z = 5，y = 3，x = y + 2 = 5。

6. 条件运算符

C 语言提供了一个条件运算符"？:"，它要求有 3 个运算对象，可以将两个表达式连接构成一个条件表达式。其一般形式如下：

逻辑表达式？表达式 1:表达式 2；

首先计算逻辑表达式的值，当其值为真（非 0）时，将表达式 1 的值作为整个表达式的值；当逻辑表达式为假（0）时，将表达式 2 的值作为整个表达示的值。

例如，当 a = 8，b = 13 时，求 a、b 中的最大值可以用下式：

max = (a > b)？a:b

因为 a > b 为假，所以应取 b 的值作为表达式的值，即 max = 13。

7. 强制转换运算符

当参与运算的数据类型不同时，则先转换成同一数据类型，再进行运算。数据类型的转换方式有两种；一种是自动类型转换；另一种是强制转换。在 C 语言程序设计中进行算术运算时，必须注意数据类型的转换。

自动类型转换是在对程序进行编译时由编译器自动处理。自动类型转换的基本规则是转换后计算精度不降低，所以，当 char、int、unsigned、long、double 类型的数据同时存在时，其转换高低关系为 char→int→unsigned→long→double。

例如，在 char 型数据与 int 型数据共存时，则先将 char 型转换为 int 型再计算。

强制转换是通过强制类型转换运算符"( )"进行的，通过它将一个表达式转化为所需类型其格式如下：

(类型名)(表达式)

示例如下：

```
(int)a;        //将 a 强制转化为整型
(int)(3.58);//将实型标量 3.58 强制转换为整型,结果为 3
```

二、C 语言选择控制语句

前文已讲过，结构化设计的三种基本结构——顺序结构、选择结构与循环结构。在 C 语言中，选择结构一般用 if 语句或 switch 语句来实现。if 语句又有 if、if…else、if…else if 三种形式。

1. if 语句（单分支结构）

该语句结构如下：

```
if(表达式)
  语句;
```

它的执行流程如图 2-20 所示，当表达式的值为真时，执行"语句"；否则，执行 if 后面的语句。

例 2-22　输入三个数 a、b、c，由小到大排列顺序。

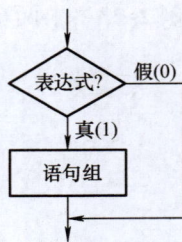

图 2-20　if 语句执行流程

81

```
int main(void)
{
    unsigned int a = 9,b = 4,c = 7,t;
    if(a > b)
    {
        t = a;
        a = b
        b = t;
    }
    if(a > c)
    {
        t = a;
        a = c;
        c = t;
    }
    if(b > c)
    {
        t = b;
        b = c;
        c = t;
    }
}
```

2. if…else 语句（双分支结构）

if…else 构造了一种二路分支的选择结构，其格式如下：

```
if(表达式)
    语句1;
else
    语句2;
```

如图 2-21 所示，语句 1 和语句 2 就是二路分支。执行这个结构，首先要对表达式进行判断，若为真（非零），就执行由 if 所控制的语句 1 分支；否则（值为 0），就执行由 else 所控制的语句 2 分支。

例 2-23 求两个数的中的最大数。

```
int max(int a, int b)
{
    int c;
    if(a > b)
        c = a;
    else
        c = b;
```

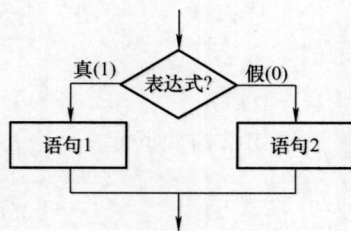

图 2-21 if…else 语句执行流程

```
        return(c);
    }
```

3. if…else if 语句（多分支结构）

if…else if 语句是由 if…else 语句组成的嵌套，用于实现多个条件分支的选择。其一般格式如下：

```
if(表达式1)
{
    语句组1；
}
else if(表达式2)
{
    语句组2；
}
 ⋮
else if(表达式n)
{
    语句组n；
}
else(表达式n+1)
{
    语句组n+1；
}
```

如图 2-22 所示，执行这个语句时，依次判断各表达式的值，当某表达式的值为"真"时，执行其对应的语句组，跳过剩余的 if 语句组。如果所有表达式的值全部是"假"，则执行最后一个 else 后的语句组 n + 1。

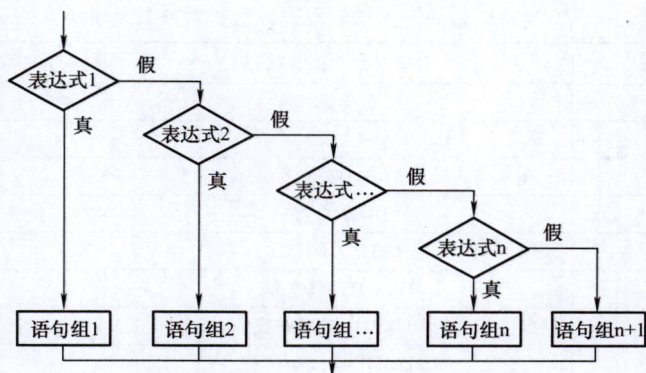

图 2-22　if…else if 语句执行流程

例 2-24　如图 2-23 所示，利用 3 个拨码开关控制 8 个发光二极管。3 个开关状态组成 3 位二进制数，对应发光二极管的不同状态。对应关系见表 2-15。

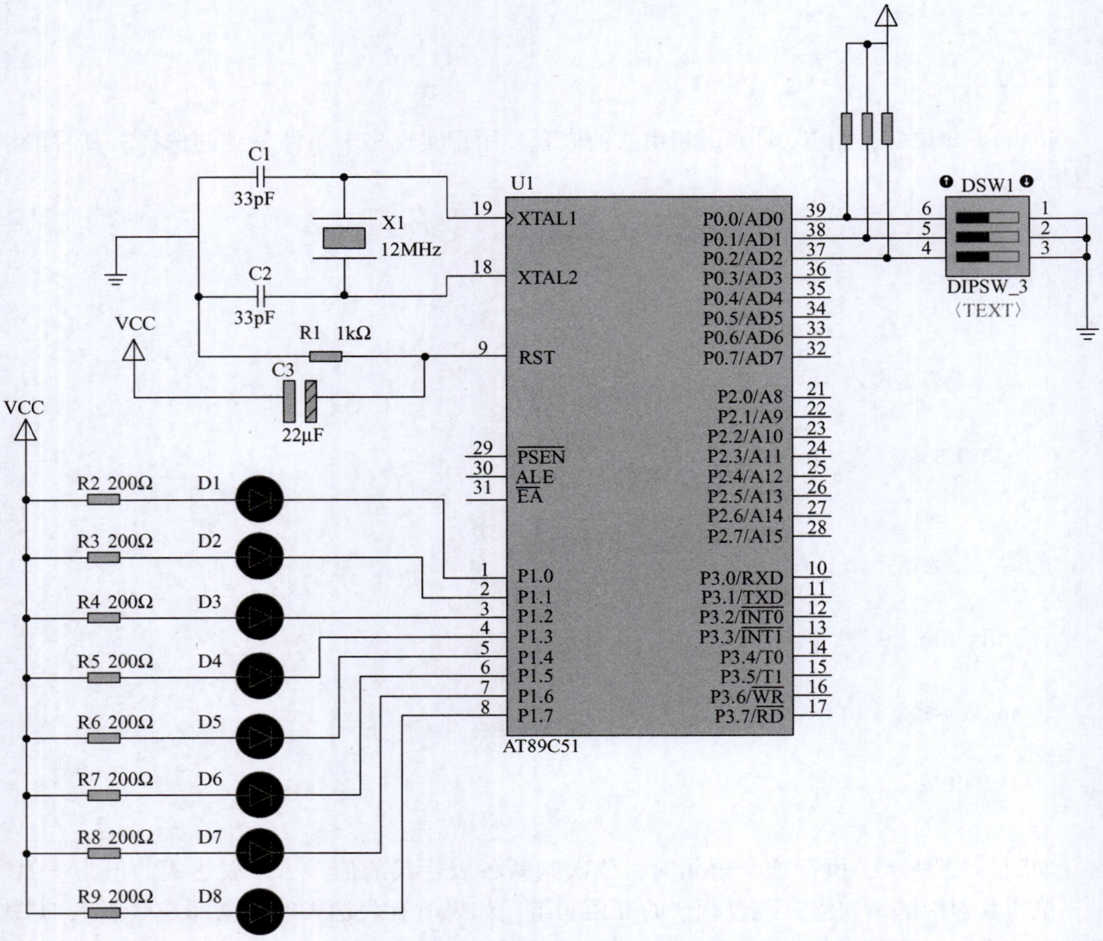

图 2-23　拨码开关控制发光二极管仿真电路

表 2-15　拨码开关控制发光二极管对应关系表

拨码开关状态	对应发光二极管状态	控制端口 P1 输出值
000B（0x00）	全亮	0x00
001B（0x01）	D1 亮	0xfe
010B（0x02）	D1D2 亮	0xfc
011B（0x03）	D1D2D3 亮	0xf8
100B（0x04）	D1D2D3D4 亮	0xf0
101B（0x05）	D1D2D3D4D5 亮	0xe0
110B（0x06）	D1D2D3D4D5D6 亮	0xc0
111B（0x07）	D1D2D3D4D5D6D7 亮	0x80

程序如下：

```
#include <reg51.h>
void main()
```

```
{
    unsigned char i;
    while(1)
    {
        i = P0&0x07;              //读取拨码开关状态,屏蔽无关位
        if(i == 0x00)
            P1 = 0x00;            //8 个发光二极管都亮
        else if(i == 0x01)
            P1 = 0xfe;            //1 个亮
        else if(i == 0x02)
            P1 = 0xfc;            //连续 2 个亮
        else if(i == 0x03)
            P1 = 0xf8;            //连续 3 个亮
        else if(i == 0x04)
            P1 = 0xf0;            //连续 4 个亮
        else if(i == 0x05)
            P1 = 0xe0;            //连续 5 个亮
        else if(i == 0x06)
            P1 = 0xc0;            //连续 6 个亮
        else if(i == 0x07)
            P1 = 0x80;            //连续 7 个亮            }
}
```

运行效果如图 2-24 所示，拨动拨码开关，对应的二极管变亮。

4. switch…case 语句（多分支结构）

if 语句一般用在单一条件或分支数目较少的场合。如果使用 if 语句编写 3 个以上分支的程序，就会降低程序的可读性。C51 语言提供了一种专门用于多分支选择结构的 switch 语句，其一般形式如下：

```
switch(表达式)
{
    case 常量表达式 1:        //如果常量表达式 1 满足,则执行语句 1
            语句 1;
            break;            //执行完语句 1 后,使用 break 可使流程跳出 switch 结构
    case 常量表达式 2:        //如果常量表达式 2 满足,则执行语句 2
            语句 2;
            break;            //执行完语句 2 后,使用 break 可使流程跳出 switch 结构
    …
    case 常量表达式 n:        //如果常量表达式 n 满足,则执行语句 n
            语句 n;
            break;
    default:                 //默认情况下(条件不满足时),执行语句(n + 1)
            语句 n + 1;
```

```
        break;
    }
```

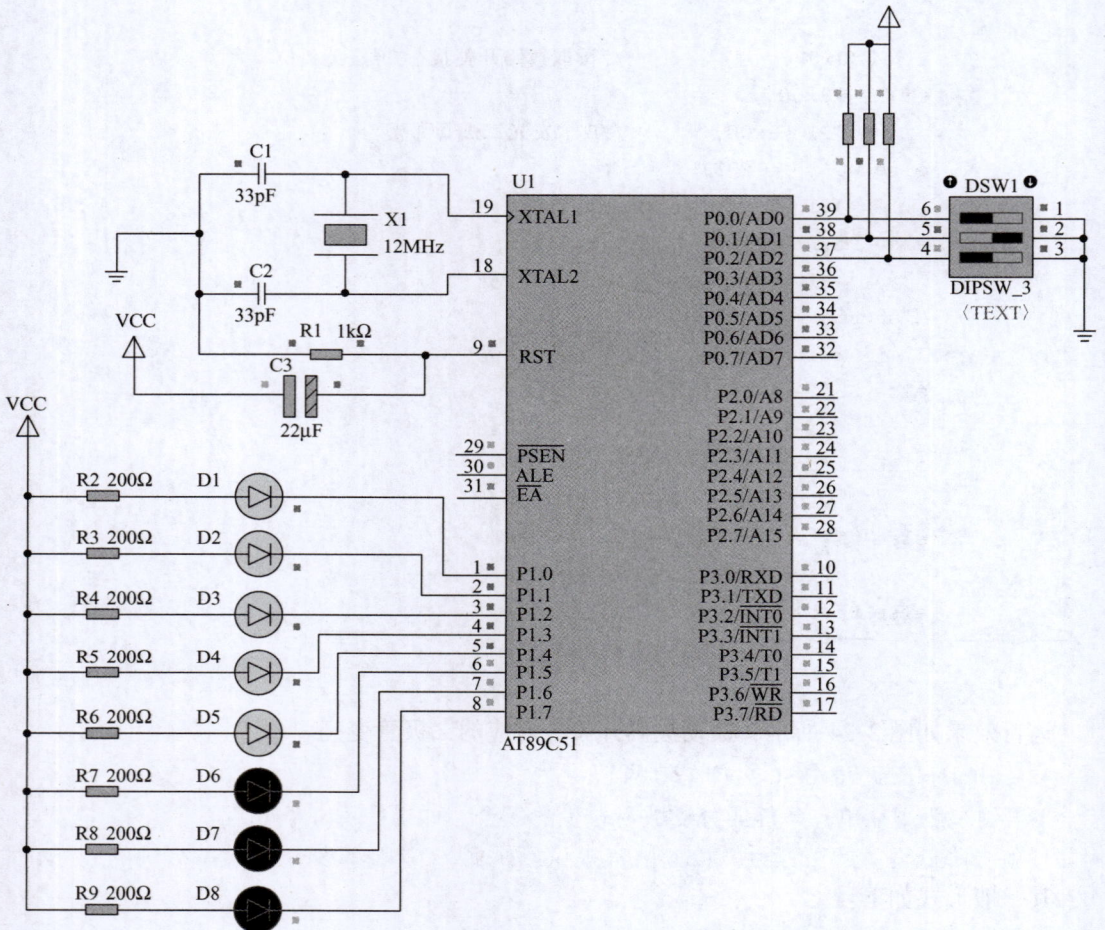

图 2-24 例 2-24 运行效果

这个语句首先计算 switch 后面括号中表达式的值，并与 case 后的常量表达式的值相匹配，如果表达式的值与某个 case 后的常量表达式的值相等，则执行对应常量表达式后的语句组，遇到 break 语句后，就跳出 switch 语句结构，继续执行 switch 结构后面的其他程序。如果表达式的值与所有 case 后的常量表达式的值都不相等，则执行 default 后的语句组。

如果某 case 后面语句执行完后没有 break 语句，程序将继续执行后面的 case 程序，不会自动挑出 switch 结构。break 语句的作用是中断该 switch 结构，即将流程转出 switch 结构。所以，执行 switch 语句就相当于只执行与表达式值相匹配的一个 case 子结构中的语句组。可以将 break 看成语句序列中必要的成分（位置在语句序列的最后）。

例 2-25 利用 switch 语句，完成例 2-24 的功能，效果如图 2-25 所示。

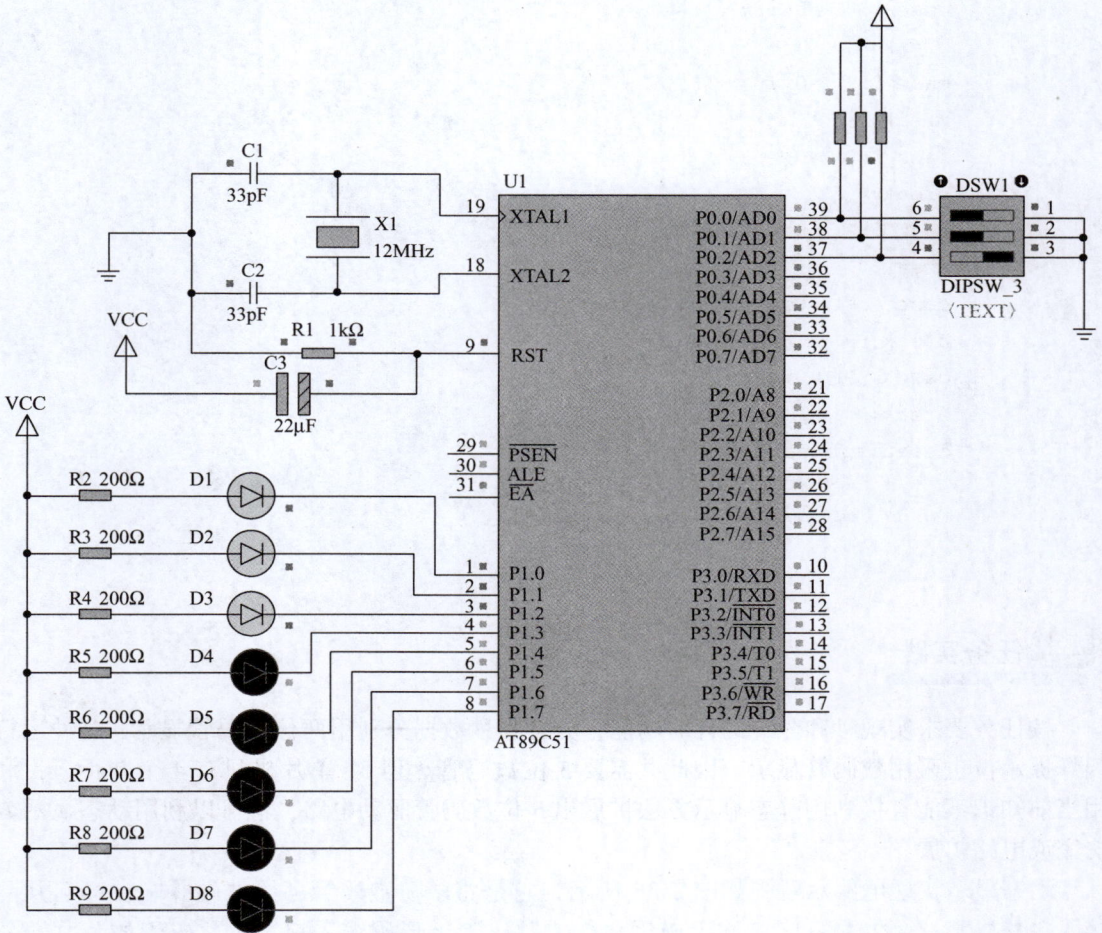

图 2-25   例 2-25 运行效果

```
#include <reg51.h>
void main()
{
unsigned char i;
while(1)
  {
    P0 = 0xff;
    i = P0&0x07;                    //读取拨码开关状态,屏蔽无关位
    switch(i)
    {
        case 1:P1 = 0xfe;
        break;
        case 2:P1 = 0xfc;
        break;
```

```
        case 3:P1 =0xf8;
        break;
        case 4:P1 =0xf0;
        break;
        case 5:P1 =0xe0;
        break;
        case 6:P1 =0xc0;
        break;
        case 7:P1 =0x80;
        break;
        case 0:P1 =0x00;
        break;
        default:break;
    }
}
}
```

任务实践

按任务要求实现秒和分钟的计时功能,分钟和秒数据分别用两位数码管显示,时钟运行闪烁提示位也采用数码管显示,因此共需要 5 位数码管。但 51 单片机只有 4 个并行口,利用当前知识不能直接利用静态显示方法扩展出 5 位数码管驱动电路,但可以利用动态显示方法完成电路扩展。

动态显示扩展电路示意图如图 2-26 所示。它是将多位数码管各段选端并联在一起共同接入单片机某一 8 位并行口(称段选口)作为数码管字形码输入口,各数码管的公共端分别由单片机某一引脚单独控制(称为位选)。

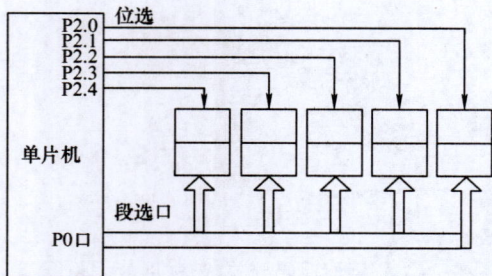

图 2-26 动态显示扩展电路示意图

各位数码管共用一个数据端口(段选口),如何让各数码管同一时刻显示不同的数据,是动态显示的关键。动态显示是利用人眼的"视觉暂留"效应,按位轮流点亮其中一位数码管,实现数码管快速闪动显示。如果每位数码管被轮流点亮的频率够高,如每秒扫描 24 次以上,就可以给人一种稳定显示的视觉效果。

动态扫描过程是在某一时段，只让其中一位数码管位选口有效，并在段选口上送出相应的字形码。这时，在选中的数码管上显示指定字符，其他位的数码管处于不被选中状态；延时一段时间，下一时段按顺序选通另外一位数码管，并送出相应的字形码；依此规律循环下去，直到最后一位数码管被选通并显示指定字符。反复进行以上数码管动态扫描过程，就能实现各位数码管稳定显示字符的效果。

一、"分秒必争"电路设计

1. 动态显示电路设计

动态显示扩展电路及元器件清单分别如图 2-27 和表 2-16 所示。采用共阳极数码管，对应数码管公共端经 PNP 型晶体管接电源。控制晶体管导通时为数码管提供电流，数码管处于显示工作状态；控制晶体管截止时无电流，数码管处于非选中工作状态。因此通过程序设计控制晶体管导通或截止，并从 P0 口输出字形码至数码管，轮流扫描各数码管即可达到动态显示的效果。

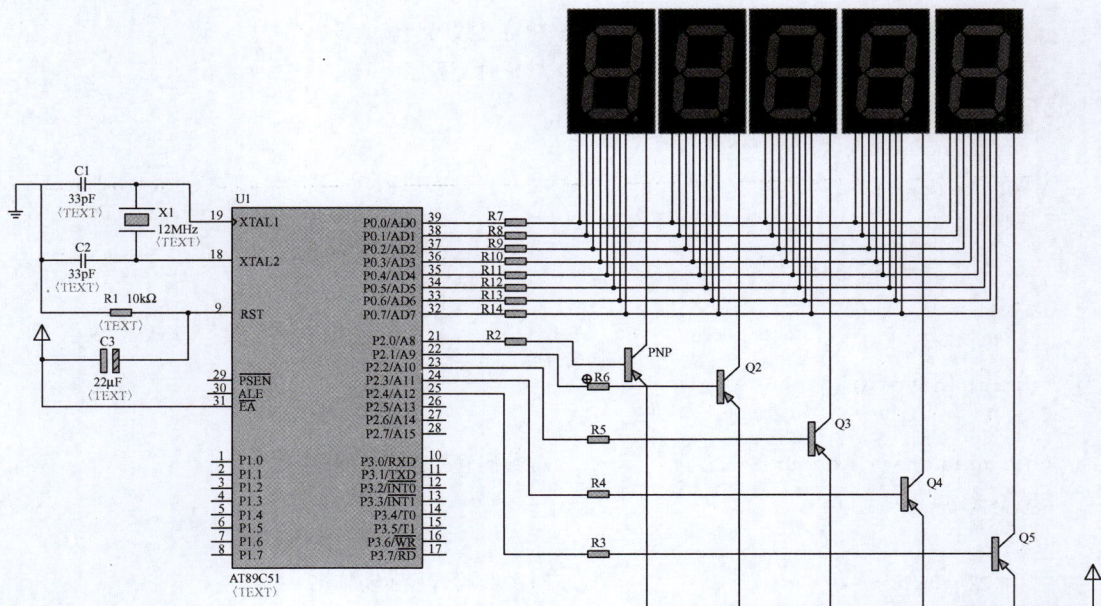

图 2-27 动态显示扩展电路

表 2-16 动态显示扩展电路元器件清单

序号	名称	型号及参数	数量	所在库名	备注
1	单片机	AT89C51	1	Microprcessor ICs	U1
2	晶振	12MHz	1	Micellaneous	X1
3	瓷片电容	33pF	2	Capacitors	C1、C2
4	电解电容	22μF	1	Capacitors	C3
5	电阻	10kΩ	1	Resistors	R1
6	电阻	200Ω	13	Resistors	R2 ~ R14
7	共阳数码管	绿色	5	Optoelectronics	

2. 动态显示程序设计

根据动态显示工作原理，首先定义两个具有 5 个元素的数组，其中一个作为显示缓存，存放每个数码管对应要显示的数据，另一个存放对应每个数码管扩展电路的位选数据。动态显示程序设计可采用主程序每循环一次轮流扫描一个数码管，扫描完 5 个数码管后，再从首个数码管重新扫描，周而复始，完成动态显示功能。具体程序如下：

```c
#include <reg51.h>
unsigned char code LED[12] =              //数码管字型码数组
{0xC0,0xF9,0xA4,0xB0,0x99,0x92,0x82,0xF8,0x80,0x90,0xff,0xf6};
unsigned char code dispbit[5] =           //数码管位选数组
{
    0xfe,0xfd,0xfb,0xf7,0xef
};
unsigned char dat[5] = {0,6,11,0,0 };    //定义数码管显示缓存
void delay(unsigned int x)                //延时子程序
{
  unsigned char i;
  while(x --)
  {
    for(i =0;i <100;i ++);
  }
}
void main(void)
{
unsigned char ledcount =0;                //数码管扫描定位变量
while(1)
{
    P2 =0xff;                             //关数码管显示防拖尾
    P0 =LED[dat[ledcount]];               //显示值送段选口
    P2 =dispbit[ledcount];                //按顺序位选赋值
        ledcount ++ ;                     //调整显示数码管定位
    if(ledcount >4)                       //判断显示是否超边界
        ledcount =0;                      //超边界,调整定位
    delay(10);                            //延时约10ms
  }
}
```

运行效果如图 2-28 所示。

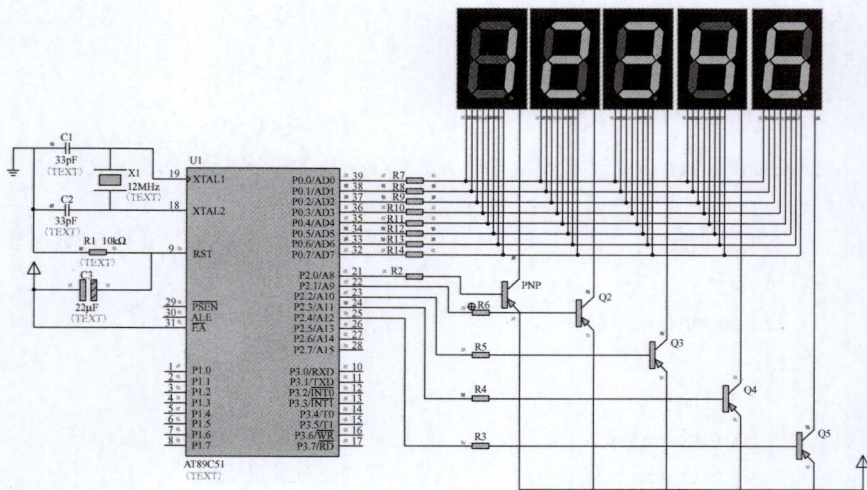

图 2-28 动态显示运行效果

二、"分秒必争"程序设计

1. 程序设计

利用动态显示扩展方法实现秒和分钟计时，秒和分钟各占两位数码管，走秒提示符占一位数码管，共计扩展 5 位数码管实现，电路如图 2-27 所示。程序设计在前面动态显示程序的基础上实现秒和分钟计时功能，并将相应数据保存于显示缓存数组以供动态显示使用。

本设计主要是掌握动态显示软、硬件设计，对时间精度要求不高，因此采用软件延时达到分秒计时功能。但在实际应用中，动态显示方式扫描的时间间隔不能太长，否则会影响显示效果，甚至无法显示。因此主程序设计流程图如图 2-29 所示，每循环一次采用延时约 10ms 扫描一个数码管，并对主程序循环次数计数，大约计 100 次，即可达到 1s，然后对秒进行加 1 处理，依次加满 60s 后对分钟进行加 1 处理，同时对分钟和秒变量做好边界处理，然后分别对分钟和秒变量数据的十位和个位分解，并存放于对应的显示缓存数组中。具体程序如下：

```
void main(void)
{
  unsigned char dat[5]={0,6,11,0,0};
                         //定义数码管显示缓存
  unsigned char ledcount=0;     //数码管扫描定位变量
  unsigned char minute=0,second=0;//定义分和秒变量
  unsigned int count=0;       //定义记录大循环次数变量
```

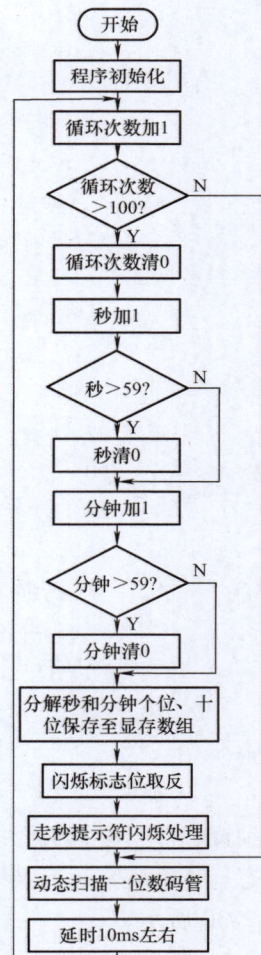

图 2-29 分秒计时流程图

```c
    bit  flashflag = 0;                        //闪烁标志位
    while(1)
    {
        count ++ ;                             //大循环次数加1
        if(count > 100)                        //循环100次大约1s
        {
            count = 0;                         //循环计数回0,为下个1s计数做准备
            second ++ ;                        //秒加1
            if(second > 59)                    // 判断秒最大值
            {
                second = 0;                    //秒清0
                minute ++ ;                    //分钟加1
                if(minute > 59)                //判断分钟最大值
                    minute = 0;                //分钟清0
            }
            dat[3] = second/10;                //分解秒十位数
            dat[4] = second% 10;               //分解秒个位数
            dat[0] = minute/10;                //分解分钟十位数
            dat[1] = minute% 10;               //分解分钟个位数
            flashflag = ~flashflag;            //闪烁标志位取反
            if(flashflag! = 0)                 //判断闪烁状态
                dat[2] = 10;                   //赋值数码管"灭"状态值
            else
                dat[2] = 11;                   //赋值显示":"状态值
        }
        P2 = 0xff;                             //关数码管显示防拖尾
        P0 = LED[dat[ledcount]];               //显示值送段选口
        P2 = dispbit[ledcount];                //按顺序位选赋值
        ledcount ++ ;                          //调整显示数码管定位
        if(ledcount > 4)                       //判断显示是否超边界
            ledcount = 0;                      //超边界调整定位
        delay(10);                             //延时约10ms
    }
}
```

2. 仿真调试

编译程序,根据编译提示修改语法错误后,生成 HEX 文件,并加载至仿真电路进入运行状态,仔细观察运行结果,判断是否符合功能逻辑,进一步完善程序功能。仿真运行效果如图 2-30 所示。

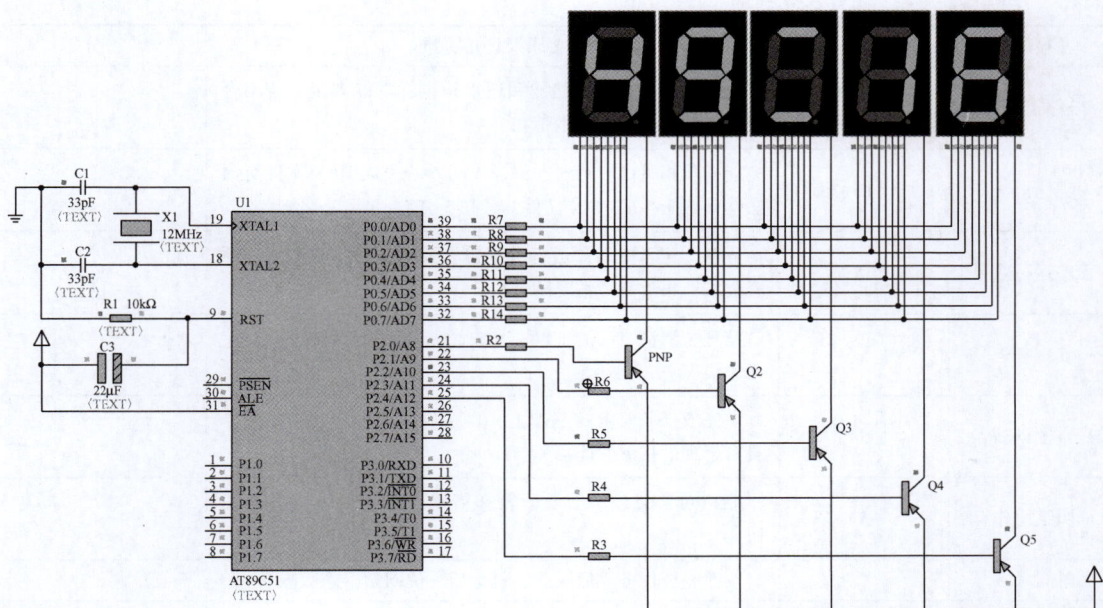

图2-30 分秒计时仿真运行效果

三、举一反三——拓展实践

1. 实践任务

扩展8位数码管动态显示电路，实现时分秒简易电子时钟功能，其中时、分、秒各占两位数码管，走时闪烁符占两位数码管。

2. 任务目的

1）学会数码管动态显示控制电路设计。

2）熟练应用 Proteus 软件绘制仿真原理图。

3）学会数码管动态显示及简单计时功能的控制程序设计。

4）理解顺序结构、循环结构以及选择结构的程序设计方法。

5）学会利用 Keil 软件编辑程序、修改语法和逻辑错误，会进行程序调试。

3. 任务要求及考核表

任务名称：简易电子时钟设计					
班级		姓名		学号	
考核项目	配分	要求及评价标准			得分
元器件数量	5	各元器件数量是否完整。缺失 1 个扣 1 分			
参数标注	5	各元器件参数是否正确。错误 1 个扣 1 分			
元器件布局	5	元器件布局合理美观，功能模块清晰。若不合要求，根据情况扣 0.5～4 分			
连线	5	连线合理，连线距离最优且整洁美观，无不必要交叉，交叉连接处有连接点。若不符合要求，酌情扣分			

（续）

考核项目	配分	要求及评价标准	得分
电路正确性	20	电路设计合理，无功能和逻辑错误，功能齐全。若不合要求，根据完成情况酌情扣分	
程序语法	10	能排除相关语法错误，编译成功。若生成 HEX 文件有语法错误或未生成 HEX 文件，各扣 5 分	
程序运行效果	35	程序无逻辑错误，运行效果符合要求，功能齐全。若不合要求，根据完成情况酌情扣分	
5S 整理	5	整理、清洁自己的工位，完成任务后保持工位整洁整齐，无垃圾	
自主创新	5	在完成任务要求的基础上，自主设计其他功能，使任务具有合理的拓展性能	
团结协作	5	能和同学交流，乐于请教和帮助其他同学，学会分工协作	
时间系数	1	按照完成任务先后顺序，每落后一位同学，系数减 0.01	
成绩合计		各项得分和乘以时间系数	

任务 4　遵守交通法规，人人有责：简易交通灯设计实践

预习测试

班级：_____　姓名：_____　学号：_____

一、填空题

1. 变量是对程序中数据存储的抽象，它具有_____、作用域及_____等属性。

2. C 语言中的变量都是有类型的，_____是变量的运算属性的抽象，它决定了该变量的取值范围和可以施加的_____。

3. 变量的_____是指一个变量在程序中的使用范围，变量的_____是指变量生成以及被撤销的时间，变量的_____是指存储变量的存储器的类型以及存储机制。

4. 变量的作用域是从空间的角度来看变量，可以分为两种，即_____与_____。

5. 从变量值存在的时间（即生存期）角度来分，变量可以分为_____和_____。

6. C 语言根据作用域和生存期将变量整合成 4 种存储类型，即局部自动类型、_____、静态全局类型和_____。

7. 常用的预处理命令有_____、_____和条件命令。

8. 宏定义分为两种：_____的宏定义和_____的宏定义。

二、选择题

1. 下列叙述中正确的是（　　）。

A. C 语言编译时不检查语法　　　　　　　B. C 语言子程序有过程和函数两种

C. C 语言的函数可以嵌套定义   D. C 语言中的所有函数都是外部函数

2. 以下只有在使用时才为该类型变量分配内存的存储类型说明是（   ）。

A. auto 和 static   B. auto   C. static   D. extern

3. 以下说法正确的是（   ）。

A. 宏定义是 C 语句，所以要在行末加分号

B. 对程序中用双引号括起来的字符串内的字符，与宏名相同的要进行置换

C. 在进行宏定义时，宏定义不能层层置换

D. 可以用#undef 命令终止宏定义的作用域

4. C 语言的编译系统对宏命令的处理是（   ）。

A. 在程序运行时进行的   B. 在程序连接时进行的

C. 在对源程序中其他成分正式编译之前进行的

D. 与 C 程序中的其他语句同时进行编译的

5. 下面描述中正确的是（   ）。

A. C 语言中预处理是指完成宏替换和文件包含指定的文件的调用

B. 预处理指令只能位于 C 源程序文件的首部

C. 预处理就是完成 C 编译程序对 C 源程序的第一遍扫描，为编译的词法分析和语法分析做准备

D. 凡是 C 源程序中行首以 "#" 标志的控制行都是预处理指令

6. 下面对宏定义的描述不正确的是（   ）。

A. 宏不存在类型问题，宏名无类型，它的参数也无类型

B. 宏替换不占用运行时间

C. 宏替换时先求出实参表达式的值，然后代入形参运算求值

D. 宏替换只不过是字符替代而已

任务描述

简易交通灯运行状态如图 2-31 所示，首先东西方向绿灯先亮 16s，然后绿灯闪烁 3 次（共 6s），而后黄灯亮 3s，此 25s 过程中南北方向红灯一直保持亮；然后东西方向红灯亮 25s，此过程中南北方向绿灯先亮 16s，再闪烁 3 次（共 6s），然后黄灯亮 3s，完成一个循环周期。依此周而复始完成交通灯运行。设计电路并编写程序实现上述功能。

知识链接

一、变量的作用域和生存期

变量是对程序中数据存储的抽象，它具有数据类型、作用域、存储区及变量的生存期等属性。C 语言中的变量都是有类型的，数据类型是变量的运算属性的抽象，它决定了该变量的取值范围和可以施加的运算种类。变量的作用域是指一个变量在程序中的使用范围。变量的生存期是指变量生成至被撤销的时间。变量的存储区是指存储变量的存储器类型以及存储机制。

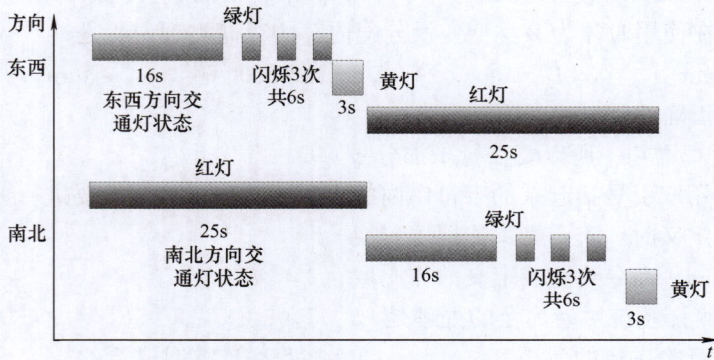

图 2-31　简易交通灯运行状态

1. 局部变量和全局变量

变量的作用域是从空间的角度来看，这个变量在程序的哪个域内是可以识别的，也称为可见（或可用）的。大体上可以分为两种：全局可用（全局变量）与局部可用（局部变量）。

局部变量是定义在一个程序块（用一对花括号括起的语句块）内的变量。程序块可能是一个函数体（主函数），也可能是一个循环体或是选择结构中的一个分支语句块，甚至可能是任何一个用花括号括起的语句块（复合语句）。在 C 语言中，凡是声明在函数内部的变量都是局部变量（包括函数的形参）。

全局变量定义在函数之外，不属于任何语句块。

一般说来，定义在什么范围的变量，其作用域就在那个范围，并且在从定义语句开始到这个域结束的范围（域）内被使用，在这个域之外是不可见的。

局部变量作用域如图 2-32 所示。

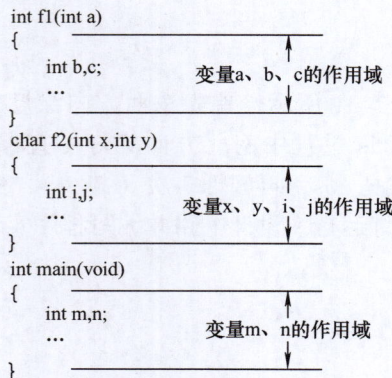

图 2-32　局部变量作用域示例

主函数中定义的变量 m、n 只在主函数中有效。主函数也不能使用其他函数中定义的变量。不同函数中可以使用相同名称的变量，它们代表不同的对象，互不干扰。例如，在上面的 f1 函数中定义了变量 b 和 c，倘若在 f2 函数中也定义变量 b 和 c，它们在内存中占用不同的单元，互不混淆。但在同一作用域内不可定义同名的变量。

全局变量作用域如图 2-33 所示。

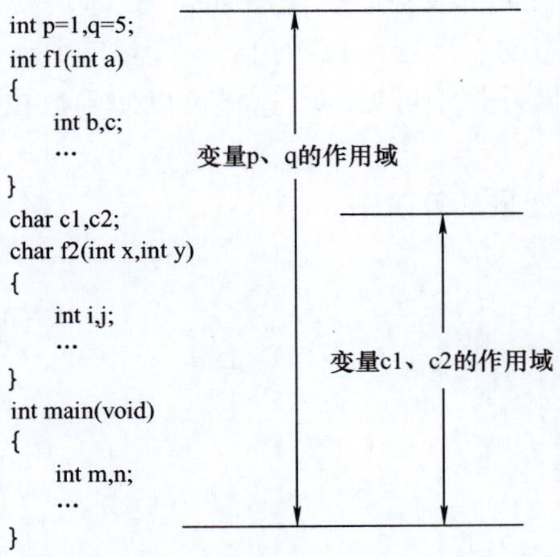

```
int p=1,q=5;
int f1(int a)
{
        int b,c;
        …                      变量p、q的作用域
}
char c1,c2;
char f2(int x,int y)
{
        int i,j;
        …
}                               变量c1、c2的作用域
int main(void)
{
        int m,n;
        …
}
```

图 2-33　全局变量作用域示例

当局部变量与全局变量同名时，局部变量会屏蔽全局变量。建议如无必要，不要使用全局变量。一般要求把 C 语言程序中的函数做成一个封闭体，通过"实参–形参"的渠道与外界联系。

2. 动态变量与静态变量

从变量值存在的时间（即生存期）角度划分，变量可以分为静态变量和动态变量。任何一个在内存中运行的程序，内存区都被分成代码区和数据区两大部分，而数据区又被分为静态存储区和动态存储区两部分。

动态存储区中的变量在程序进入所在的程序块时被创建（分配存储空间），结束时被撤销（释放存储空间）。当所在的程序块结束后，各变量的值不再保留。这种分配和释放是动态的。例如，在一个程序中两次调用同一个函数，分配给此函数中局部变量的存储空间地址可能是不同的。如果一个程序包含若干函数，每个函数中的局部变量的生存期并不等于整个程序的执行周期，它只是程序执行周期的一部分。根据程序执行的需要，动态地分配和释放存储空间，并且这些变量必须由程序员显式地进行初始化，否则它们的初始值是不确定的。

静态存储区是在程序编译时分配的存储区，分配在静态存储区的变量在程序开始执行时被创建并自动初始化（数值变量被初始化为 0），当程序结束时才被撤销，所以常称为静态变量。其生存期是从程序开始运行到程序结束。全局变量就是被分配在静态存储区的。

3. 变量存储类型

根据变量的作用域将变量分为全局变量和局部变量，根据变量的生存期将变量分为动态变量和静态变量。因此，C 语言根据作用域和生存期将变量整合成 4 种存储类型，即局部自动变量、静态局部变量、静态全局变量、全局变量。

（1）局部自动（auto）变量　　用标志符 auto 声明。auto 声明符的作用是告诉编译器将变量分配在动态存储区。也就是说，使用 auto 声明的变量是局部变量。其格式为

　　[auto]数据类型 变量名[=初值表达式],…

其中，方括号表示可省略，auto 是自动变量的存储类别标志符。如果省略 auto，系统默

认为此变量为 auto 型。

（2）**静态局部变量** 定义局部变量时，使用 static 修饰，可以在不改变局部变量的可见域的前提下，使变量成为静态的，即当函数撤销后，变量的值还保留。这些变量的生存期是永久的，只是在变量的作用域外是不可见的。这样可以使函数在基于前一次调用的值的基础上工作。

例 2-26 利用静态局部变量计算阶乘。

```c
#include <reg51.h>
int fac(int n)
{
    static int f =1;
    f = f*n;
    return f;
}
int main(void)
{
    int i;
    for(i =1;i <=5;i ++)
    fac(i);
}
```

如图 2-34 所示，在该程序中，每次调用 fac(i)，打印出一个 i!，同时保留这个 i!（即 f）的值，并在此基础上计算下次的 fac(i)。

（3）**静态全局变量** 若源程序是由多个文件组成的，用 static 声明外部变量，其作用域仅限于所在的文件；而不用 static 声明的外部变量的作用域为整个程序（组成源程序的多个

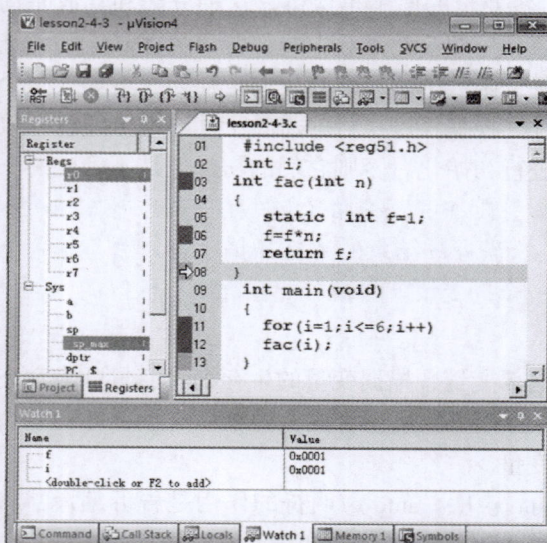

a) 第1次调用阶乘函数   b) 第2次调用阶乘函数

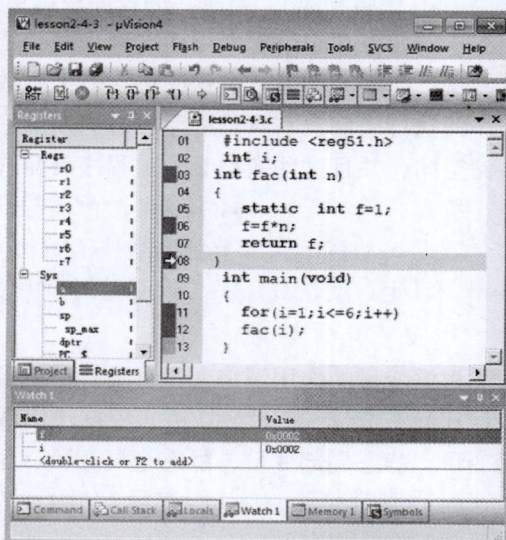

图 2-34　静态局部变量运行示例

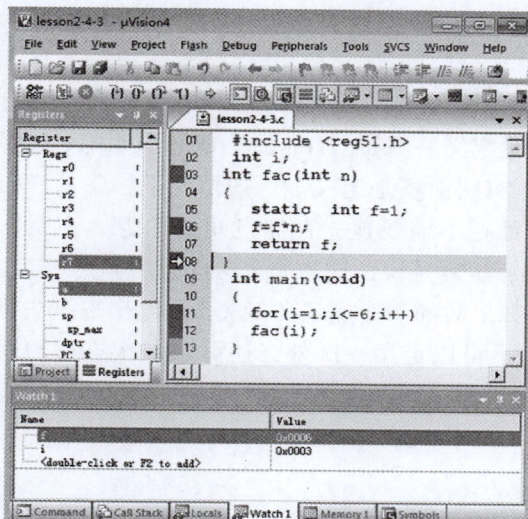

c) 第3次调用阶乘函数　　　　　　　　　　　　d) 第4次调用阶乘函数

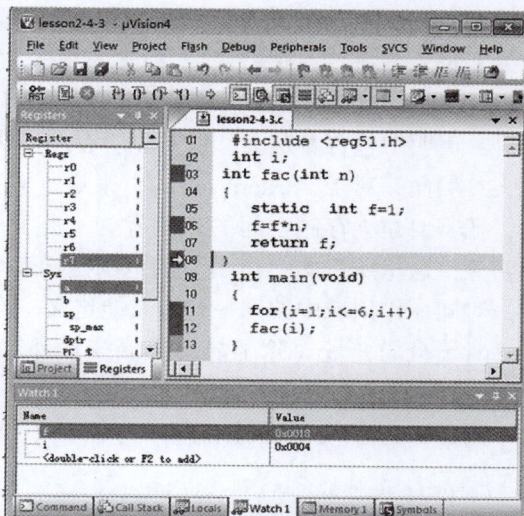

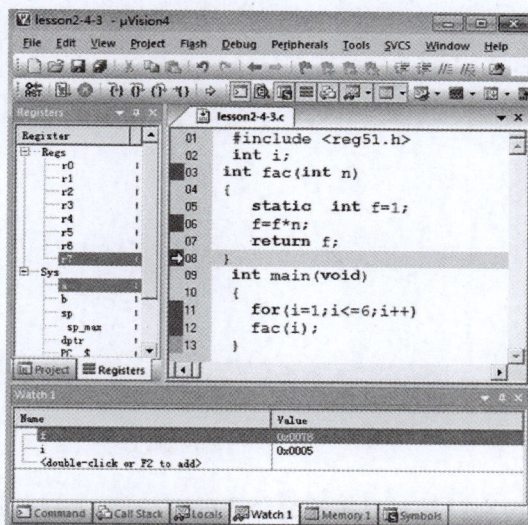

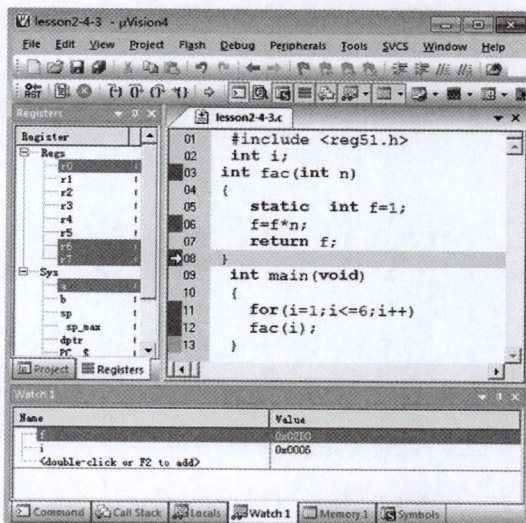

e) 第5次调用阶乘函数　　　　　　　　　　　　f) 第6次调用阶乘函数

图2-34　静态局部变量运行示例（续）

文件）。这种外部变量（全局变量）称为静态全局（外部）变量。在实际的程序设计中，常由若干人分别完成各个模块，每个人可以独立地在其设计的文件中使用相同的外部变量名而互不相干，只需在每个文件中的外部变量前加上 static 即可。这就为程序的模块化、通用性提供了方便。

需要指出的是，对外部变量加上 static 声明，并不是说此时变量放在静态存储区，而不加 static 的外部变量放在动态存储区。这两种形式的外部变量都是静态存储方式，只是作用域不同而已，都是在编译时分配内存的。

（4）全局变量的定义与声明　就像函数的定义与声明是不同的，变量的定义与声明也是不同的。变量的声明有两种情况：一种需要建立存储空间（定义、声明），如"int a;"

在声明时就已经建立了存储空间；另一种不需要建立存储空间（声明），如"extern int a;"中的变量 a 是在其他文件中定义的。前者称为"定义性声明"（Defining Declaration）或者"定义"（Definition），而后者称为"引用性声明"（Referencing Declaration）。从广义的角度来讲，声明中包含着定义，但并非所有的声明都是定义。例如，"int a;"既是声明同时又是定义；然而，对于"extern int a;"来讲，它只是声明而不是定义。一般情况下，常这样叙述，把需要建立存储空间的声明称为"定义"，而把不需要建立存储空间的称为"声明"。很明显，这里所指的"声明"的范围是比较窄的，也就是说，这是非定义性质的声明。

对同一作用域中的同一变量只能定义一次，如果对同一变量定义多次，就会出现语法错误。对于全局变量（除了静态全局变量外），除了可以定义一次外，还可以多次进行声明（引用性声明）。

例 2-27   全局变量引用。

```
#include"reg51.h"
extern int d;
fun(int p)
{
    int d =5; //局部自动变量
    d + =p ++;
}
main()
{
    int a =3;
    d =1;        //全局变量
    fun(a);
    d + =a ++;
}
```

二、C51 预处理命令

C 语言与其他高级程序设计语言的一个主要区别就是对程序的编译预处理功能。编译预处理器是 C 语言编译器的一个组成部分。通过预处理命令，可以为 C 语言提供许多功能和符号等方面的扩充，增强了 C 语言的灵活性和方便性。预处理命令可以在编写程序时加在需要的地方，但它只在程序编译时起作用，并且通常是按行进行处理的，因此又称为编译控制行。编译器在对整个程序进行编译之前，先对程序中的编译控制行进行预处理，然后将预处理的结果与整个 C 语言源程序一起进行编译，以产生目标代码。常用的预处理命令有宏定义、文件包含和条件编译。为了与一般 C 语言语句区别，预处理命令由"#"开头。

1. 宏定义

C 语言允许用一个标识符来表示一个字符串，称为"宏"。被定义为"宏"的标识符为"宏名"。在编译预处理时，程序中的所有"宏名"都用宏定义中的字符串替代，称为"宏代换"。"宏"定义分为两种：不带参数的宏定义和带参数的宏定义。

1）不带参数的宏定义。其一般定义形式如下：

```
#define  标识符  字符串
```

其含义是出现"标识符"的地方均用"字符串"来替代。

例如，"#define PI 3.1415926"的作用是用标识符（宏名）PI 替代 3.1415926。

注意：宏定义不是 C 语句，不能在行末加分号，如果加了分号则会连同分号一起进行替代。宏名的有效范围为定义命令之后到本文件结束。通常，#define 命令写在文件开头，作为文件的一部分，在此文件范围内有效。

可以用#undef 命令终止宏定义的作用域，例如，

```
#define PI  3.1415926
main()
{
    ...
}
#undef PI
f1()
{...}
```

由于# undef 的作用，PI 在函数 f1() 中不再代表 3.1415926，这样可以灵活控制宏定义的范围。

2）带参数的宏定义。它不仅是进行简单的字符串替换，还要进行参数替换。其一般定义形式如下：

```
#define 宏名(参数表) 字符串
```

字符串中包含在括弧中所指定的参数，例如，

```
#define  PI 3.1415926
#define S(r)  PI*r*r
main()
{
    float a,area;
    a = 4.8;
    area = S(a);
    ...
}
```

经预处理后，程序在编译时如果遇到带参数的宏，如 S(a)，则按照指定的字符串 PI * a * a 从左到右进行置换。

宏定义时，如"#define MUL(x,y) x * y"，可能会引发歧义。宏调用 S = MUL(3 + a, 5 + b) 时，将宏展开后得到 S = 3 + a * 5 + b，显然，这和程序设计者的原意不相符。为此，应当在定义时在字符串外面加上一括弧，即"#define MUL(x,y) (x)*(y)"。这里字符串中的形参加括号是非常必要的，否则可能导致结果不正确。

2. 文件包含

文件包含是指一个程序将另一个指定文件的全部内容包含进来。在前面的例子中已经

多次使用过文件包含命令，如"#include ＜reg51.h＞"，就是将 C51 编译器提供的关于 51
单片机寄存器定义的 reg51.h 头文件包含到所设计的程序中去。文件包含命令的一般格式
如下：

```
#include ＜文件名＞
```

文件包含命令#include 的功能是用指定文件的全部内容替换该预处理行。在进行较大规
模程序设计时，文件包含命令十分有用。为了满足模块化编程的需要，可以将组成 C 语言
程序的各个功能函数分散到多个程序文件中，分别由若干人员完成编程，最后再用 include
命令将它们嵌入一个总的程序文件中去。

3. 条件编译

一般情况下，对 C 语言程序进行编译时，所有的程序都参加编译，但有时希望对其中
一部分内容在满足一定条件时才进行编译，这就是条件编译。条件编译可以选择不同的编译
范围，从而产生不同的代码。C51 编译器的预处理提供的条件编译命令可以分为以下三种
形式。

1）第 1 种形式。

```
#ifdef 标志符
        程序段 1
#else
        程序段 2
#endif
```

功能：如果指定的标识符已被定义，则程序段 1 参加编译，并产生有效代码，而忽略掉
程序段 2；否则，程序段 2 参加编译并产生有效代码，而忽略掉程序段 1。

2）第 2 种形式。

```
#if 常量表达式
        程序段 1
#else
        程序段 2
#endif
```

功能：如果常量表达式为"真"，那么就编译该语句后的程序段 1。

3）第 3 种形式。

```
#ifndef 标志符
        程序段 1
#else
        程序段 2
#endif
```

该命令的格式与第一种命令格式只在第一行上不同，它的作用与第一种刚好相反，即如
果标识符还没有被定义，那么就编译该语句后的程序段 1。

任务实践

交通灯系统一般由红、黄、绿三种颜色的信号灯组成，每个方向一组。根据不同路口状况，信号灯组数有所不同。通常路口每个方向还配有两个数码管显示倒计时，以提示路人当前交通信号状况。因此，如图 2-35 所示，简易交通灯系统主要由信号灯驱动电路和数码管驱动电路两部分组成。

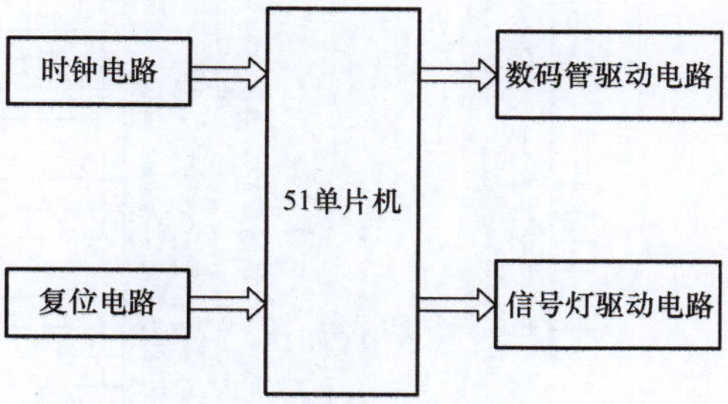

图 2-35　简易交通灯系统示意框图

一、简易交通灯电路设计

如图 2-36 所示，假定交通路口有 4 个方向，需要 4 组共 12 个信号灯，红、黄、绿各 4 个，但相对方向的信号灯通常一起亮灭，因此相对方向的两个同颜色的灯可以由同一个信号线控制。本设计中，主要由单片机 P3 口 6 个引脚分别控制 12 个信号灯，并由普通 LED 数码管代替交通信号灯。每个方向由两位数码管提供倒计时功能，共计需要 8 个 LED 数码管。数码管个数超过单片机并行口个数，因此需要采用动态显示电路扩展数码管显示功能，其中 P0 口用于数码管段选码输出，P2 口用于位选码输出，并通过 PNP 型晶体管控制数码管位选端，完成动态显示电路扩展。

二、简易交通灯程序设计

1. 程序设计

由简易交通灯系统运行要求可知系统运行主要有以下几种状态，即南北绿灯亮、东西红灯亮 16s；南北绿灯闪烁 3 次、东西红灯继续亮 6s；南北黄灯亮、东西红灯继续亮 3s；东西绿灯亮、南北红灯亮 16s；东西绿灯闪烁 3 次、南北红灯继续亮 6s；东西黄灯亮、南北红灯继续亮 3s。完成交通信号灯一个周期运行，然后继续按上述情况循环运行。其中，闪烁可以分为对应信号灯灭和亮两种状态，因此共计 8 种运行状态。

系统的主程序中数码管显示采用动态显示方式。动态显示刷新间隔时间为主程序循环运行一个周期所占用的时间。由于动态显示对时间要求比较严格，为了不影响动态显示效果，主程序每循环一次不能占用过多的时间，主程序每循环一次可进行适当延时以满足动态显示性能。而主程序中交通信号灯每个状态需要延时几秒到十几秒时间，这样主程序中交通信号灯维持各状态所需时间不能由延时函数实现，以免影响动态显示，但可对主程序运行周期循环计数，利用主程序循环次数所累积的时间维持交通灯各状态所需的时间。如图 2-37 所示，

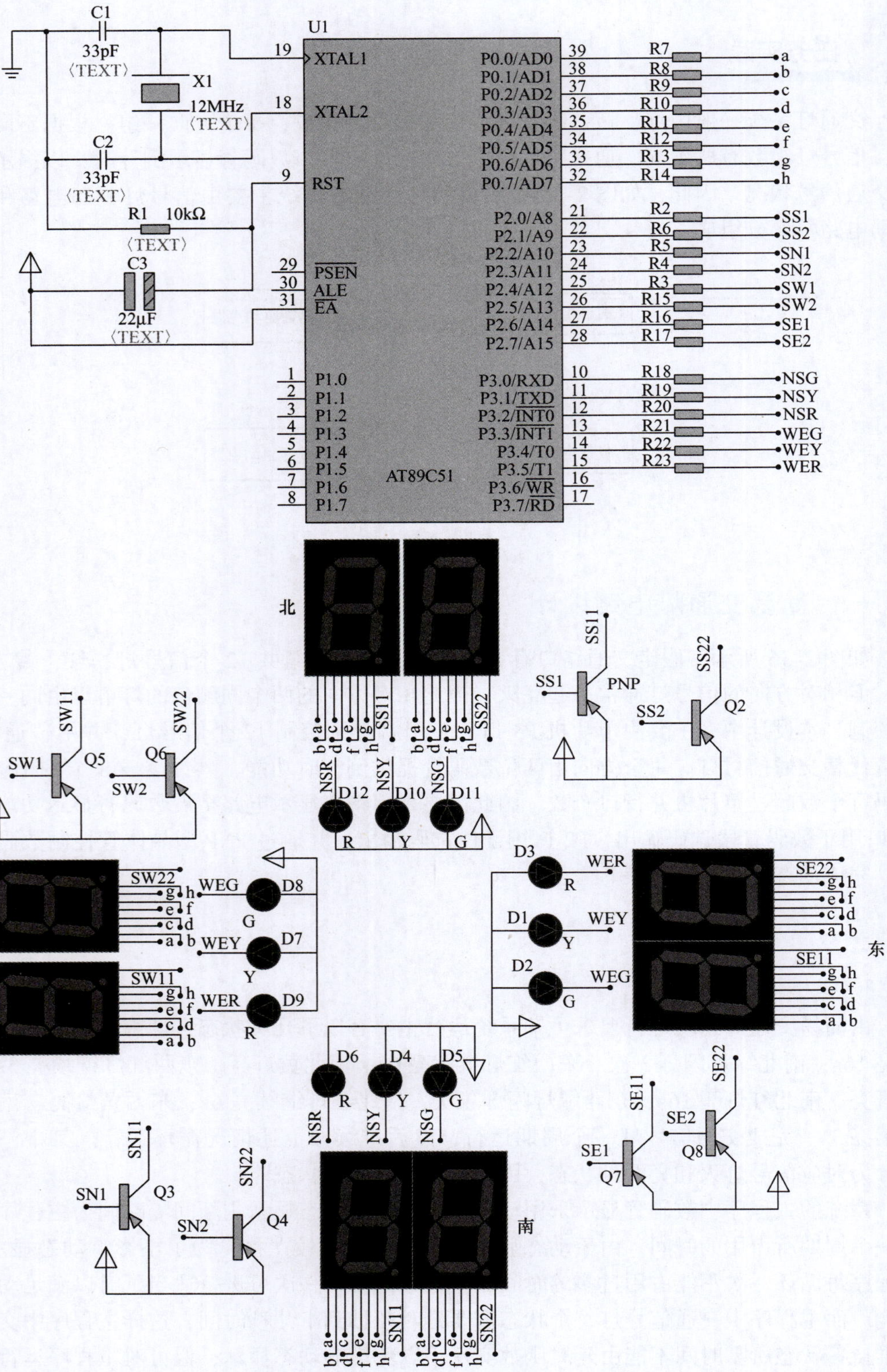

图 2-36　简易交通灯仿真电路

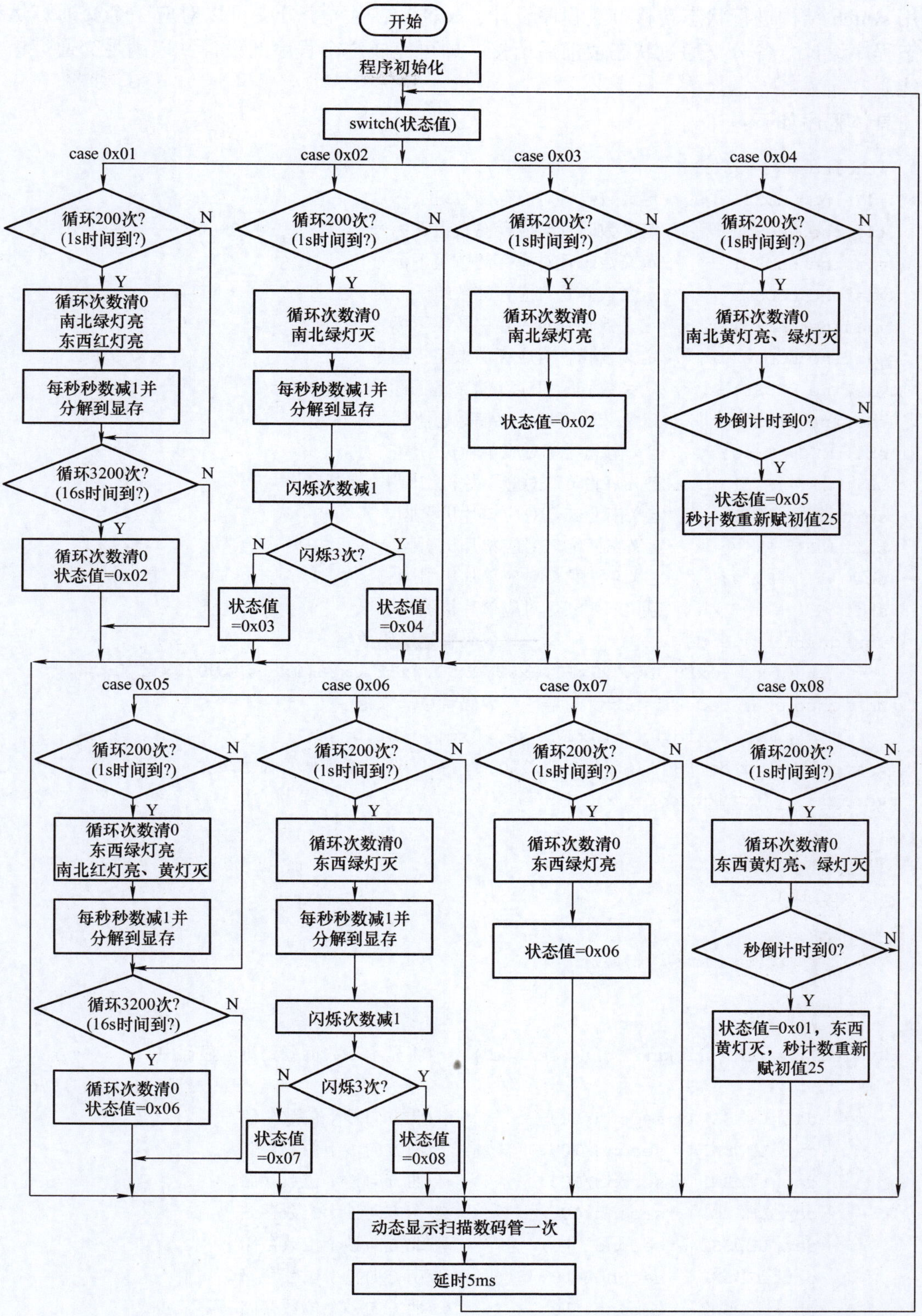

开始

程序初始化

switch(状态值)

case 0x01

循环200次?
(1s时间到?) N

循环次数清0
南北绿灯亮
东西红灯亮

每秒秒数减1并
分解到显存

循环3200次?
(16s时间到?) N

循环次数清0
状态值=0x02

case 0x02

循环200次?
(1s时间到?) N

循环次数清0
南北绿灯灭

每秒秒数减1并
分解到显存

闪烁次数减1

闪烁3次?
N Y

状态值
=0x03

状态值
=0x04

case 0x03

循环200次?
(1s时间到?) N

循环次数清0
南北绿灯亮

状态值=0x02

case 0x04

循环200次?
(1s时间到?) N

循环次数清0
南北黄灯亮、绿灯灭

秒倒计时到0? N

状态值=0x05
秒计数重新赋初值25

case 0x05

循环200次?
(1s时间到?) N

循环次数清0
东西绿灯亮
南北红灯亮、黄灯灭

每秒秒数减1并
分解到显存

循环3200次?
(16s时间到?) N

循环次数清0
状态值=0x06

case 0x06

循环200次?
(1s时间到?) N

循环次数清0
东西绿灯灭

每秒秒数减1并
分解到显存

闪烁次数减1

闪烁3次?
N Y

状态值
=0x07

状态值
=0x08

case 0x07

循环200次?
(1s时间到?) N

循环次数清0
东西绿灯亮

状态值=0x06

case 0x08

循环200次?
(1s时间到?) N

循环次数清0
东西黄灯亮、绿灯灭

秒倒计时到0? N

状态值=0x01，东西
黄灯灭，秒计数重新
赋初值25

动态显示扫描数码管一次

延时5ms

图2-37　简易交通灯程序流程图

利用 switch 结构进行状态转移方法程序设计，switch 结构每个分支可以对应一个交通灯运行状态程序设计，各分支通过状态值前后衔接，即可完成整个程序的设计，以满足交通灯信号功能。

具体程序如下：

```
#include <reg51.h>
#define LEDSS1 0    //定义数码管对应存储数组下标号
#define LEDSS2 1    //定义数码管对应存储数组下标号
#define LEDSN1 2    //定义数码管对应存储数组下标号
#define LEDSN2 3    //定义数码管对应存储数组下标号
#define LEDSW1 4    //定义数码管对应存储数组下标号
#define LEDSW2 5    //定义数码管对应存储数组下标号
#define LEDSE1 6    //定义数码管对应存储数组下标号
#define LEDSE2 7    //定义数码管对应存储数组下标号
sbit NSG = P3^0;    //定义南北绿灯对应单片机引脚
sbit NSY = P3^1;    //定义南北黄灯对应单片机引脚
sbit NSR = P3^2;    //定义南北红灯对应单片机引脚
sbit WEG = P3^3;    //定义东西绿灯对应单片机引脚
sbit WEY = P3^4;    //定义东西黄灯对应单片机引脚
sbit WER = P3^5;    //定义东西红灯对应单片机引脚
unsigned char code LED[12] =        //数码管笔形码数组
        { 0xC0,0xF9,0xA4,0xB0,0x99,0x92,0x82,0xF8,0x80,0x90,0xff,0xf6};
unsigned char code dispbit[8] =  //数码管位选数组
        { 0xfe,0xfd,0xfb,0xf7,0xef,0xdf,0xbf,0x7f };
unsigned char dat[8] = {0,0,0,0,0,0,0,0};   //定义数码管显示缓存
void delay(unsigned int x)              //延时子程序
{
    unsigned char i;
    while(x --)
    {
        for(i = 0;i < 100;i ++);
    }
}
void save_dat(unsigned char second )   //将显示秒数拆分到对应显存中
{
        dat[LEDSS1] = second/10;            //北方向秒十位数存储
        dat[LEDSN1] = second/10;            //南方向秒十位数存储
        dat[LEDSW1] = second/10;            //西方向秒十位数存储
        dat[LEDSE1] = second/10;            //东方向秒十位数存储
        dat[LEDSS2] = second% 10;           //北方向秒个位数存储
        dat[LEDSN2] = second% 10;           //南方向秒个位数存储
        dat[LEDSW2] = second% 10;           //西方向秒个位数存储
```

```
          dat[LEDSE2]=second%10;            //东方向秒个位数存储
}
void main(void)
{
    unsigned char ledcount=0;               //数码管扫描定位变量
    unsigned int circle_count=0;            //循环次数计数,每循环一次约5ms
    unsigned char second=25;
    unsigned char jtd_status=1;             //状态位
    unsigned char flash_count=3;            //绿灯闪烁次数控制
    NSG=1;                                  //初始黄绿灯灭
    NSY=1;
    WEG=1;
    WEY=1;
    NSR=0;
    WER=0;
      save_dat(second);                     //将显示秒数拆分到对应显存中
    while(1)
    {
      switch(jtd_status)
      {
        case 0x01:                          //南北绿灯、东西红灯状态
          if((circle_count%200)==0)         //1s时间到
            {
                  NSR=1;                     //南北红灯灭
                  WER=0;                     //东西红灯亮
                  NSG=0;                     //南北绿灯亮
                  WEY=1;                     //东西黄灯灭
                  save_dat(second);          //将显示秒数拆分到对应显存中
                  second--;                  //秒数倒计时减1
              }
          if(circle_count>3200)             // 倒计时16s到
            {
                  circle_count=0;            //循环计数清0,为下次计数准备
                  jtd_status=2;              //准备进入状态2
              }
            break;
        case 0x02:                          //南北绿灯闪烁控制(灭)
          if(circle_count>200)              //1s时间到
            {   NSG=1;                       // 南北绿灯灭
                  circle_count=0;            //循环计数清0,为下次计数准备
                  save_dat(second);          //将显示秒数拆分到对应显存中
                  second--;                  //秒数倒计时减1
```

```
        flash_count--;                        //闪烁次数减1
        if(flash_count>0)                     //闪烁次数未完成
          jtd_status=3;                       //南北绿灯闪烁控制(亮)
        else
          jtd_status=4;                       //闪烁次数完成进入状态4(南北黄灯亮)
    }
    break;
case 0x03:                                     //南北绿灯闪烁控制(亮)
    if(circle_count>200)                      //1s时间到
    {   NSG=0;                                //南北绿灯亮
        circle_count=0;                       //循环计数清0,为下次计数准备
        save_dat(second);                     //将显示秒数拆分到对应显存中
        second--;                             //秒数倒计时减1
        jtd_status=2;                         //进入状态2[南北绿灯闪烁控制(灭)]
    }
    break;
case 0x04:                                     //状态4(南北黄灯亮)
    if(circle_count>200)                      //1s时间到
    {   NSY=0;                                //南北黄灯亮
        circle_count=0;                       //循环计数清0,为下次计数准备
        save_dat(second);                     //将显示秒数拆分到对应显存中
        second--;                             //秒数倒计时减1
        if(second==0)                         //秒数倒计时减到0
        {
          jtd_status=5;                       //进入状态5做准备
          second=25;                          //秒数重新赋值到25
        }
    }
    break;
case 0x05:
    if((circle_count%200)==0)                 //1s时间到
    {   NSY=1;                                //南北黄灯灭
        NSR=0;                                //南北红灯亮
        WER=1;                                //东西红灯灭
        NSG=1;                                //南北绿灯灭
        WEG=0;                                //东西绿灯亮
        save_dat(second);                     //将显示秒数拆分到对应显存中
        second--;                             //秒数倒计时减1
    }
    if(circle_count>3200)                     //倒计时16s到
    {
        circle_count=0;                       //循环计数清0,为下次计数准备
        jtd_status=6;                         //为进入状态6做准备
```

```
        flash_count =3;                //为绿灯闪烁 3 次做初值
    }
    break;
case 0x06:                              //东西绿灯闪烁控制(灭)
if(circle_count >200)
    {    WEG =1;                        //东西绿灯灭
        circle_count =0;               //循环计数清 0,为下次计数准备
        save_dat(second);              //秒数倒计时减 1
        second -- ;                    //闪烁次数减 1
        flash_count -- ;               //闪烁次数不足
        if(flash_count >0)
            jtd_status =7;             //不足,准备进入状态 7(东西绿灯亮)
        else
            jtd_status =8;             //次数足够,准备进入状态 8(东西黄灯亮)
    }
    break;
case 0x07:                              //东西绿灯闪烁控制(亮)
    if(circle_count >200)              //1s 时间到
    {    WEG =0;                        //绿灯亮
        circle_count =0;               //循环计数清 0,为下次计数准备
        save_dat(second);              //将显示秒数拆分到对应显存中
        second -- ;                    //秒数倒计时减 1
        jtd_status =6;                 //准备进入状态 6(绿灯灭)
    }
    break;
case 0x08:                              //东西黄灯亮
    if(circle_count >200)              //1s 时间到
    {    WEY =0;                        //东西黄灯亮
        circle_count =0;               //循环计数清 0,为下次计数准备
        save_dat(second);              //将显示秒数拆分到对应显存中
        second -- ;                    //秒数倒计时减 1
        if(second ==0)                 //秒数倒计时减到 0
        {
          jtd_status =1;               //准备进入下一周期,即状态 1
          second =25;                  //秒初始值赋值
          flash_count =3;              //闪烁控制初始值
        }
    }
    break;
default:
    break;
}
/* * * * * * * * * 动态显示 * * * * * * * * * * */
```

```
        P2 = 0xff;                      //关数码管显示防拖尾
        P0 = LED[dat[ledcount]];        //显示值送段选口
        P2 = dispbit[ledcount];         //按顺序位选赋值
            ledcount ++;                //调整显示数码管定位
        if(ledcount > 7)                //判断显示是否超边界
            ledcount = 0;               //超边界,调整定位
        delay(5);                       //延时约5ms
        circle_count ++;
    }
}
```

2. 仿真调试

编译程序,根据编译提示修改语法错误后,生成 HEX 文件,并加载至仿真电路进入运行状态,仔细观察运行结果,判断是否符合功能逻辑,进一步完善程序功能,仿真运行效果如图 2-38 所示。

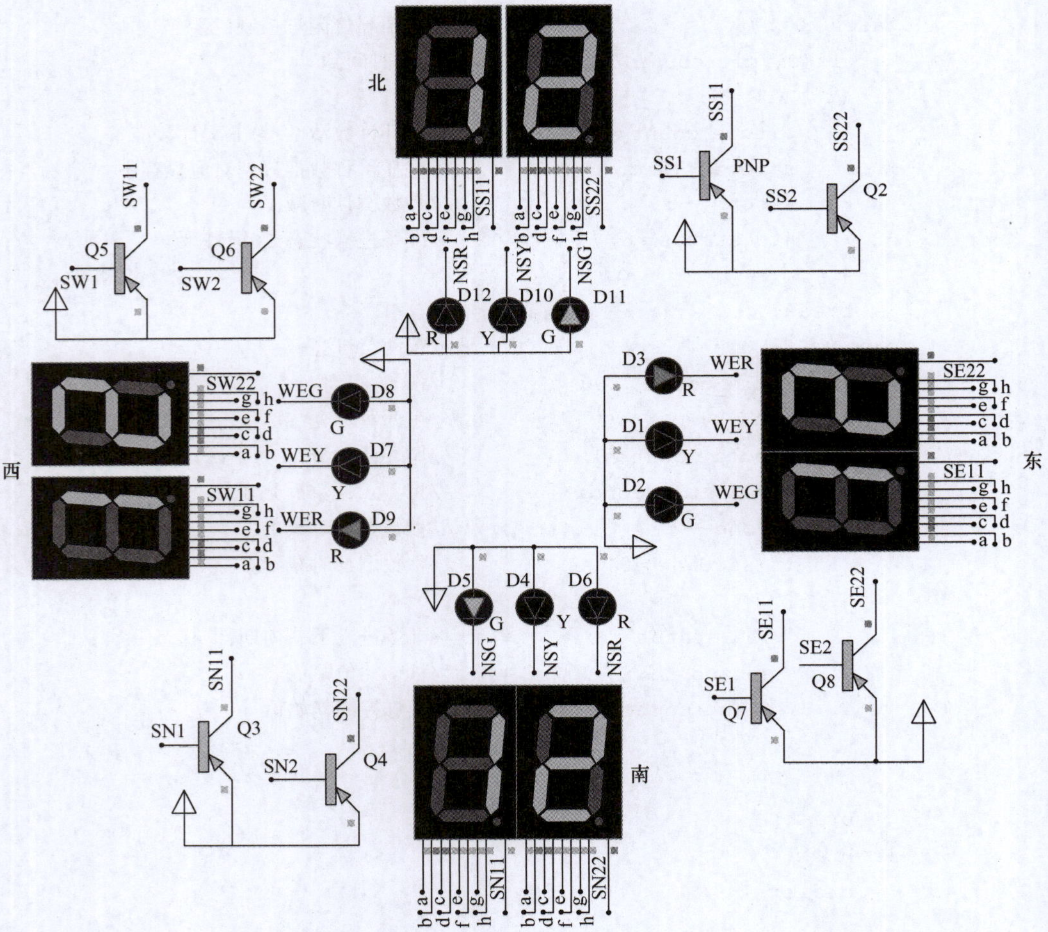

图 2-38　简易交通灯仿真运行效果

三、举一反三——拓展实践

1. 实践任务

仔细观察复杂十字路口交通灯信号变化，在简易交通灯系统的基础上扩展电路，编程实现机动车带左转弯等待功能的交通灯系统设计。

2. 任务目的

1）学会显示数码管显示和发光二极管综合控制电路设计。

2）熟练应用 Proteus 软件绘制仿真原理图。

3）学会单片机复杂程序功能控制程序设计。

4）学会利用 switch 结构实现状态转移的程序设计方法。

5）学会利用 Keil 软件编辑程序、修改语法和逻辑错误，会进行程序调试。

3. 任务要求及考核表

任务名称：带左转弯等待功能的交通灯系统设计				
班级		姓名	学号	
考核项目	配分	要求及评价标准		得分
元器件数量	5	各元器件数量是否完整。缺失 1 个扣 1 分		
参数标注	5	各元器件参数是否正确。错误 1 个扣 1 分		
元器件布局	5	元器件布局合理美观，功能模块清晰。若不合要求，根据情况扣 0.5～4 分		
连线	5	连线合理，连线距离最优且整洁美观，无不必要交叉，交叉连接处有连接点。若不合要求，酌情扣分		
电路正确性	20	电路设计合理，无功能和逻辑错误，功能齐全。若不合要求，根据完成情况酌情扣分		
程序语法	10	能排除相关语法错误，编译成功。若生成 HEX 文件有语法错误或未生成 HEX 文件各扣 5 分		
程序运行效果	35	程序无逻辑错误，运行效果符合要求，功能齐全。若不合要求，根据完成情况酌情扣分		
5S 整理	5	善于整理、清洁自己的工位，完成任务后保持工位整洁整齐，无垃圾		
自主创新	5	在完成任务要求的基础上，自主设计其他功能，使任务具有合理的拓展性能		
团结协作	5	能和同学交流，乐于请教和帮助其他同学，学会分工协作		
时间系数	1	按照完成任务先后顺序，每落后一位同学，系数减 0.01		
成绩合计		各项得分和乘以时间系数		

项 目 小 结

本项目以简易交通灯设计为例，学习了单片机 I/O 口控制、发光二极管控制和数码管静态显示与动态显示控制方法，以及 C51 结构化程序设计方法和单片机应用系统设计方法。本项目应主要掌握内容如下：

1）单片机 4 个并行 I/O 口工作原理。

2）数码管分类：共阴极数码管、共阳极数码管。

3）数码管扩展及显示方法：静态显示和动态显示。

4）单片机常用数制及其相互转换。

5）C 语言程序常用 3 种基本结构：顺序结构、选择分支结构和循环结构。

6）C 语言常用基本语句：表达式语句、赋值语句、if 语句、switch 语句、while 语句及 for 语句等。

7）C 语言根据作用域及生存期对变量的分类：局部变量和全局变量、动态变量和静态变量。

8）C 语言预处理命令：宏定义、文件包含和条件编译。

单 元 测 试

班级：_____ 姓名：_____ 学号：_____

一、填空题

1. 计算机的系统总线有_____、_____和_____。

2. MCS－51 系列单片机的 P0 口作为输出端口时，每位能驱动_____个 SL 型 TTL 负载。

3. P0、P1、P2、P3 这 4 个均是_____位的_____口，其中 P0 口还可作为_____。

4. C51 中的任何程序总是由 3 种基本结构组成，即_____、_____、_____。

5. 数码管的两种显示方式分别为_____显示和_____显示。

6. LED 数码管按内部结构不同分为_____和_____数码管。

7. 原码数 0x6E = _____ B = _____ D。

8. 在单片机的 C 语言程序设计中，_____类型的数据经常用于处理 ASCII 字符或用于处理小于或等于 255 的整形数。

9. 计算机中常用的码制有_____、_____和补码。

10. 运算符号"="用于_____，符号"=="用于_____。

11. 变量 a1 = 0x92，if(a1)结果是_____（真/假）。

12. 基本数据类型 char 的长度为_____个字节，默认情况下其对应的数值范围是_____。

13. 设 X = 5AH，Y = 36H，则 X 与 Y 的"位或"运算结果为_____，X 与 Y 的"异或"运算结果为_____。（结果以二进制形式书写）

14. 二进制的 11001011B 转换成十六进制是＿＿＿＿＿，转换成十进制是＿＿＿＿＿＿。

15. 十六进制的 5EH 转换成二进制是＿＿＿＿＿＿＿。

16. 若有说明"int i,j,k;"，i＝10，j＝20，k＝30，则表达式 k∗＝i＋j 的值为＿＿＿＿＿。

17. ＿＿＿＿＿＿是一组有固定数目和相同类型分量的有序集合。

二、选择题

1. 8051 单片机有（　　　）组并行 I/O 口。

A. 2　　　　　　　　B. 3　　　　　　　　C. 4　　　　　　　　D. 5

2. 8051 单片机的（　　）口内部没有接上拉电阻，使用时需要外接上拉电阻。

A. P0　　　　　　　　B. P1　　　　　　　　C. P2　　　　　　　　D. P3

3. MCS－51 系列单片机复位操作的功能是把 P0～P3 初始化为（　　　）。

A. 00H　　　　　　　B. 11H　　　　　　　C. 0FFH　　　　　　D. 不能确定

4. P1 口的每一位能驱动（　　　）。

A. 2 个 TTL 低电平负载　　　　　　　B. 4 个 TTL 低电平负载

C. 8 个 TTL 低电平负载　　　　　　　D. 10 个 TTL 低电平负载

5. 为了避免嵌套的条件分支语句 if…else 的二义性，C 语言规定：C 程序中的 else 总是与（　　　）组成配对关系。

A. 缩排位置相同的 if　　　　　　　B. 在其之前未配对的 if

C. 在其之前未配对的最近的 if　　　　D. 同一行上的 if

6. 以下能正确定义一维数组的选项是（　　　）。

A. int a[5] ＝ {0,1,2,3,4,5}；　　　B. char a[] ＝ {0,1,2,3,4,5}；

C. char a ＝ {'A,B,C};　　　　　　　D. int a[5] ＝"0123"；

7. 可以将 P1 口的低 4 位全部置高电平的表达式是（　　　）。

A. P1& ＝ 0x0f　　　B. P1| ＝ 0x0f　　　C. P1 ＝ 0x0f　　　D. P1 ＝ ~ P1

8. 下列语句不具有赋值功能的是（　　　）。

A. a∗ ＝ b　　　　　B. x ＝ 1　　　　　　C. a＋b　　　　　　D. a ++

9. 设有数组定义"char array[] ＝"China";"则数组所占的存储空间为（　　　）。

A. 4B　　　　　　　B. 5B　　　　　　　C. 6B　　　　　　　D. 7B

10. 判断 char 型变量 c1 是否为小写字母的正确表达式为（　　　）。

A. 'a' <= c1 <'z'　　　　　　　　B. （c1 >= A. && （c1 <='z'）

C. （'a' >= c1）| （'z' <= c1）　　　D. （c1 >='a'）&& （c1 <='z'）

11. 在 C51 语言的 if 语句中，用于判断的表达式为（　　　）。

A. 关系表达式　　　B. 逻辑表达式　　　C. 算术表达式　　　D. 任意表达式

三、判断题

（　　　）1. 字符型变量用来存放字符常量，注意只能放 2 个字符。

（　　　）2. C 语言中可以把一个字符串赋给一个字符变量。

（　　　）3. C 语言中的实型变量分为两种，它们是 float（实型）和 double（双精度实型）。

（　　　）4. 在 C 语言中，要求参加运算的数必须是整数的运算符是%。

（　　　）5. 在变量说明中给变量赋初值的方法是"int a ＝ b ＝ c ＝ 10;"。

（　　）6. 把 k1、k2 定义成基本整型变量，并赋初值 0 的定义语句是"int k1 = k2 = 0;"。

（　　）7. 如果 i 的原值为 3，则执行"i + = i;"后，i 的值为 3。

（　　）8. MCS － 51 系列单片机是高档 16 位单片机。

（　　）9. 单片机的一个机器周期是指完成某一个规定操作所需的时间。一般情况下，一个机器周期等于一个时钟周期。

（　　）10. 8051 单片机片内 RAM 从 00H ～ 1FH 的 32 个单元，不仅可以作为工作寄存器使用，也可作为通用 RAM 来读/写。

四、简答题

1. 比较 4 个并行口 P0、P1、P2、P3 在功能上的异同点。

2. 比较静态显示扩展和动态显示扩展各自的优缺点。

项目3

简易电子琴设计

知识目标

1. 理解独立式按键的工作原理。
2. 理解单片机中断的工作原理和工作过程。
3. 理解定时/计数器的工作原理。
4. 理解矩阵式按键的工作原理。

技能目标

1. 学会独立式按键电路扩展方法。
2. 学会外部中断触发电路设计方法。
3. 学会外部中断服务程序设计方法。
4. 学会定时/计数器中断服务程序设计方法。
5. 学会矩阵式按键判键程序设计方法。

情景导入

在仪器仪表或家用电器及单片机控制系统中，人机交互至关重要。人机交互分为系统输入和输出两部分，其中系统输入最常用的是键盘输入，通常利用按键对系统进行工作模式设置、数据输入或其他控制等；系统输出则有二极管状态输出、声音输出、显示输出等。本项目主要通过4个任务，分别学习查询式独立式按键的工作原理和设计方法、中断式按键处理方法、矩阵式按键软/硬件设计方法，以及对发光二极管、电子乐曲、数码管等的控制，达到人机交互控制目的。通过学习本章，达到掌握简单人机交互软/硬件设计的方法。

任务1 我的流水我说了算：流水灯运行模式切换控制设计

预习测试

班级：_____ 姓名：_____ 学号：_____

一、填空题

1. 按键按照结构原理可分为两类：一类是_____按键，另一类是_____按键。
2. 键盘按照接口原理不同可分为_____与_____两类。
3. 机械式按键在按下或释放时的抖动时间约为____ ~ ____ms。
4. 按键去抖动有_____和_____两种措施。

5. _____ 按键是直接用 I/O 口线构成的单个按键电路。其特点是每个按键单独占用一根 I/O 口线，每个按键的工作不会影响其他 I/O 口线的状态。

6. 独立式按键电路配置灵活，软件结构简单，但每个按键必须占用一根 _____，因此，在按键 _____ 时，I/O 口线浪费较大，不宜采用。

二、选择题

1. 某一应用系统需要扩展 3 个功能按键，通常采用（　　）更好。

A. 独立式按键　　　　　　B. 矩阵式按键　　　　　　C. 动态按键　　　　　　D. 静态按键

2. 按键开关通常采用机械弹性元器件，在按键被按下和断开时，触点闭合和断开瞬间会产生接触不稳定，为消除抖动不良后果，常采用的方法有（　　）。

A. 硬件去抖动　　　　　　　　　　　　　B. 软件去抖动

C. 硬、软两种方法　　　　　　　　　　　D. 单稳态去抖动

3. 下面的数组定义中，关键字 code 的作用是程序编译后把数组 tab 存储在（　　）。

unsigned char code tab [ ] = {'A', 'B', 'C', 'D', 'E'};

A. 内部数据存储区　　　　　　　　　　　B. 程序存储区

C. 外部数据存储区　　　　　　　　　　　D. 堆栈区

4. 设 int 类型的数据长度为 2B，则 unsigned int 类型数据的取值范围是（　　）。

A. 0 ~ 255　　　　　　　　　　　　　　B. 0 ~ 65535

C. – 32768 ~ 32767　　　　　　　　　　D. – 256 ~ 255

5. "while（i = 3）"的 while 循环执行了（　　）空语句。

A．无限次　　　　　　B. 0 次　　　　　　C. 2 次　　　　　　D. 3 次

6. 在 C 语言中，函数类型由（　　）。

A. return 语句中表达式值的数据类型决定

B. 调用该函数时的主调函数类型决定

C. 调用该函数时系统临时决定

D. 在定义该函数时所指定的类型决定

7. 下列说法正确的是（　　）。

A. PC 是一个不可寻址的特殊功能寄存器

B. 单片机的主频越高，其运算速度就越快

C. 在 AT89C51 单片机中，一个机器周期等于 1μs

D. 特殊功能寄存器内存放的是栈顶首地址单元的内容

📖 任务描述

利用按键对 8 位 LED 流水灯运行模式进行切换。三个按键分别对应三种运行模式，并可随时自由切换。按键 1 对应 8 个发光二极管从两边向中间对称依次点亮一次（同一时刻只点亮两个上下对称的发光二极管），按键 2 对应 8 个发光二极管从中间向两边依次全亮（每次递增点亮上下对称的两个发光二极管），按键 3 对应 8 个发光二极管从两边向中间依次全亮（每次递增亮上下对称的两个发光二极管）。

知识链接

一、按键概述

1. 按键的分类

按键按照结构原理可分为两类：一类是触点式开关按键，如机械式开关、导电橡胶式开关等；另一类是无触点式开关按键，如电气式按键、磁感应按键等。前者造价低，后者寿命长。目前，微机系统中较常见的是触点式开关按键。

键盘按照接口原理可分为编码键盘与非编码键盘两类。这两类键盘的主要区别在于识别键符及给出相应键码的方法。编码键盘主要是用硬件来实现对键符的识别，非编码键盘主要是由软件来实现键符的定义与识别。

编码键盘由硬件逻辑自动提供与键对应的编码，此外，一般还具有去抖动和多键、窜键保护电路。这种键盘使用方便，但需要较多的硬件，价格较贵，一般的单片机应用系统较少采用。非编码键盘只简单地提供行和列的矩阵，其他工作均由软件完成。由于其经济实用，被广泛应用于单片机系统中。

2. 按键的结构与工作原理

微机键盘通常使用机械式开关。其主要功能是把机械上的通断转换成为电气上的逻辑关系。也就是说，它能提供标准的 TTL 逻辑电平，以便与通用数字系统的逻辑电平相容。

机械式开关在被按下或释放时，由于机械弹性作用的影响，通常伴随有一定时间的触点机械抖动，然后其触点才稳定下来。其抖动过程如图 3-1 所示。抖动时间的长短与开关的机械特性有关，一般为 5 ~ 10ms。

在触点抖动期间检测按键的通与断状态，可能导致判断出错，如按键按下或释放一次被错误地认为是多次操作，这种情况是不允许出现的。为了克服由于机械抖动所致的按键检测误判，必须采取去抖动措施。这一点可从硬件、软件两方面予以考虑。在键数较少时，可采用硬件去抖动；而当键数较多时，宜采用软件去抖动。

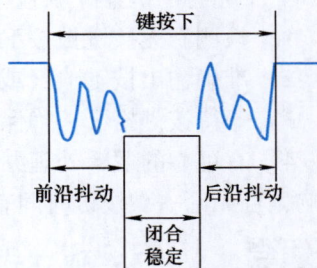

图 3-1　按键抖动过程

按键去抖动在硬件上可采用在键输出端加 RS 触发器（双稳态触发器）或单稳态触发器构成去抖动电路。图 3-2 是一种由 RS 触发器构成的去抖动电路，当触发器一旦翻转，触点抖动不会对其产生任何影响。

按键未被按下时，a 端为低电平 0，b 端为高电平 1，与非门 1 的 Q 端输出高电平 1。按键被按下时，因按键的机械弹性作用的影响，按键产生抖动。当开关没有稳定到达 b 端时，因与非门 2 输出为 0，反馈到与非门 1 的输入端，封锁了与非门 1，双稳态电路的状态不会改变，

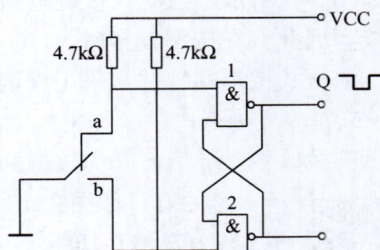

图 3-2　双稳态触发去抖动电路

117

输出保持为 1，输出 Q 不会产生抖动的波形。当开关稳定到达 b 端时，因 a 端为高电平 1，b 端为低电平 0，从而使与非门 1 的 Q 端输出为低电平 0，双稳态电路状态发生翻转。当释放按键时，在开关未稳定到达 a 端时，因与非门 1 的 Q 端输出保持为低电平 0，封锁了与非门 2，双稳态电路的状态不变，Q 输出保持不变，消除了后沿的抖动波形。当开关稳定到达 a 端时，因 a 端接地重新变为低电平 0，b 端悬空变为高电平 1，从而使与非门 1 输出端 Q 变为高电平 1，双稳态电路状态发生翻转，Q 输出重新返回原状态。由此可见，键盘输出经双稳态电路之后，输出已变为规范的矩形方波。

按键去抖动在软件上采取的措施是在检测到有按键被按下时，执行一个 10ms 左右（具体时间应视所使用的按键进行调整）的延时程序后，再确认该键电平是否仍保持闭合状态电平，若仍保持闭合状态电平，则确认该键处于闭合状态。同理，在检测到该键被释放后，也应采用相同的步骤进行确认，从而可消除抖动的影响。

3. 按键编码

在单片机应用系统中，除了复位按键有专门的复位电路及专一的复位功能外，其他按键都是以开关状态来设置控制功能或输入数据的。当所设置的功能键或数字键被按下时，计算机应用系统应完成该按键所设定的功能。按键信息输入是与软件结构密切相关的过程，一组按键或键盘都要通过 I/O 口线查询按键的开关状态。根据键盘结构的不同，按键信息可采用不同的编码。无论采用什么编码，最后都要转换成相对应的键码，以实现执行按键功能程序判断的依据。

4. 键盘控制程序

一个完善的键盘控制程序应具备以下功能：

1）检测有无按键被按下，并采取硬件或软件措施消除机械触点抖动的影响。

2）准确输出按键值（或键码），为执行按键功能程序提供依据。

3）等待按键松开，确保每次按键执行一次对应功能，避免一次按键被多次判断。

4）有可靠的逻辑处理办法。每次只处理一个按键，期间任何按键的操作对系统不产生影响，且无论一次按键时间有多长，系统仅执行一次按键功能程序。

二、独立式按键

独立式按键是直接用 I/O 口线构成的单个按键电路。其特点是：每个按键单独占用一根 I/O 口线，每个按键的工作不会影响其他 I/O 口线的状态。独立式按键的典型应用如图 3-3 所示。独立式按键电路配置灵活，软件结构简单，但每个按键必须占用一根 I/O 口线，因此，在按键较多时，I/O 口线占用较多，不宜采用。

独立式按键的软件常采用查询式结构。先逐位查询每根 I/O 口线的输入状态，若某一根 I/O 口线输入为低电平，经去抖动处理后该引脚仍为低电平，则可确认该 I/O 口线所对应的按键已被按下，然后，转向该键的功能处理程序。

例 3-1 如图 3-4 所示，完成由三个按键分别对单个数码管显示数字进行加 1、减 1 及清 0 功能。

为了实现程序功能的模块化，以提高程序的可读性和可移植性，通常将判键程序封装为子程序，供其他程序调用，判键子程序只需返回的键值即可。程序流程图如图 3-5 所示，首先初始化，然后调用判键子程序，判断是否有键被按下，由于三个按键引脚与 P3.0、P3.1 和 P3.2 相连，因此读取 P3 口的输出值只考虑此三个引脚状态值，P3 口其他引脚不需要考虑。故可以通过"P3&0x07"把其他引脚信号屏蔽为 0，读取的按键状态值只会是 0x05（00000101B）、0x06（00000110B）、0x03（00000011B）、0x07（00000111B）四种情况之一。前三种为有键被按下的情况，第四种情况表示无键被按下。当首次判断有键被按下时，需要延时 10ms 左右进行按键去抖，然后再次读取按键端口值判断是否有键被按下，此时仍判断有键被按下，则说明按键已经稳定按下，接下来根

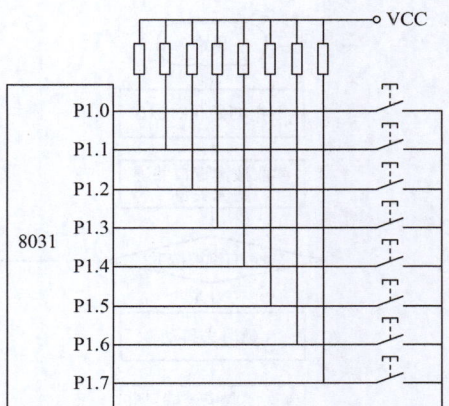

图 3-3　独立式按键常用扩展电路示意图

据端口值进一步判断是哪一个键被按下，最后程序返回具体键值给调用者，如返回值为 0xff，则说明无键被按下。判键子程序可被主程序调用，主程序结构变得非常简洁易读，如图 3-6 所示，根据键值直接对显示数据进行具体功能处理。注意加 1 和减 1 后对数据边界的处理，使其始终处于 0~9 范围内变化。

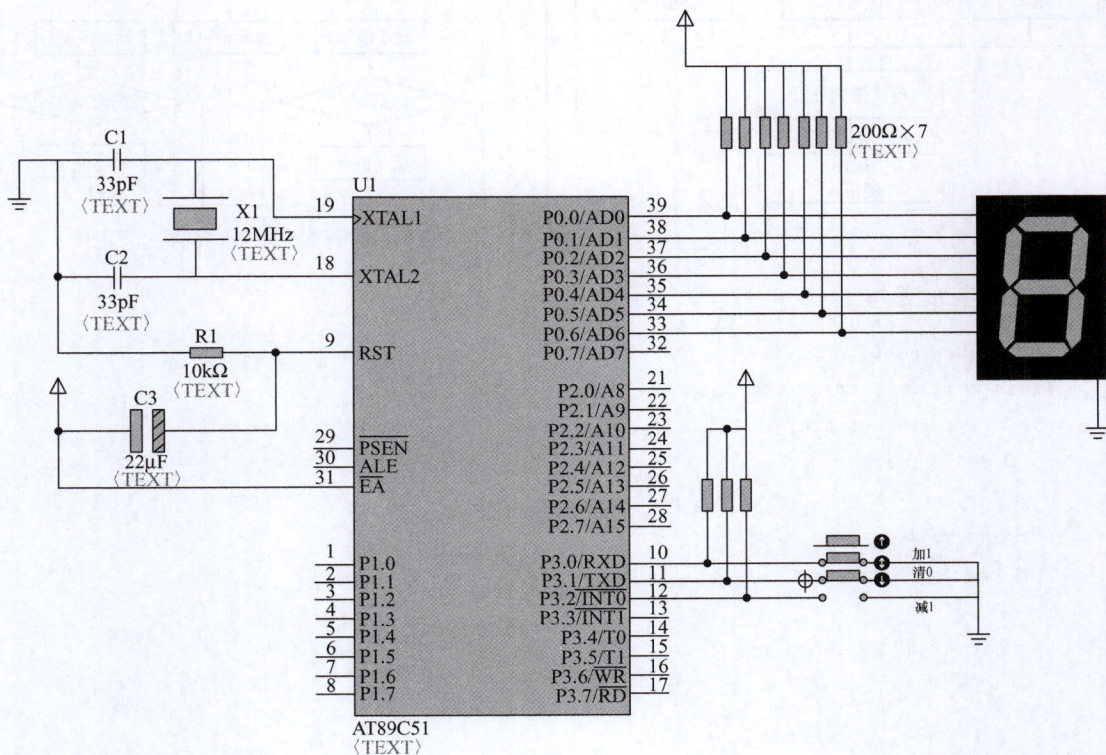

图 3-4　例 3-1 仿真电路

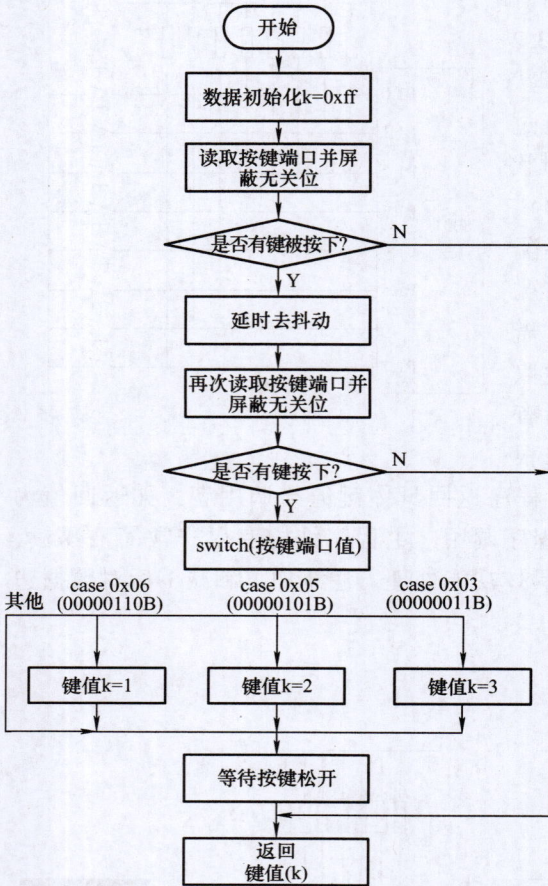

图 3-5　判键程序流程图

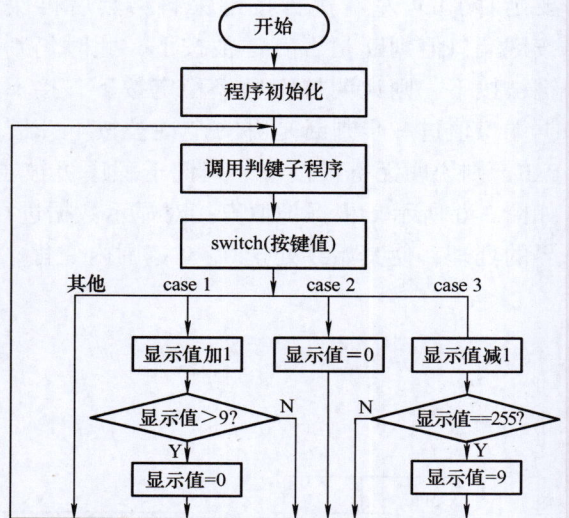

图 3-6　数码管显示按键调整流程图

具体程序如下：

```
#include < reg51. h >
#define uchar   unsigned char
#define uint    unsigned int
void delay(uint x)                    //延时子程序
{
  uchar i;
  while(x -- )
  {
    for(i =0;i <100;i ++);
  }
}
uchar key(void)
{
    uchar k =0xff,i;
```

```
    P3 = 0xff;
    i = P3&0x07;                        //读取按键端口值
    if(i! = 0x07)                       //判断是否有键按下
    {
        delay(10);                      //延时去抖动
        i = P3&0x07;                    //再次读取按键端口值
        if(i! = 0x07)                   //判断是否有键按下
        {
            switch(i)                   //根据端口值执行对应分支
            {
                case 0x06:k = 1;        //赋值键号1
                    break;
                case 0x05:k = 2;        //赋值键号2
                    break;
                case 0x03:k = 3;        //赋值键号3
                    break;
                default:break;
            }
        }
        while(i! = 0x07)                //等待按键松开
            i = P3&0x07;
    }
    return k;                           //返回键值
}
void main()
{
    uchar k,count = 0;
    unsigned char LED_data[10] =
    {0x3f,0x06,0x5b,0x4f,0x66,0x6d,0x7d,0x07,0x7f,0x6f};
    P0 = LED_data[count];
    while(1)
    {
        P0 = LED_data[count];          //显示
        k = key();                     //调用判键子程序
        switch(k)                      //根据键值执行对应分支
        {                              //完成显示加1功能
            case 1:
                count ++ ;
                if(count > 9)          //调整显示数据边界
                    count = 0;
                break;
            case 2:                    //完成显示清0功能
```

```
        count = 0;
        break;
      case 3:
        count -- ;                    //完成显示减1功能
        if(count ==255)               //调整显示数据边界
            count = 9;
        break;
      default:break;
    }
  }
}
```

任务实践

根据任务要求，利用三个按键对 8 位 LED 流水灯运行模式进行切换。三个按键可以采用单片机任意一个并行口的其中三个引脚进行电路扩展，8 位发光二极管分别通过单片机的一个并行口的 8 位引脚进行控制。具体扩展如图 3-7 所示。

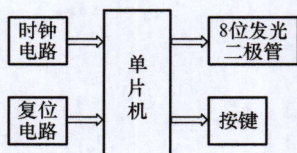

图 3-7 按键控制流水灯运行模式切换系统框图

一、流水灯运行模式切换电路设计

根据任务要求，8 位发光二极管由 P1 口 8 位引脚扩展，三个按键引脚分别与 P3.0、P3.1 和 P3.2 相连，具体电路如图 3-8 所示。其中三个按键分别接三个上拉电阻，阻值为 10kΩ，以提高引脚驱动和抗干扰能力；同时，每个发光二极管串有 200Ω 限流电阻，以防电流过大，起到保护电路的作用。

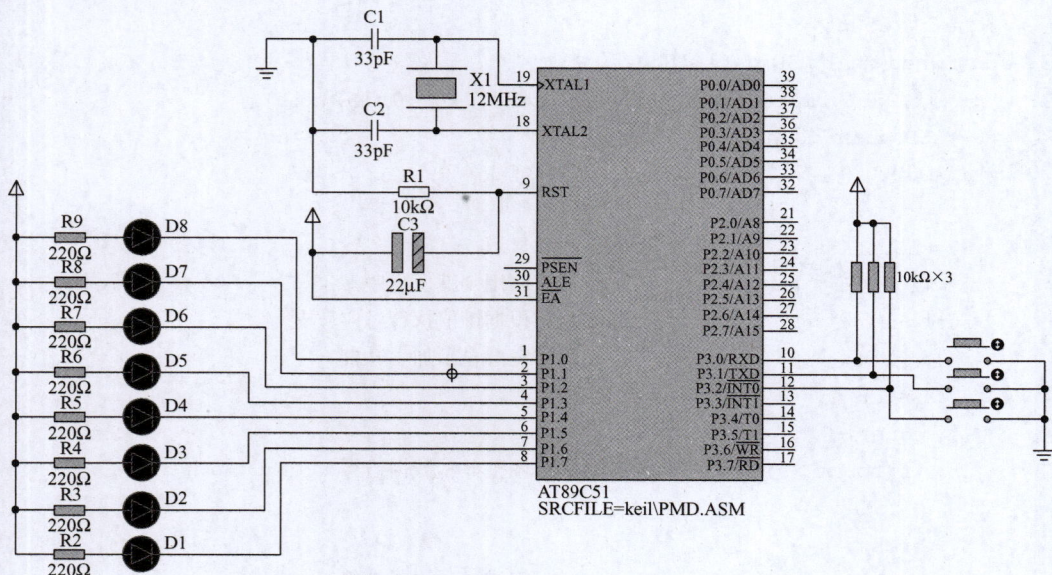

图 3-8 流水灯运行模式切换仿真电路

二、流水灯运行模式切换程序设计

1. 程序设计

根据任务要求，流水灯三种运行模式分别为：8个发光二极管从两边向中间对称轮流点亮；8个二极管依次从中间向两边对称全部点亮；8个发光二极管依次从两边向中间对称全部点亮。没有其他按键被按下时，将一直维持同一模式循环运行。程序设计时可以根据键值选择不同的分支运行，每一分支对应一种运行模式。由于每次调用判键子程序，无论有无按键被按下都会返回一键值，因此程序设计时要注意判断是否有新的按键被按下。如果没有键被按下，即返回值为0xff，维持之前模式继续运行，此时要对上次有效按键进行保存；如果有新的键被按下，则按照其指定模式运行分支程序。

流水灯运行方式是发光二极管多种组合发光状态轮流交替，各状态维持一小段时间，连续按次序交替运行即可达到流水灯的运行效果。各交替状态对应 P1 口一固定输出值，见表3-1。程序设计时每种模式各状态按次序延时运行，各模式根据键值利用 if 语句或 switch 结构进行切换，具体流程图如图3-9所示。

表3-1　流水灯模式对应的二极管状态表

模式	状态组成	P1 口输出值	二极管效果
模式1	状态1	0x7e (01111110B)	○●●●　●●●○
	状态2	0xbd (10111101B)	●○●●　●●○●
	状态3	0xdb (11011011B)	●●○●　●○●●
	状态4	0xe7 (11100111B)	●●●○　○●●●
	状态5	0xff (11111111B)	●●●●　●●●●
模式2	状态1	0xe7 (11100111B)	●●●○　○●●●
	状态2	0xc3 (11000011B)	●●○○　○○●●
	状态3	0x81 (10000001B)	●○○○　○○○●
	状态4	0x00 (00000000B)	○○○○　○○○○
	状态5	0xff (11111111B)	●●●●　●●●●
模式3	状态1	0x7e (01111110B)	○●●●　●●●○
	状态2	0x3c (00111100)	○○●●　●●○○
	状态3	0x18 (00011000)	○○○●　●○○○
	状态4	0x00 (0000000B)	○○○○　○○○○
	状态5	0xff (11111111B)	●●●●　●●●●

注：○表示"亮"，●表示"灭"。

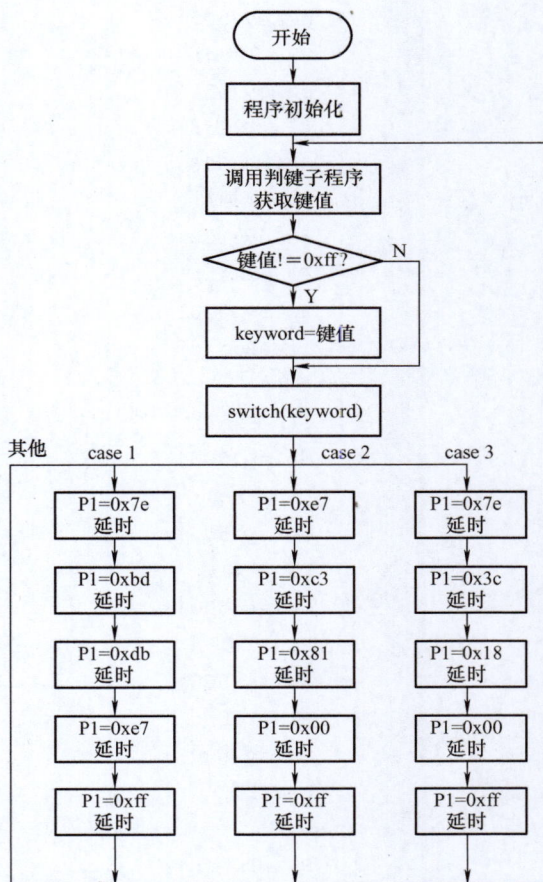

图3-9　流水灯运行模式切换流程图

主程序如下：

```
void main()
  {
      uchar k,key_word,count =0;
      unsigned char LED_data[10] =
       {0x3f,0x06,0x5b,0x4f,0x66,0x6d,0x7d,0x07,0x7f,0x6f};
      P0 = LED_data[count];
      while(1)
      {
        k = key();                      //调用判键子程序
        if(k! = 0xff)
        key_word = k;                   //保存最新键值
        switch(key_word)
        {
          case 1:                       //模式1
             P1 = 0x7e;
             delay(500);
             P1 = 0xbd;
             delay(500);
             P1 = 0xdb;
             delay(500);
             P1 = 0xe7;
             delay(500);
             P1 = 0xff;
             delay(500);
             break;
          case 2:                       //模式2
             P1 = 0xe7;
             delay(500);
             P1 = 0xc3;
             delay(500);
             P1 = 0x81;
             delay(500);
             P1 = 0x00;
             delay(500);
             P1 = 0xff;
             delay(500);
             break;
          case 3:                       //模式3
             P1 = 0x7e;
             delay(500);
             P1 = 0x3c;
```

```
            delay(500);
            P1 = 0x18;
            delay(500);
            P1 = 0x00;
            delay(500);
            P1 = 0xff;
            delay(500);
            break;
        default :
        break;
        }
    }
}
```

2. 仿真调试

编译程序，根据编译提示修改语法错误后生成 HEX 文件，并加载至仿真电路进入运行状态，仔细观察运行结果，判断是否符合功能逻辑，进一步完善程序功能。仿真效果如图 3-10 所示。

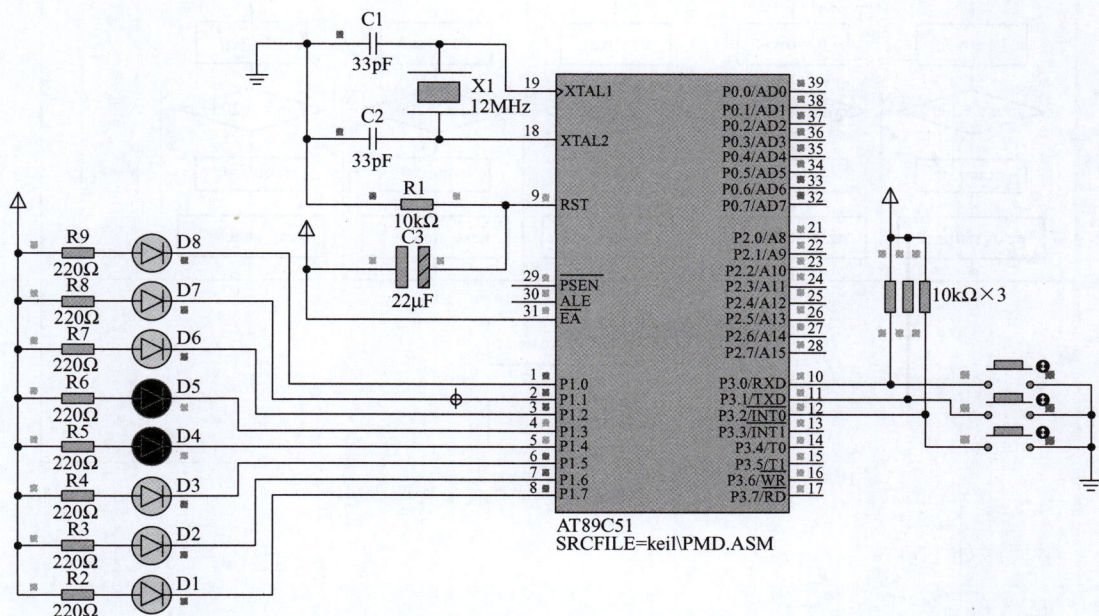

图 3-10 流水灯运行模式切换仿真效果

调试中发现，流水灯运行过程中按键反应不够灵敏，键被按下时需要某一模式运行一周期最后流水灯全部熄灭后再松开按键才能有效。这是因为程序大循环每运行一周期调用到判键子程序时才能对按键进行判键，而在该流水灯模式运行时占用程序大循环时间过长，此时按下按键，判键子程序未被执行，因此按键并未执行功能。解决的办法就是尽量减小程序大循环的时间。如图 3-11 所示，在某一模式分支程序中也采用 switch 结构将每一个状态作为

125

一个分支，且该状态延时用大循环延时的倍数达到延时的效果，这样节省了大循环延时时间，每一个大循环仅用最后延时的 5ms 左右时间，判键子程序有充分时间被执行，从而使按键变得灵敏。

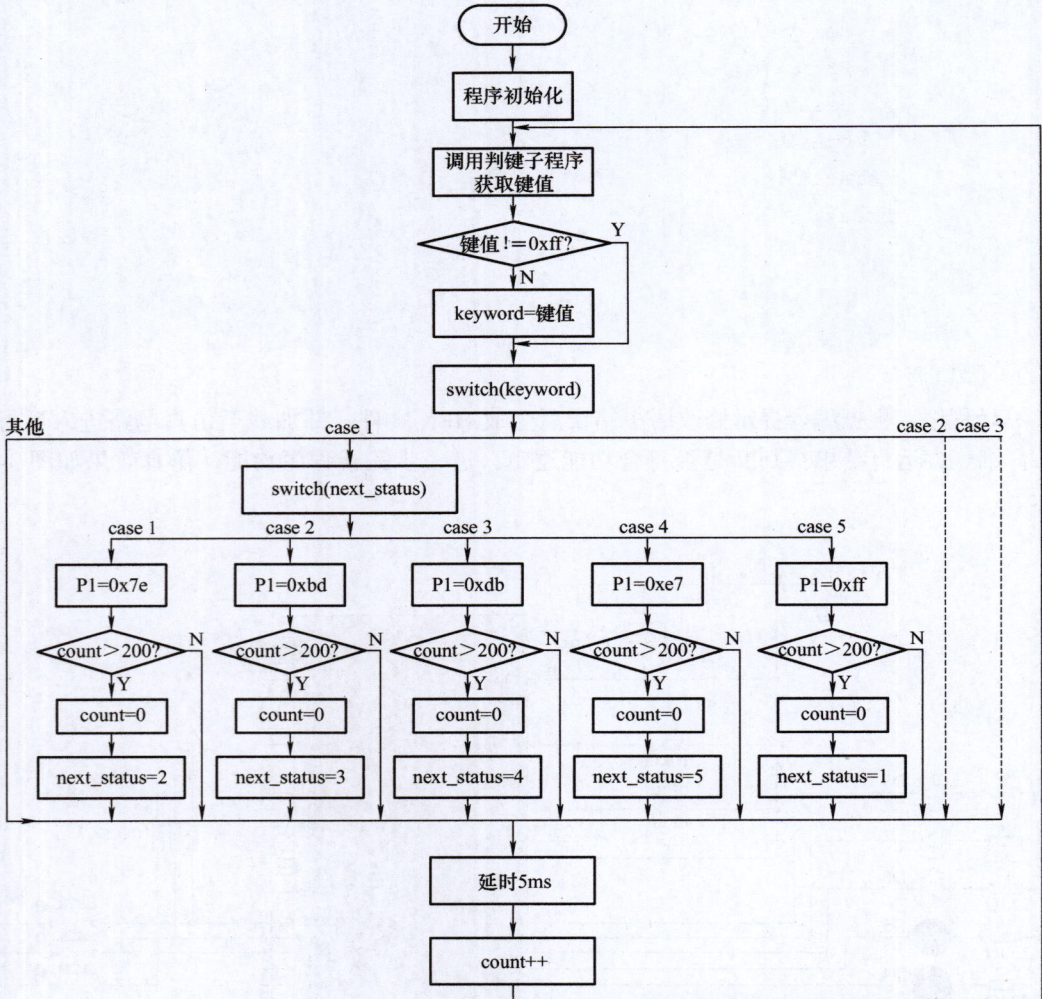

图 3-11　流水灯运行模式切换流程图改进

主程序如下：

```c
void main()
{
    uchar k,key_word,next_status =1;
    uint count =0;
    unsigned char LED_data[10] =
        {0x3f,0x06,0x5b,0x4f,0x66,0x6d,0x7d,0x07,0x7f,0x6f};
    P0 = LED_data[count];
    while(1)
```

```
    {
      k = key();                      //调用判键子程序
      if(k! = 0xff)
      {
        key_word = k;
        next_status = 1;              //状态初始值
      }
      switch(key_word)
      {
        case 1:                       //模式1
            switch(next_status)
            {
              case 1:                 //状态1
                  P1 = 0x7e;
                  if(count > 200)     //延时
                  {
                      count = 0;
                      next_status = 2;
                  }
                  break;
              case 2:                 //状态2
                  P1 = 0xbd;
                  if(count > 200)     //延时
                  {
                      count = 0;
                      next_status = 3;
                  }
                  break;
              case 3:                 //状态3
                  P1 = 0xdb;
                  if(count > 200)     //延时
                  {
                      count = 0;
                      next_status = 4;
                  }
                  break;
              case 4:                 //状态4
                  P1 = 0xe7;
                  if(count > 200)     //延时
                  {
                      count = 0;
                      next_status = 5;
```

```
            }
            break;
        case 5:                    //状态 5
            P1 = 0xff;
            if(count > 200)        //延时
            {
                count = 0;
                next_status = 1;
            }
            break;
        default:break;
    }
    break;
case 2:                            //模式 2
    switch(next_status)
    {
        case 1:                    //状态 1
            P1 = 0xe7;
            if(count > 200)        //延时
            {
                count = 0;
                next_status = 2;
            }
            break;
        case 2:                    //状态 2
            P1 = 0xc3;
            if(count > 200)        //延时
            {
                count = 0;
                next_status = 3;
            }
            break;
        case 3:                    //状态 3
            P1 = 0x81;
            if(count > 200)        //延时
            {
                count = 0;
                next_status = 4;
            }
            break;
        case 4:                    //状态 4
            P1 = 0x00;
```

```
            if(count >200)               //延时
            {
                count =0;
                next_status =5;
            }
            break;
        case 5:                          //状态5
            P1 =0xff;
            if(count >200)               //延时
            {
                count =0;
                next_status =1;
            }
            break;
        default:break;
        }
    break;
case 3:                                  //模式3
    switch(next_status)
    {
        case 1:                          //状态1
            P1 =0x7e;
            if(count >200)               //延时
            {
                count =0;
                next_status =2;
            }
            break;
        case 2:                          //状态2
            P1 =0x3c;
            if(count >200)               //延时
            {
                count =0;
                next_status =3;
            }
            break;
        case 3:                          //状态3
            P1 =0x18;
            if(count >200)
            {
                count =0;
                next_status =4;
```

```
                    }
                    break;
                case 4:                    //状态 4
                    P1 = 0x00;
                    if(count >200)         //延时
                    {
                        count = 0;
                        next_status = 5;
                    }
                    break;
                case 5:                    //状态 5
                    P1 = 0xff;
                    if(count >200)         //延时
                    {
                        count = 0;
                        next_status = 1;
                    }
                    break;
                default:break;
            }
            break;
        default:
        break;
        }
        count ++ ;
        delay(5);
    }
}
```

三、举一反三——拓展实践

1. 实践任务

在本任务的基础上添加两个按键和两种流水灯模式，完成 5 种流水灯运行模式切换。

2. 任务目的

1）学会独立按键电路设计。

2）熟练应用 Proteus 软件绘制仿真原理图。

3）学会流水灯控制程序设计。

4）理解状态转移法程序设计方法。

5）学会利用 Keil 软件编辑程序、修改语法和逻辑错误，会进行程序调试。

3. 任务要求及考核表

任务名称：5 种流水灯运行模式切换控制设计

班级		姓名		学号	
考核项目	配分	要求及评价标准			得分
元器件数量	5	各元器件数量是否完整。缺失 1 个扣 1 分			
参数标注	5	各元器件参数是否正确。错误 1 个扣 1 分			
元器件布局	5	元器件布局合理美观，功能模块清晰。若不合要求，根据情况扣 0.5~4 分			
连线	5	连线合理，连线距离最优且整洁美观，无不必要交叉，交叉连接处有连接点。若不合要求，酌情扣分			
电路正确性	20	电路设计合理，无功能和逻辑错误，功能齐全。若不合要求，根据完成情况酌情扣分			
程序语法	10	能排除相关语法错误，编译成功。若生成 HEX 文件有语法错误或未生成 HEX 文件，则各扣 5 分			
程序运行效果	35	程序无逻辑错误，运行效果符合要求，功能齐全。若不合要求，根据完成情况酌情扣分			
5S 整理	5	整理、清洁自己的工位，完成任务后保持工位整洁整齐，无垃圾			
自主创新	5	在完成任务要求的基础上，自主设计其他功能，使任务具有合理的拓展性能			
团结协作	5	能和同学交流，乐于请教和帮助其他同学，学会分工协作			
时间系数	1	按照完成任务先后顺序，每落后一位同学，系数减 0.01			
成绩合计		各项得分和乘以时间系数			

任务 2　抢占先机，爱拼才会赢：多路抢答器设计

预习测试

班级：＿＿＿＿＿＿＿＿＿　姓名：＿＿＿＿＿＿＿＿＿　学号：＿＿＿＿＿＿＿＿＿

一、填空题

1. 中断源是指能发出＿＿＿＿＿＿＿＿并引起中断的装置或事件。

2. 89C51 单片机的中断源共有 5 个，即＿＿＿＿＿＿、定时/计数器 0 溢出中断、＿＿＿＿＿＿、＿＿＿＿＿＿＿＿＿和＿＿＿＿＿＿＿＿＿，其中 2 个为＿＿＿＿＿＿＿＿中断源，3 个为＿＿＿＿＿＿＿＿＿＿中断源。

3. 中断处理过程可分为 4 个阶段，即_____、_____、_____ 和中断返回。

4. 外部中断触发方式有两种，即_____触发和_____触发。

5. AT89C51 单片机的 5 个中断源的中断入口地址分别是：INT0_____、INT1_____、T0 _____、T1 _____、串行口_____。

6. 在 CPU 未执行同级或更高优先级中断服务程序的条件下，中断响应等待时间最少需要_____ 个机器周期。

7. 外部中断请求的撤销包括两项内容：_____和外部中断_____的撤销。

8. 对于电平触发方式的外部中断，CPU 在响应中断后，由硬件自动将 IE0 或 IE1 标志位_____，但中断请求信号的低电平可能还继续存在，还需在中断响应后把中断请求标志位_____，通常需要配合外部硬件电路完成。

二、选择题

1. MCS-51 系列单片机的外部中断 1 的中断请求标志位是（　　）。

A. ET1　　　　　　　B. TF1　　　　　　　C. IT1　　　　　　　D. IE1

2. 在 MCS-51 系列单片机中，需要外加电路实现中断撤销的是（　　）。

A. 定时中断　　　　　　　　　　　B. 脉冲方式的外部中断

C. 外部串行中断　　　　　　　　　D. 电平方式的外部中断

3. 51 系列单片机有 5 个中断源，外部中断 INT1 的入口地址是（　　）。

A. 0003H　　　　　　　B. 000BH　　　　　　C. 0013H

D. 001BH　　　　　　　E. 0023H

4. MCS-51 系列单片机的中断源全部编程为同级时，自然优先级最高的是（　　）。

A. INT1　　　　　　　B. TI　　　　　　　C. 串行口　　　　　　D. INT0

5. 外部中断初始化的内容不包括（　　）。

A. 设置中断响应方式　　　　　　　B. 设置外中断允许

C. 设置中断总允许　　　　　　　　D. 设置中断触发方式

6. 下列说法错误的是（　　）。

A. 同一级别的中断请求按时间的先后顺序响应

B. 同一时间同一级别的多中断请求将形成阻塞，系统无法响应

C. 低优先级中断请求不能中断高优先级中断请求，但是高优先级中断请求能中断低优先级中断请求

D. 同级中断不能嵌套

7. AT89C51 单片机中断源有（　　）。

A. 5 个　　　　　　　B. 2 个　　　　　　　C. 3 个　　　　　　　D. 6 个

📖 任务描述

进行四路抢答器设计。利用外部中断技术实现四路抢答器功能：抢答开始键被按下后，开始抢答，数码管只显示第一位抢答键号；重新按下抢答开始键，新一轮抢答开始。

知识链接

一、中断

1. 中断的概念

当我们在家看书的时候，电话铃响了，这时暂停看书去接电话，接完电话后，又从刚才被打断的地方继续往下看。类似看书时被打断的这一过程在单片机中称为中断，而引起中断的原因，即中断的来源，就称为中断源。

对于单片机来说，CPU 暂时中止其正在执行的程序，转去执行请求中断的那个外设或事件的服务程序，等处理完毕后再返回执行原来中止的程序，这个过程就称为中断。

当有多个中断同时发生时，计算机同时处理是不可能的，只能按照事情的轻重缓急一一处理，这种给中断源排队的过程，称为中断优先级设置。

如果不想响应某中断源，可以将它禁止，不允许它引起中断，这称为中断禁止。例如，将电话线拔掉，以拒绝接听电话。只有将这个中断源开放，即中断允许，它所引起的中断才会被处理。

2. 中断的优点

（1）并行处理

通过中断功能，可以实现微处理器和多个外设同时工作，并且仅在微处理器与某外设需要交换数据时才通过微处理器中断功能进行信息处理。这样，微处理器可以分时与多个外设完成信息交互，而不是像采用查询方法不断查询和等待外设执行完成，提高了微处理器的使用效率。

（2）实时处理

单片机应用于实时控制时，现场的许多事件需要微处理器迅速响应，及时处理，而提出请求的时间往往又是随机的。有了中断功能，可实现实时处理。

（3）故障处理

在微处理器运行过程中，有时会出现一些故障，可以通过中断系统，去执行故障处理程序进行处理，不影响其他程序的运行。

（4）多通道程序或多重任务运行

在操作系统的调度下，微处理器可以运行多通道程序或多重任务。一个程序需要等待外设 I/O 操作结果时，就暂时挂起，同时启动另一道程序运行，I/O 操作完成后，挂起的程序再排队等待运行，这样，多个程序交替运行，从大的时间范围来看，就像多道程序在同时运行一样。也可以给每道程序分配一个固定的时间间隔，利用时钟定时中断进行多道程序切换。由于微处理器速度快，I/O 设备速度慢，各道程序感觉不到微处理器在做其他的服务，好像专为自己服务一样。

3. 中断相关概念

（1）中断源

中断源是指能发出中断请求，引起中断的装置或事件。89C51 单片机的中断源共有 5

个，其中 2 个为外部中断源，3 个为内部中断源。

1）$\overline{INT0}$：外部中断 0，中断请求信号由 P3.2 输入。

2）$\overline{INT1}$：外部中断 1，中断请求信号由 P3.3 输入。

3）T0：定时/计数器 0 溢出中断，对外部脉冲计数由 P3.4 输入。

4）T1：定时/计数器 1 溢出中断，对外部脉冲计数由 P3.5 输入。

5）串行口中断：包括串行接收中断 RI 和串行发送中断 TI。

（2）中断断点

由于中断的发生，原程序被暂停执行，该程序即将被执行但由于中断而没有被执行的那条指令的存储地址，称为中断断点，简称断点。

（3）中断服务程序

处理中断事件的程序段被称为中断服务程序。中断服务程序不同于一般的子程序：子程序由某个程序调用，它的调用是由主程序设定的，因此是确定的；而中断服务程序由某个事件引发，它所发生的时间点往往是随机的，不确定的。

4. 中断设置相关寄存器

89C51 单片机涉及中断控制的有 4 个特殊功能寄存器。

（1）定时/计数控制寄存器

单片机响应中断前需要由中断源向 CPU 发出请求信号，并且将对应中断请求标志位置 1，从而完成中断请求。其中，外部中断 0、外部中断 1、定时/计数器 0 溢出中断、定时/计数器 1 溢出中断等中断请求标志位放在定时/计数控制寄存器（TCON）中。TCON 的结构、位名称、位地址和功能见表 3-2。

表 3-2　TCON 寄存器

TCON	D7	D6	D5	D4	D3	D2	D1	D0
位名称	TF1	—	TF0	—	IE1	IT1	IE0	IT0
位地址	8FH	8EH	8DH	8CH	8BH	8AH	89H	88H
功能	T1 溢出中断请求标志位	—	T0 溢出中断请求标志位	—	INT1中断请求标志位	INT1触发方式控制位	INT0中断请求标志位	INT0触发方式控制位

1）TF1：T1 溢出中断请求标志位。当定时/计数器 1 计数溢出后，由 CPU 内硬件自动置 1，表示向 CPU 请求中断。CPU 响应中断后，片内硬件自动对其清 0。TF1 也可以由软件程序查询其状态或由软件置位与清 0。

2）TF0：T0 溢出中断请求标志位（同 TF1）。

3）IE1：外部中断 1（$\overline{INT1}$）中断请求标志位。当 P3.3 引脚信号有效时，触发 IE1 置 1；当 CPU 响应中断后，由片内硬件自动清 0（自动清 0 只适用于边沿触发方式）。

4）IT1：外部中断 1（$\overline{INT1}$）触发方式控制位。IT1 = 1，下降沿（边沿）触发，当 P3.3 引脚出现下降沿脉冲信号时有效；IT1 = 0，低电平触发，当 P3.3 引脚为低电平信号时有效。IT1 由软件置位或复位。

5）IE0：外部中断 0（$\overline{INT0}$）中断请求标志位，其意义与功能与 IE1 相似。

6）IT0：外中断0（$\overline{\text{INT0}}$）触发方式控制位，用法同IT1。

（2）中断允许寄存器

MCS－51系列单片机对中断源的开放与关闭（屏蔽）是由中断允许寄存器（IE）设置的，可用软件对各位分别置1或清0，从而实现对各中断源开中断或关中断。IE的结构、位名称、位地址和中断源见表3-3。

表3-3　IE寄存器

IE	D7	D6	D5	D4	D3	D2	D1	D0
位名称	EA	—	—	ES	ET1	EX1	ET0	EX0
位地址	AFH	—	—	ACH	ABH	AAH	A9H	A8H
中断源	CPU	—	—	串行口	T1	$\overline{\text{INT1}}$	T0	$\overline{\text{INT0}}$

1）EX0：外部中断0中断允许控制位。EX0=1，允许外部中断0中断；EX0=0，屏蔽外部中断0中断。

2）ET0：定时/计数器0（T0）中断允许控制位。ET0=1，允许T0中断；ET0=0，屏蔽T0中断。

3）EX1：外部中断1中断允许控制位。EX1=1，允许外部中断1中断；EX1=0，屏蔽外部中断1中断。

4）ET1：定时/计数器1（T1）中断允许控制位。ET1=1，允许T1中断；ET1=0，屏蔽T1中断。

5）ES：串行口中断（包括串行发送、串行接收）允许控制位。ES=1，允许串行中断；ES=0，屏蔽串行中断。

6）EA：CPU中断总允许控制位。EA=1，CPU允许中断；EA=0，屏蔽所有中断源。

89C51对中断实行两级控制，总控制位是EA，每一中断源还有各自的控制位。首先要EA=1，其次还要自身的控制位置1，才允许中断。EA=0表示无论其他位为何值都不会发生中断。

例如，要使外部中断1和T0开中断，其余中断全关，可执行以下指令：

```
EA =1;
EX1 =1;
ET0 =1;
```

（3）中断优先级控制寄存器

MCS－51系列单片机有5个中断源，划分为两个中断优先级，即高优先级和低优先级。每个中断优先级可以通过中断优先级控制寄存器（IP）中的相应位来设定，对应位置1表示将该中断设为高优先级，对应位清0表示将该中断设为低优先级。IP寄存器的结构、位名称、位地址和中断源见表3-4。

1）PX0：$\overline{\text{INT0}}$中断优先级控制位。PX0=1，为高优先级；PX0=0，为低优先级。

2）PT0：T0中断优先级控制位。控制方法同上。

表 3-4　IP 寄存器

IE	D7	D6	D5	D4	D3	D2	D1	D0
位名称	—	—	—	PS	PT1	PX1	PT0	PX0
位地址	—	—	—	BCH	BBH	BAH	B9H	B8H
中断源	—	—	—	串行口	T1	$\overline{INT1}$	T0	$\overline{INT0}$

3）PX1：$\overline{INT1}$ 中断优先级控制位。控制方法同上。

4）PT1：T1 中断优先级控制位。控制方法同上。

5）PS：串行口中断优先级控制位。控制方法同上。

MCS－51 系列单片机的中断优先级有三条原则：

1）正在进行的中断过程不能被新的同级或低优先级的中断请求所中断。

2）正在进行的低优先级中断服务，能被高优先级中断请求所中断（中断嵌套）。

3）CPU 同时接收到几个中断时，首先响应优先级别最高的中断请求。如果是几个同一优先级别中断同时出现，则 CPU 将按其中断入口地址从小到大顺序（又称自然优先级）确定先响应哪个中断请求。其顺序见表3-5。

表 3-5　同级中断优先级响应关系顺序表

中断源	中断源标志	中断入口地址	自然优先级顺序
外部中断 0	IE0	0003H	高
定时/计数器 0	TF0	000BH	↓
外部中断 1	IE1	0013H	
定时/计数器 1	TF1	001BH	低
串行口	RI 或 TI	0023H	

综上所述，MCS－51 系列单片机中断系统各寄存器结构关系示意如图3-12 所示。

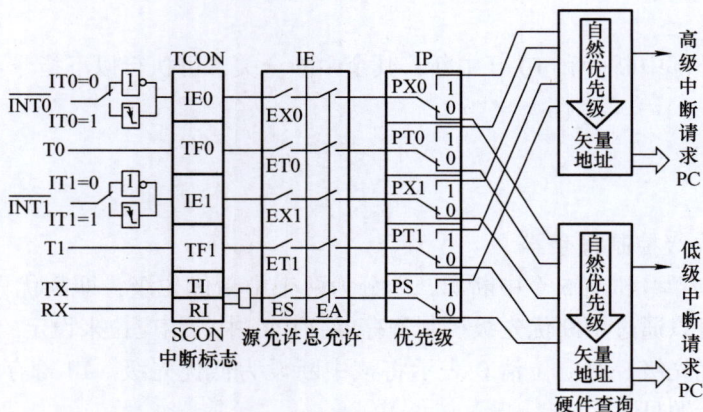

图 3-12　MCS－51 系列中断系统结构关系示意图

二、中断处理过程

中断处理过程可分为 4 个阶段，即中断请求、中断响应、中断服务和中断返回。

1. 中断请求

中断源发出中断请求信号，相应的中断请求标志位自动置 1。当中断源向 CPU 发出请求时，必须发出一个中断请求信号。若是外部中断源，则需将中断请求信号送到对应的外部中断引脚上，CPU 将相应中断请求标志位置 1。为保证该中断得以实现，中断请求信号应保持到 CPU 响应该中断后才能取消。若是内部中断源，则内部硬件电路将自动置位该中断请求标志，一旦查询到某个中断请求标志位，CPU 就响应中断源中断。

2. 中断响应

CPU 查询（检测）到某中断请求标志位为 1，在满足中断响应条件下，响应中断。

（1）中断响应条件

1）该中断已经被设置为中断允许。

2）CPU 此时没有响应同级或更高级的中断。

3）当前正处于所执行指令的最后一个机器周期。CPU 在执行每一条指令最后一个周期时硬件自动检测中断标志位是否置位，检测到有中断请求标志位就响应中断。在其他时间，CPU 不检测，即不会响应中断。

4）正在执行的指令不是 RETI 或者是访问 IE、IP 的指令，否则必须再另外执行一条指令后才能响应。

（2）中断响应操作

CPU 响应中断后进行下列操作：

1）保护断点地址。因为 CPU 响应中断时中断正在执行的程序，转而执行中断服务程序，中断服务程序执行完毕后，还要返回被中断的地方继续运行程序，因此必须把断点地址（断点的当前 PC 值）记录下来，以便正确返回。断点地址由硬件自动保存在堆栈中。

2）撤销该中断源的中断请求标志位。响应中断后，其中断请求标志位必须撤销，否则中断返回后将会重复中断响应而出错。对于 MCS – 51 系列单片机，有的中断请求标志位在 CPU 响应中断后，由 CPU 硬件自动清 0。但有的中断请求标志位（如串行中断）必须由指令程序对该中断请求标志位清 0。

3）关闭同级中断。在中断响应后，同一优先级的中断被暂时屏蔽，待中断返回后，再重新自动开启。

4）将相应中断的入口地址送入 PC。MCS – 51 系列单片机每个中断源都有固定的中断入口地址，当某个中断源中断，在 PC 中就装入对应中断源响应的中断入口地址。因此，每一个中断源的中断服务子程序必须从其中断入口地址处开始存放，才能被正确执行。一般在中断入口地址处存放一条长转移指令，这样可以将中断服务子程序放在其他地方执行。MCS – 51 系列单片机 5 个中断入口地址见表 3-5。

3. 中断服务

CPU 中断响应后转入中断服务程序入口，从中断服务子程序第一条指令开始到返回指令为止，这个过程称为中断处理或中断服务。一般情况下，中断服务包括保护现场、执行中断服务程序主体、恢复现场。

4. 中断返回

在中断服务程序的最后，必须有一条中断返回指令 RETI。当 CPU 执行 RETI 指令后，自动完成下列操作：

1）恢复断点地址。CPU 硬件自动将原来压入堆栈中的 PC 断点地址从堆栈中弹出，送回 PC 中，这样 CPU 就返回到原断点处，继续执行被中断的程序。

2）开放同级中断，以便允许同级中断源请求中断。

以上 4 步为中断过程，在此之前必须完成中断初始化、定义外部中断触发方式（电平触发、边沿触发）、定义中断优先级、开中断允许等。

5. 中断响应时间

向 CPU 申请中断到响应中断，若排除 CPU 正在响应同级或更高级的中断的情况，中断响应时间为 3～8 个机器周期。一般情况是 3～4 个机器周期；执行 RETI 或访问 IE、IP 指令，且后一条指令是乘法指令时，最长可达 8 个机器周期。

6. 中断请求撤销

CPU 响应某中断请求后，TCON 和 SCON 中的中断请求标志位应及时清除，否则会引起另一次中断。MCS－51 系列单片机各中断源请求撤销的方法不同。

（1）定时/计数器溢出中断请求撤销　CPU 响应中断后，就由硬件自动将 TF0 或 TF1 清 0，即中断请求标志位自动撤销，无须采取其他措施。

（2）外部中断请求撤销　外部中断请求的撤销包括两项内容：中断请求标志位清 0 和外部中断请求信号撤销。

对于边沿触发方式的外部中断，CPU 响应中断后，由硬件自动将 IE0 或 IE1 清 0。而中断请求信号由于是脉冲信号，过后就消失，也可以说中断请求信号是自动撤销。

对于电平触发方式的外部中断，CPU 在响应中断后，由硬件自动将 IE0 或 IE1 清 0。但中断请求信号的低电平可能还继续存在，在以后机器周期采样时，又会把已清 0 的标志位重新置 1。因此，要彻底撤销电平触发方式外部中断的请求信号，除了标志位清 0 外，还需在中断响应后把中断请求信号引脚从低电平强制改变为高电平。在 MCS－51 用户系统中，要增加图 3-13 所示的外部中断撤销电路。

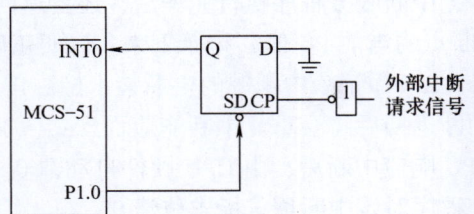

图 3-13　电平触发方式外部中断请求信号撤销电路

由图 3-13 可见，外部中断请求信号不直接加在 $\overline{INT0}$（或 $\overline{INT1}$）引脚上，而是经过非门加在 D 触发器的 CP 端。由于 D 端接地，当有外部中断请求时，D 触发器置 0 使 $\overline{INT0}$（或 $\overline{INT1}$）有效，向 CPU 发出中断请求。CPU 响应中断后，利用一根 I/O 口线作为应答线，图中 P1.0 接 D 触发器的直接置位 SD 端，因此只要 P1.0 输出一个负脉冲就可以使 D 触发器置 1，从而撤销了低电平的中断请求信号。所需的负脉冲可通过在中断服务程序中增加两条语句得到。

```
P1.0 =1;    //P1.0 输出高电平
P1.0 =0;    //P1.0 输出低电平
```

7. 中断嵌套

如图 3-14 所示，当 CPU 正在执行某个中断服务程序时，如果有更高一级的中断源请求中断，CPU 可以"中断"正在执行的低优先级中断，转而响应更高一级的中断，这就是中断嵌套。中断嵌套只能高优先级"中断"低优先级，低优先级不能"中断"高优先级，同一优先级也不能相互"中断"。

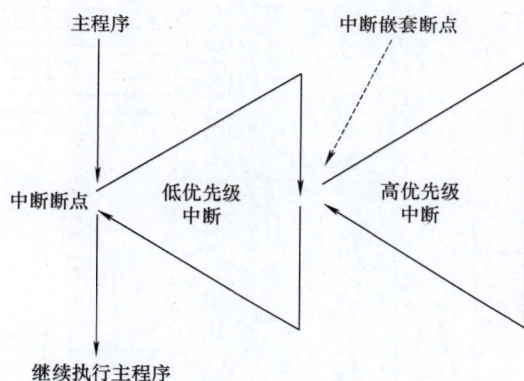

图 3-14 中断嵌套示意图

中断嵌套结构类似于调用子程序嵌套，不同的是：

1）子程序嵌套是在程序中事先安排好的，中断嵌套是随机发生的。

2）子程序嵌套无次序限制，中断嵌套只允许高优先级"中断"低优先级。

8. 中断函数

C51 编译器允许用 C51 创建中断函数，编译器自动产生中断向量和程序的入栈和出栈。在函数声明时，interrupt 将所声明的函数定义为一个中断函数。同时，也可用 using 定义此中断函数所使用的内部寄存器组。定义中断函数的一般形式为：

函数类型 函数名() interrupt m using n

（1）"interrupt m" 修饰符

"interrupt m" 是 C51 函数中非常重要的一个修饰符，这是因为中断函数必须通过它进行修饰。系统编译时把对应函数转化为中断函数，自动加上程序头段和尾段，并按 MCS-51 系列单片机中断的处理方式自动把它安排在程序存储器中的相应位置。在该修饰符中，m 的取值范围为 0~31，对于 MCS-51 系列单片机来说，m 的取值范围为 0~4，分别对应的中断源为外部中断 0、定时/计数器 0 溢出中断、外部中断 1、定时/计数器 1 溢出中断、串行口中断，其他值预留。

（2）"using n" 修饰符

MCS-51 系列单片机有 4 组工作寄存器：0 组、1 组、2 组和 3 组。每组有 8 个寄存器，分别用 R0~R7 表示。修饰符 "using n" 用于指定本函数内部使用的工作寄存器组。其中，n 的取值范围为 0~3，表示寄存器组号。

139

例 3-2　如图 3-15 所示，利用外部中断 0 和外部中断 1 实现两按键分别控制数码管显示值加 1 和减 1 的功能。

参考程序如下：

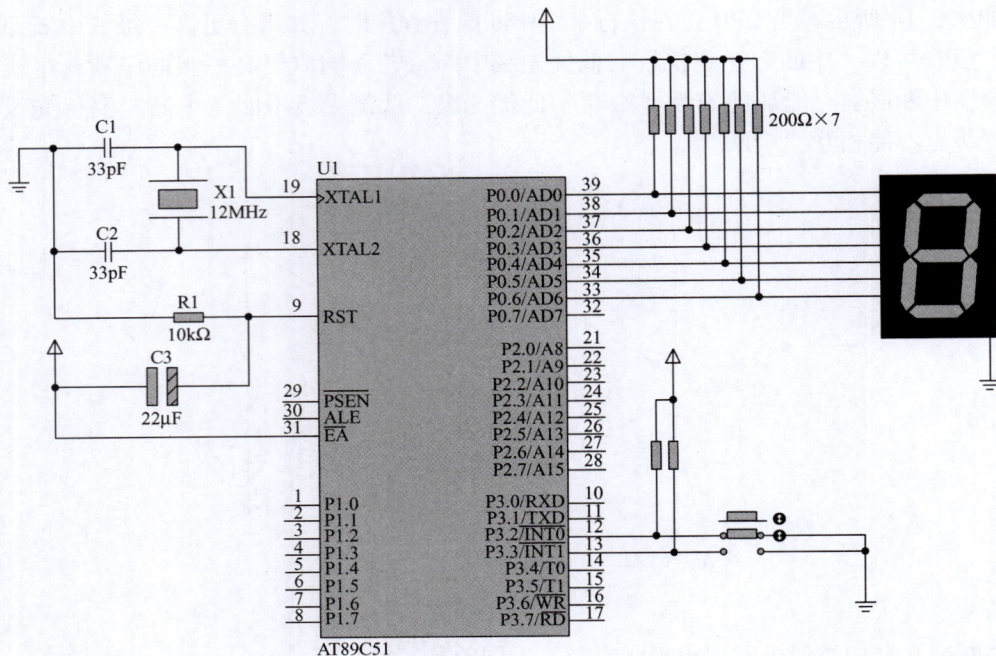

图 3-15　例 3-2 仿真电路

```c
#include < reg51.h >
#define uchar   unsigned char
#define uint    unsigned int
unsigned char LED_data[10] =
    {0x3f,0x06,0x5b,0x4f,0x66,0x6d,0x7d,0x07,0x7f,0x6f};
uchar led_count =0;
void delay(uint x)                   //延时子程序
{
    uchar i;
    while(x --)
    {
      for(i =0;i <100;i ++);
    }
}
void int0_key() interrupt 0 using 1  //外部中断 0 中断服务子程序
{
    led_count ++;{                   //加 1 调整
    if(led_count >9)                 //边界处理
        led_count =0;
```

```
        P0 = LED_data[led_count];              //显示
}
void int1_key() interrupt 2 using 2           //外部中断1中断服务子程序
{
        led_count -- ;                          //减1调整
        if(led_count ==255)                     //边界处理
            led_count = 9;
        P0 = LED_data[led_count];              //显示
}
void main(void)
{
        P0 = LED_data[led_count];
        IT0 =1;                                 //设置外部中断0边沿触发
        IT1 =1;                                 //设置外部中断1边沿触发
        EA =1;                                  //开中断总允许位
        EX0 =1;                                 //开外部中断0允许位
        EX1 =1;                                 //开外部中断1允许位
        while(1);
}
```

任务实践

根据任务要求，实现四路抢答器功能，需要有四个抢答按键和一个开始按键，同时需要一个数码管显示抢答者序号。开始按键可以采用查询方法扩展电路；为了更快、更准地判断抢答者，抢答按键采用中断方式扩展电路。具体系统框图如图 3-16 所示。

一、四路抢答器电路设计

抢答按键采用中断方式扩展电路，但只有两个引脚

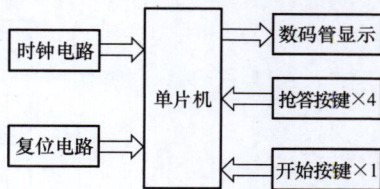

图 3-16　四路抢答器系统框图

[P3.2（$\overline{INT0}$）、P3.3（$\overline{INT1}$）]可以触发外部中断，因此，如图 3-17 所示，四路抢答按键不能直接和中断引脚相连，可以利用四输入与门将四路按键相连，只要有键按下，与门就会输出由高到低的电平信号变化，由此信号触发外部中断 0，然后在中断服务子程序中通过 P1口对各按键进行抢答识别。

二、四路抢答器程序设计

1. 程序设计

抢答功能应该是按下开始按键后抢答开始，数码管显示第一位抢答者键号，此时后续抢答者按键无效，直至重新按下开始按键，新一轮抢答开始。程序的难点是如何实现识别到第一位抢答者后，程序不再识别后续抢答按键。可以在第一次按键被按下进入中断服务程序后关中断，中断禁止后，即使新的按键被按下，单片机也不会响应中断，因此不会进一步识别后续抢答按键，保留了第一次抢答者键号。当主程序判断按下开始按键后再重新开中断，进入新一轮的抢答环节。程序流程如图 3-18 所示。

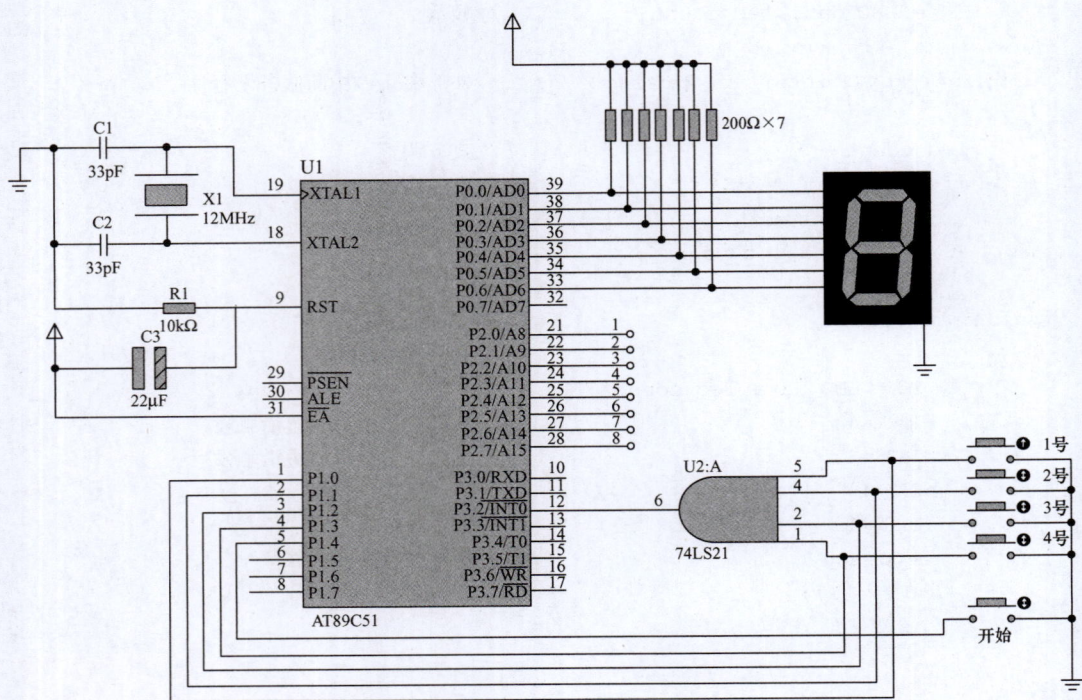

图 3-17　四路抢答器仿真电路

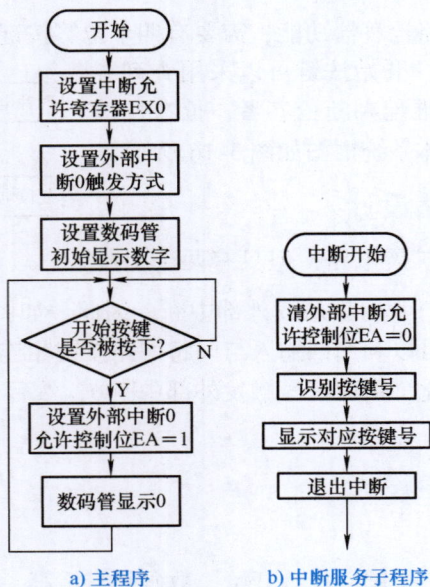

a) 主程序　　　　b) 中断服务子程序

图3-18　四路抢答器主程序与中断服务子程序

```
#include <reg51.h>
#define uchar unsigned char
#define uint  unsigned int
```

```
void DelayMS(uint x)
{
    uchar i;
    while(x --)
    {
        for(i =0;i <120;i ++);
    }
}
void qdqint0(void) interrupt 0 using 1
{
    uchar key;
    EA =0;                                  //关外部中断
    key = (P1&0x0f);                        //读取按键
    switch(key)                             //根据键值显示键号
    {
        case 0x0e: P0 =0x06;break;
        case 0x0d: P0 =0x5b;break;
        case 0x0b: P0 =0x4f;break;
        case 0x07: P0 =0x66;break;
    }
}
void main()
{
    uchar startkey;
    IT0 =1;                                 //设置外部中断 0 边沿触发方式
    EX0 =1;                                 //设置中断允许控制位
    P1 =0xff;                               //准双向口各位写"1"
    P0 =0xff;                               //数码管初始显示"8"
    while(1)
    {
        if((startkey = P1&0x10) ==0x00)     //初判是否有键被按下
        {
            DelayMS(50);                    //延时去抖
            if((startkey = P1&0x10) ==0x00) //确认是否有键被按下
            {
                while((startkey = P1&0x10) ==0x00); //等待按键松开
                EA =1;                      //开外部中断 0
                P0 =0x3f;                   //数码管显示"0"
            }
        }
    }
}
```

2. 仿真调试

编译程序，根据编译提示修改语法错误后，生成 HEX 文件，并加载至仿真电路进入运行状态。按下开始按键后，首先再按任一抢答按键，看数码管变化，然后再按另一抢答键，观察数码管变化。仔细观察运行结果，判断是否符合功能逻辑，进一步完善程序功能。仿真运行效果如图 3-19 所示。

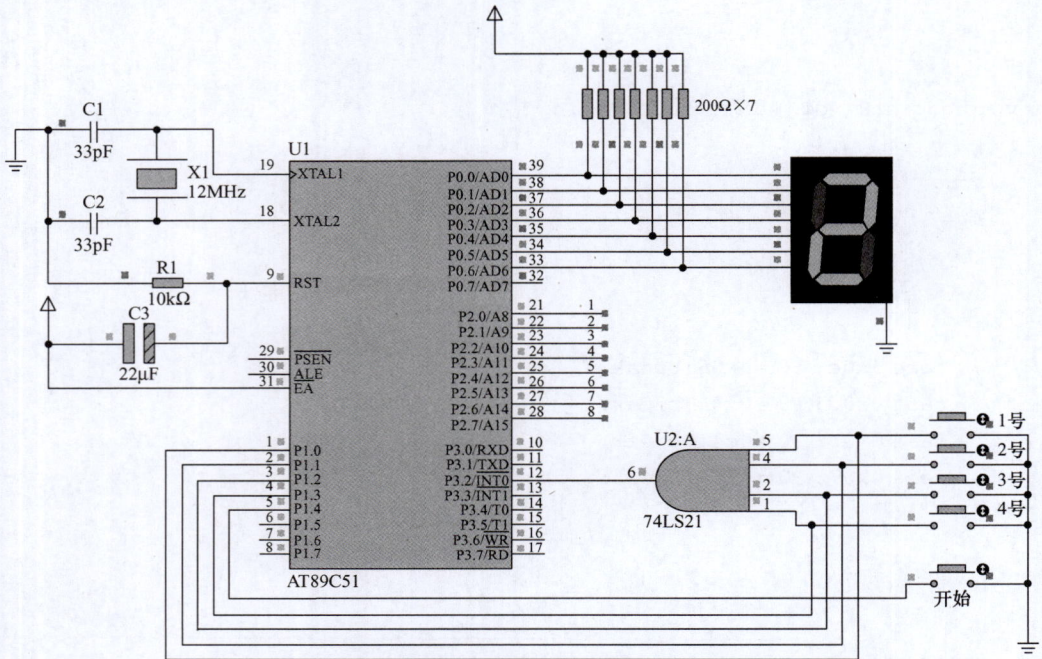

图 3-19　四路抢答器仿真运行效果

三、举一反三——拓展实践

1. 实践任务

在本任务电路和程序的基础上添加四个按键实现八路抢答器功能。

2. 任务目的

1）学会采用中断处理方式的按键扩展电路设计。

2）熟练应用 Proteus 软件绘制仿真原理图。

3）学会单片机外部中断服务子程序设计。

4）理解主程序与中断服务程序的运行过程。

5）学会利用 Keil 软件编辑程序、修改语法和逻辑错误，会进行程序调试。

3. 任务要求及考核表

任务名称：八路抢答器设计				
班级		姓名		学号	
考核项目	配分	要求及评价标准		得分
元器件数量	5	各元器件数量是否完整。缺失 1 个扣 1 分		

（续）

考核项目	配分	要求及评价标准	得分
参数标注	5	各元器件参数是否正确。错误1个扣1分	
元器件布局	5	元器件布局合理美观，功能模块清晰。若不合要求，根据情况扣0.5~4分	
连线	5	连线合理，连线距离最优且整洁美观，无不必要交叉，交叉连接处有连接点。若不合要求，酌情扣分	
电路正确性	20	电路设计合理，无功能和逻辑错误，功能齐全。若不合要求，根据完成情况酌情扣分	
程序语法	10	能排除相关语法错误，编译成功。若生成HEX文件有语法错误或未生成HEX文件，则各扣5分	
程序运行效果	35	程序无逻辑错误，运行效果符合要求，功能齐全。若不合要求，根据完成情况酌情扣分	
5S整理	5	整理、清洁自己的工位，完成任务后保持工位整洁整齐，无垃圾	
自主创新	5	在完成任务要求的基础上，自主设计其他功能，使任务具有合理的拓展性能	
团结协作	5	能和同学交流，乐于请教和帮助其他同学，学会分工协作	
时间系数	1	按照完成任务先后顺序，每落后一位同学，系数减0.01	
成绩合计		各项得分和乘以时间系数	

任务3　数字音乐，欢乐学习：电子音乐盒设计

预习测试

班级：_____　姓名：_____　学号：_____

一、填空题

1. 定时/计数器两种工作模式本质上都是_____，区别是：计数模式是对_____计数，而定时模式是对_____计数。

2. 对中断进行查询时，查询的中断请求标志位有_____、_____、_____、_____、RI和TI共6个。

3. AT89C51单片机内部有16位加1定时/计数器，可通过编程决定其工作方式，其中可作为13位定时/计数器工作的是方式_____。

4. 定时/计数器工作在方式1是16位加1定时/计数器，计数范围为_____。

5. 假定定时器1工作在方式2，单片机的振荡频率为61MHz，则最大的定时时间为_____。

6. 处理定时/计数器的溢出请求有两种方法，分别是中断方式和查询方式。使用中断方

式时必须_____；使用查询方式时必须_____。

二、选择题

1. 按下列中断优先顺序排列，有可能实现的有（　　）。

A. T1、T0、$\overline{INT0}$、$\overline{INT1}$、串行口　　B. $\overline{INT0}$、T1、T0、$\overline{INT1}$、串行口

C. $\overline{INT0}$、$\overline{INT1}$、串行口、T0、T1　　D. $\overline{INT1}$、串行口、T0、$\overline{INT0}$、T1

2. 各中断源发出的中断请求信号，都会标记在 AT89C51 系统中的（　　）中。

A. TMOD　　　　　　B. TCON/SCON　　　　　C. IE　　　　　　D. IP

3. 定时/计数器工作于方式 1 时，其计数器为（　　）。

A. 8 位　　　　　　B. 16 位　　　　　　C. 14 位　　　　　　D. 13 位

4. 定时/计数器工作于方式 2 时，其计数器为（　　）。

A. 8 位　　　　　　B. 16 位　　　　　　C. 14 位　　　　　　D. 13 位

5. T0 的溢出标志位 TF0，在 CPU 响应中断后（　　）。

A. 由软件清 0　　　　B. 由硬件清 0　　　　C. 随机状态　　　D. A、B 都可以

6. 当定时/计数器 1 溢出，向单片机的 CPU 发出中断请求时，若 CPU 允许并接受中断，程序计数器（PC）的内容将被自动修改为（　　）。

A. 0003H　　　B. 000B　　　C. 0013H　　　D. 001BH　　　E. 0023H

7. 8031 定时/计数器共有 4 种工作方式，由 TMOD 寄存器中 M1M0 的状态决定，当 M1M0 的状态为 10 时，定时/计数器被设定为（　　）。

A. 13 位定时/计数器　　　　B. 16 位定时/计数器　　　C. 自动重装 8 位定时/计数器

D. T0 为 2 个独立的 8 位定时/计数器，T1 停止工作

8. 与定时工作方式 0 和 1 相比较，定时工作方式 2 的特点是（　　）。

A. 计数溢出后能自动恢复计数初值　　　　B. 增加计数器的位数

C. 提高了定时的精度　　　　　　　　　　D. 适于循环定时和循环计数

9. 对 T0 进行关中断操作，需要复位中断允许控制寄存器的（　　）。

A. EA 和 ET0　　　B. EA 和 EX0　　　C. EA 和 ET1　　　D. EA 和 EX1

📖 任务描述

根据给定乐谱《梁祝》选段，对乐谱进行数字化，结合蜂鸣器驱动电路编程实现乐曲播放功能。

📑 知识链接

一、定时/计数器

在单片机系统中，实现延时常采用硬件定时、软件定时、可编程定时/计数器。硬件定时通常由硬件电路来实现定时功能，如采用 555 定时电路，外接必要的元件（电阻和电容），即可构成硬件定时电路。但在硬件连接好以后，定时时间不能由软件进行控制和修改，应用的灵活性受到限制，且定时时间容易漂移。软件定时（延时子程序）是执行一段循环程序来进行时间延时，优点是无额外硬件开销，时间比较精确，但占用 CPU 时间，降

低了 CPU 的利用率。定时/计数器结合了软件定时精确和硬件定时电路独立的特点，是单片机系统重要部件之一。其工作方式灵活、编程简单、使用方便，可用来实现定时控制、延时、频率测量、脉宽测量、信号发生、信号检测等，还可以作为串行通信中的波特率发生器。

MCS－51 系列单片机内部通常有两个 16 位定时/计数器，即 T0 和 T1，其本质是计数器，基本功能是对信号源脉冲加 1 计数。T0 和 T1 都有两种工作模式，即计数器工作模式和定时器工作模式。

1. 计数器工作模式

对外来脉冲进行计数。T0（P3.4）和 T1（P3.5）为计数脉冲输入端，计数脉冲发生负跳变（下降沿）时，计数器加 1。当加到计数器为全 1（即 FFFFH）时，再输入一个脉冲就使计数器回 0，且计数器的溢出使 TCON 寄存器的 TF0（T0）或 TF1（T1）置 1，表示计数已满，并向 CPU 发出中断请求（定时/计数器中断允许时）。工作于计数模式时，由于受内部硬件限制，外部脉冲最高频率不能超过时钟频率的 1/24，如 f_{osc} = 12MHz，外部脉冲频率不能高于 500kHz，因为 CPU 确认一次脉冲跳变需要两个机器周期。

2. 定时器工作模式

对周期性的片内脉冲计数。计数脉冲周期对应 f_{osc} 的 1/12（1 个机器周期），若 f_{osc} = 12MHz，1 个机器周期为 1μs；若 f_{osc} = 6MHz，1 个机器周期为 2μs，计数脉冲周期时间（机器周期）乘以机周数（计数值）就是定时时间。同计数模式一样，每来一个脉冲定时器加 1，当加到全 1（即 FFFFH）时，再输入一个脉冲就使定时器回 0，且定时器的溢出使 TCON 寄存器的 TF0（T0）或 TF1（T1）置 1，表示定时时间已到，并向 CPU 发出中断请求（定时/计数器中断允许时）。

综上所述，定时/计数器两种工作模式本质上都是计数器，区别是计数模式是对外部信号计数（其周期未知），而定时模式是对内部脉冲计数（其周期已知）。

二、定时/计数器相关寄存器

定时/计数器内部结构如图 3-20 所示，其实质是加 1 计数器（16 位），由高 8 位和低 8 位两个寄存器组成。TMOD 是定时/计数器的工作方式寄存器，确定工作方式和功能；TCON

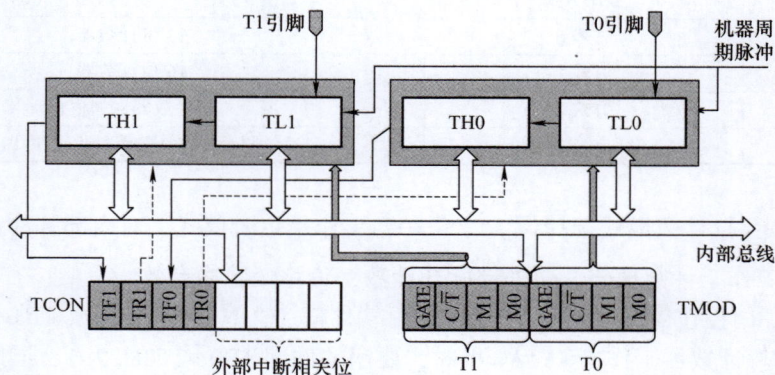

图 3-20　定时/计数器内部结构

是控制寄存器，控制 T0、T1 的启动、停止，以及设置溢出标志位。

1. 定时/计数器控制寄存器（TCON）

TCON 的结构、位名称和位地址见表 3-6。TCON 低 4 位与外部中断 0、外部中断 1 有关，已在前文讲述过；高 4 位与定时/计数器 T0、T1 有关。

表 3-6　TCON 寄存器

TCON	T1 溢出标志位	T1 运行控制位	T0 溢出标志位	T0 运行控制位	INT1 中断请求标志位	INT1 触发方式控制位	INT0 中断请求标志位	INT0 触发方式控制位
位名称	TF1	TR1	TF0	TR0	IE1	IT1	IE0	IT0
位地址	8FH	8EH	8DH	8CH	8BH	8AH	89H	88H

1）TF1：T1 溢出标志位。

2）TR1：T1 运行控制位。TR1 = 1，T1 运行；TR1 = 0，T1 停止运行。

3）TF0：T0 溢出标志位。

4）TR0：T0 运行控制位。TR0 = 1，T0 运行；TR0 = 0，T0 停止运行。

TCON 的字节地址为 88H，每一位有位地址，均可位操作。

2. 定时/计数器工作方式寄存器（TMOD）

TMOD 用于设置定时/计数器的工作方式，低 4 位用于控制 T0，高 4 位用于控制 T1。其格式见表 3-7。

表 3-7　TMOD 寄存器

高 4 位控制 T1				低 4 位控制 T0			
门控位	定时/计数模式选择位	工作方式设置位		门控位	定时/计数模式选择位	工作方式设置位	
G	$C/\overline{T}$	M1	M0	G	$C/\overline{T}$	M1	M0

1）M1M0：工作方式设置位。定时/计数器有 4 种工作方式，由 M1M0 进行设置，见表 3-8。

表 3-8　M1M0 的 4 种工作方式

M1M0	工作方式	功能
00	方式 0	13 位计数器
01	方式 1	16 位计数器
10	方式 2	两个 8 位计数器，初值自动装入
11	方式 3	两个 8 位计数器，仅适用 T0

2）$C/\overline{T}$：定时/计数模式选择位。$C/\overline{T} = 0$，工作于定时模式，对内部脉冲计数，用于定时；$C/\overline{T} = 1$，工作于计数模式，对外部脉冲计数，负跳变脉冲有效。

3）GATE：门控位。GATE = 0 时，只要用软件使 TCON 中的 TR0 或 TR1 为 1，就可以启动对应的定时/计数器工作，GATA = 1 时，要用软件使 TR0 或 TR1 为 1，同时外部中断引脚也为高电平时，才能启动定时/计数器工作，即此时定时/计数器的启动条件，加上了对应控制引脚为高电平这一条件。

TMOD 字节地址为 89H，不能位操作。因此，设置 TMOD 需用字节操作指令。

三、定时/计数器工作方式

MCS－51 系列单片机定时/计数器有 4 种工作方式，由 TMOD 中 M1M0 的状态确定。

1. 方式 0

以 T0 为例，如图 3-21 所示，方式 0 为 13 位计数器，由 TL0 的低 5 位（高 3 位未用）和 TH0 的 8 位组成。TL0 的低 5 位溢出时向 TH0 进位，TH0 溢出时，TCON 中的 TF0 标志位置 1，向 CPU 发出中断请求。最大计数值为 $2^{13} - 1 = 8191$（计数器初值为 0），若 $f_{osc} = 12\text{MHz}$，则定时范围为 $0 \sim 8191\mu s$。

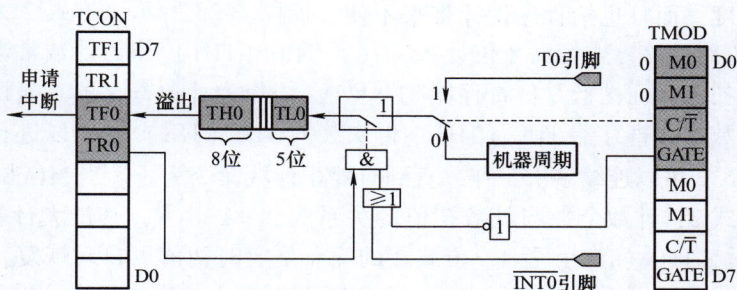

图 3-21　定时/计数器 0 工作于方式 0

工作于定时模式时，根据时间折算计数个数的计算公式为

$$N = t / T_{cy}$$

式中，t 为定时时间；T_{cy} 为机器周期；N 是定时时间为 t 时所需要的计数个数。

定时模式时，初始值计算公式为

$$X = 2^{13} - N$$

定时器的初值还可以采用计数个数直接取补法获得。

工作于计数模式时，计数脉冲是 T0 引脚上的外部脉冲。

门控位 GATE 具有特殊的作用。当 GATE = 0 时，经反相后或门输出为 1，此时仅由 TR0 控制与门的开启，与门输出 1 时，控制开关接通，计数开始；当 GATE = 1 时，由外部中断引脚信号控制或门的输出，此时与门由外部中断引脚信号和 TR0 共同控制。当 TR0 = 1 时，外部中断引脚信号的高电平启动计数，外部中断引脚信号的低电平停止计数。这种方式常用来测量外中断引脚上正脉冲的宽度。

2. 方式 1

仍以 T0 为例，如图 3-22 所示，当 M1M0 = 01 时，T0 工作于方式 1，为 16 位计数器，由 TL0 作低 8 位。TH0 作高 8 位。16 位计满溢出时，TF0 置 1。方式 1 最大计数值为 $2^{16} - 1 = 65535$，若 $f_{osc} = 12\text{MHz}$，则定时范围为 $0 \sim 65535\mu s$。计数个数与计数初值的关系为

$$X = 2^{16} - N$$

3. 方式 2

工作于方式 0 和方式 1 工作时，当完成一次计数后，下一次工作时应重新设置初值，这

图 3-22　定时/计数器 0 工作于方式 1

不但影响定时精度，而且也给程序设计带来不便。如图 3-23 所示，方式 2 为自动重装初值的 8 位定时/计数器。该方式把高 8 位计数寄存器 TH0（TH1）作为计数常数寄存器，用于预制并保存计数初值，而把低 8 位寄存器 TL0（TL1）作为计数寄存器。当计数寄存器溢出时，自动又将计数常数寄存器 TH0（TH1）再次装入 TL0（TL1）中，以进行下一次的计数工作。这样，方式 2 可以连续多次工作，直到有停止计数命令为止。当 M1M0 = 10 时，定时/计数器工作于方式 2，计数个数与计数初值的关系为 $X = 2^8 - N$，其最大计数值为 $2^8 - 1 = 255$，计满溢出后，TF0（TF1）置 1。方式 2 的优点是定时初值可自动恢复，缺点是计数范围小。因此，方式 2 适用于需要重复定时，而定时范围不大的应用场合。例如，常用于固定脉宽的脉冲，还可以作为串行口的波特率发生器使用。

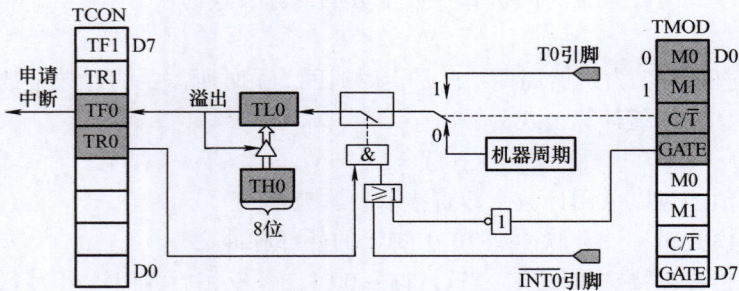

图 3-23　定时/计数器 0 工作于方式 2

4. 方式 3

方式 3 只用于定时器 T0，如图 3-24 所示，T0 在该方式下被拆成两个独立的 8 位计数器 TH0 和 TL0，8 位定时/计数器 TL0 占用了原来 T0 的一些控制位和引脚，它们是引脚 T0、$\overline{\text{INT0}}$ 以及控制位 TR0、GATE、C/$\overline{\text{T}}$ 和溢出标志位 TF0，该 8 位定时/计数器功能同方式 0 或方式 1 完全相同，既可用于定时也可用于计数。另一个 8 位定时/计数器 TH0 只能完成定时功能，并使用了 T1 的控制启动位 TR1 和溢出标志位 TF1。在工作方式 3 下，定时/计数器 0 可以构成两个定时器或一个定时器和一个计数器。

若 T0 已工作在方式 3，则 T1 只能工作于方式 0、方式 1 或方式 2，因为它的控制启动位 TR1 和溢出标志位 TF1 已被 T0 借用。在这种情况下，T1 通常作为串行口的波特率发生器使用，以设定串行通信的速率。T1 不能在方式 3 下使用，如果硬把它设置为方式 3，则停止工

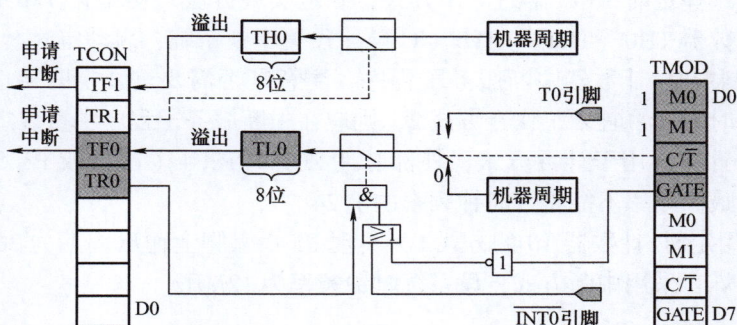

图 3-24　定时/计数器 0 工作于方式 3

作。通常把 T1 设置为方式 2 作为波特率发生器比较方便。

例 3-3　已知晶振 6MHz，要求定时 0.5ms。试分别求出 T0 工作于方式 0、方式 1、方式 2、方式 3 时的定时初值。

分析：由上述 4 中工作方式可知，定时/计数器初始值计算公式为

$$X = 2^N - (定时时间/机器周期)$$

式中，N 与工作方式有关：工作于方式 0 时，$N = 13$；工作于方式 1 时，$N = 16$；工作于方式 2、3 时，$N = 8$。机器周期与主振频率有关：机器周期 $= 12/f_{osc}$。$f_{osc} = 12MHz$ 时，机器周期 $= 1\mu s$；$f_{osc} = 6MHz$ 时，机器周期 $= 2\mu s$。

解：

1）当工作于方式 0 时，有

$$X = 2^{13} - N = 2^{13} - 500\mu s/2\mu s = 8192 - 250 = 7942 = 0x1F06$$

1F06H 化成二进制：1F06H = 0001 1111 0000 0110B = 000 11111000 00110 B

由于方式 0 为 13 位定时/计数器，因此去掉高 3 位 000，后面的低 13 位分别赋值给相应的 TH0 和 TL0。其中，低 5 位 00110 前添加 3 位 000 送入 TL0，TL0 = 000 00110B = 0x06；高 8 位的 11111000B 送入 TH0，TH0 = 11111000B = 0xF8。

2）当工作于方式 1 时，有

$$X = 2^{16} - 500\mu s/2\mu s = 65536 - 250 = 65286 = 0xFF06$$

TH0 = FFH，TL0 = 0x06。

3）当工作于方式 2 时，有

$$X = 2^8 - 500\mu s/2\mu s = 256 - 250 = 6$$

TH0 = 0x06，TL0 = 0x06。

4）当工作于方式 3 时，T0 被拆成两个 8 位定时器，定时初值可分别计算，计算方法同方式 2。两个定时初值一个装入 TL0，另一个装入 TH0，因此 TH0 = 0x06、TL0 = 0x06。

从上例可以看出，当工作于方式 0 时，计算定时初值比较麻烦，根据公式计算出数值后，还要变换一下，容易出错，不如直接用方式 1；且方式 0 计数范围比方式 1 小，方式 0 完全可以用方式 1 代替。

四、定时/计数器应用步骤

1）选择合理的定时/计数器工作方式，设定初始值。根据所要求的定时时间长短、定

时重复性，合理选择定时/计数器的工作方式，确定实现方法。初始化 TMOD，计算定时初始值，并写入计数器 TH0（TH1）、TL0（TL1），设置中断系统，启动定时/计数器运行。

2）正确编制定时/计数器中断服务子程序。注意是否需要重装定时初值。如果需要连续反复使用原定时时间，且未工作在方式 2，则应在中断服务子程序中重装定时器初始值。

3）若定时/计数器用于计数方式，外部脉冲必须从 P3.4（T0）或 P3.5（T1）引脚输入，且外部脉冲最高频率不能超过时钟频率的 1/24。

例 3-4 利用定时/计数器 T0 的方式 1，实现 P1.0 引脚上输出周期为 20ms 的方波，驱动发光二极管闪烁，采用中断方式，设系统时钟频率为 12MHz。

解：

（1）计算计数初值 X 和定时周期

由于晶振为 12MHz，所以机器周期为 1μs。方波周期为 20ms，包括了亮、灭两个状态，每个状态 10ms，因此每隔 10ms 中断一次，在中断服务子程序中改变 P1.0 引脚输出状态，即可达到发光二极管 20ms 的闪烁周期。

所以，有

$N = t/T_{cy} = 10 \times 10^{-3}/(1 \times 10^{-6}) = 10000$

$X = 65536 - 10000 = 55536 = 0xd8f0$

即应将 0xd8 送入 TH0 中，0xf0 送入 TL0 中。

（2）求 TMOD 的值

M1M0 = 01，GATE = 0，C/T = 0，可取 TMOD 为 0x01。

程序如下：

```
#include <reg51.h>
sbit LED = P1^0;
void Plus_T0() interrupt 1 using 1
{
    LED = ~LED;              //引脚信号取反
    TH0 = 0xd8;              //重新加载定时初始值
    TL0 = 0xf0;
}
void main(void)
{
    TMOD = 0x01;             //设置 T0 定时模式
    TH0 = 0xd8;              //定时初始值
    TL0 = 0xf0;
    EA = 1;                  //开总中断允许
    ET0 = 1;                 //允许 T0 中断
    TR0 = 1;                 //启动 T0
    while(1);                //主程序空循环
}
```

单片机运行时 P1.0 引脚输出波形如图 3-25 所示，其信号驱动发光二极管可完成周期为 20ms 的闪烁功能。

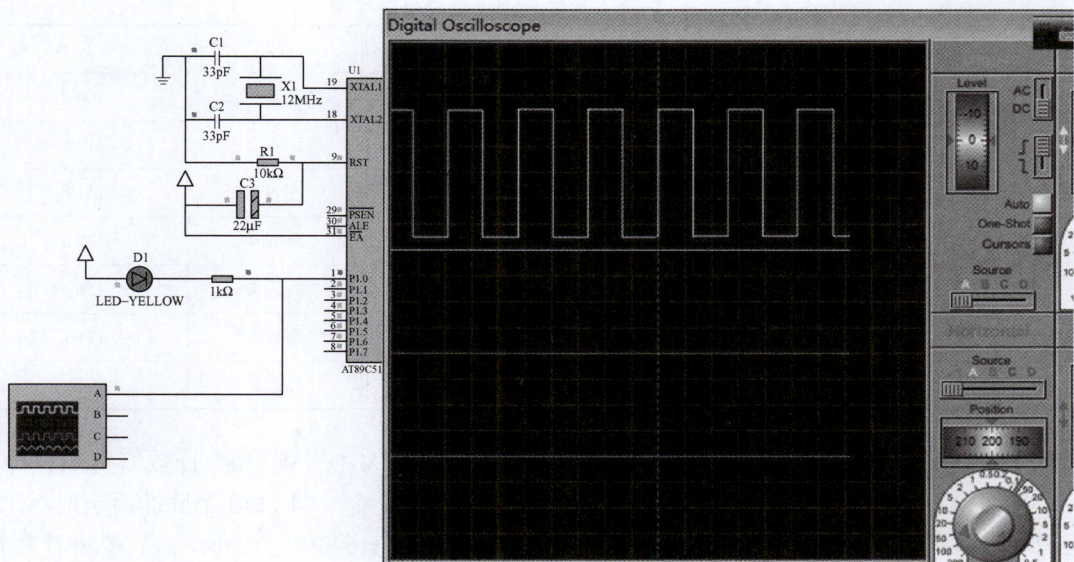

图 3-25　P1.0引脚输出波形图

任务实践

一、电子乐曲制作原理

组成乐曲的每个音符的频率值（音调）及其持续时间（音长）是乐曲能连续演奏的两个基本数据。因此，只要控制输出到扬声器激励信号频率的高低和持续时间，就可以使扬声器发出连续的乐曲声。

1. 音调的控制

乐曲是由不同音符编制而成的。音符中有7个音名，即C、D、E、F、G、A、B（1、2、3、4、5、6、7）。声音是由空气振动产生的，每个音名都有一个固定的振动频率，频率的高低决定了音调的高低。音乐的12平均律规定：每两个八音度（如简谱中的中音1与高音1）之间的频率相差一倍。在两个八度音之间又可分为12个半音，每两个半音的频率比为2的12次开方。另外，音名A（简谱中的低音6）的频率为440Hz，音名B（简谱中的低音7）到C（简谱中音1）之间、E（简谱中音3）到F（简谱中音4）之间为半音，其余为全音。由此可以计算出简谱中从低音1至高音1之间每个音名对应的频率，见表3-9。

只要有了某个音的频率数据，就能利用单片机定时中断产生对应频率的信号，驱动蜂鸣器发出对应音符的声音。现以音名A（低音6）为例进行分析。A音的频率为440Hz，则其周期为 $T = 1/f = 1/(440\text{Hz}) = 2.28\text{ms}$，需要单片机引脚输出周期为2.28ms的等宽方波，则定时初始值以半周期1.14ms为计算依据，即每隔1.14ms改变单片机引脚电平状态，连续的高低电平构成一个脉冲周期。

表 3-9　低音 1 至高音 1 各音名对应频率

音名	频率/Hz	音名	频率/Hz	音名	频率/Hz
低音 1	262	中音 1	523	高音 1	1047
低音 2	294	中音 2	587	高音 2	1175
低音 3	330	中音 3	659	高音 3	1319
低音 4	349	中音 4	699	高音 4	1397
低音 5	392	中音 5	784	高音 5	1569
低音 6	440	中音 6	880	高音 6	1760
低音 7	494	中音 7	988	高音 7	1976

如果用 T1 的工作方式 1 进行定时，单片机外部时钟 12MHz，则定时/计数器每 1μs 计 1个脉冲，1.14ms 需要计数脉冲个数为 1140μs/（1μs）＝1140 个，即 1140 个脉冲后定时/计数器溢出中断一次。因此定时/计数器初始值为 65536－1140＝64396＝0xfb8c。只要将计数初始值装入 TH1、TH0，就能使单片机对应引脚的高电平或低电平的持续时间为 1.14ms，从而发出 440Hz 的音调。

2. 节拍控制

乐曲中的音符不单有音调的高低，还有音的长短。例如，有的音要唱 1/4 拍，有的音要唱 2 拍等。在节拍符号中，如用 X 代表某个音的唱名，X 下面无短横线为 4 分音符，有一条短横线代表 8 分音符，有两条短横线代表 16 分音符，X 右边有一条短横线代表 2 分音符，有"."的音符为符点音符（延时左边原拍的一半）。节拍控制可以通过调用延时子程序（设延时时间为 130ms）的次数来进行控制。以每拍 520ms 的节拍时间为例，那么 1 拍需要循环调用延时子程序 4 次。同样，半拍需要调用延时子程序 2 次。音符节拍符号、音长关系见表 3-10。

表 3-10　音符节拍符号、音长关系

节拍符号	X̲̲	X̲	X·	X	X·	X –	X ―――
名称	16 分音符	8 分音符	符点 8 分音符	4 分音符	符点 4 分音符	2 分音符	全音符
拍数	1/4 拍	1/2 拍	3/4 拍	1 拍	1 又 1/2 拍	2 拍	4 拍
调用延时程序次数	0x01	0x02	0x03	0x04	0x06	0x08	0x10

二、电子音乐盒电路设计

单片机控制乐曲演奏原理图比较简单，主要由单片机及最小系统（单片机、复位电路、时钟振荡电路）和蜂鸣器驱动电路组成，蜂鸣器驱动主要由 NPN 型晶体管 2N5088 放大电路驱动。如图 3-26 所示，单片机通过 P1.7 引脚输出一定频率的信号，经过 2N5088 驱动蜂鸣器，根据输出频率的不同，即可发出不同的声音。

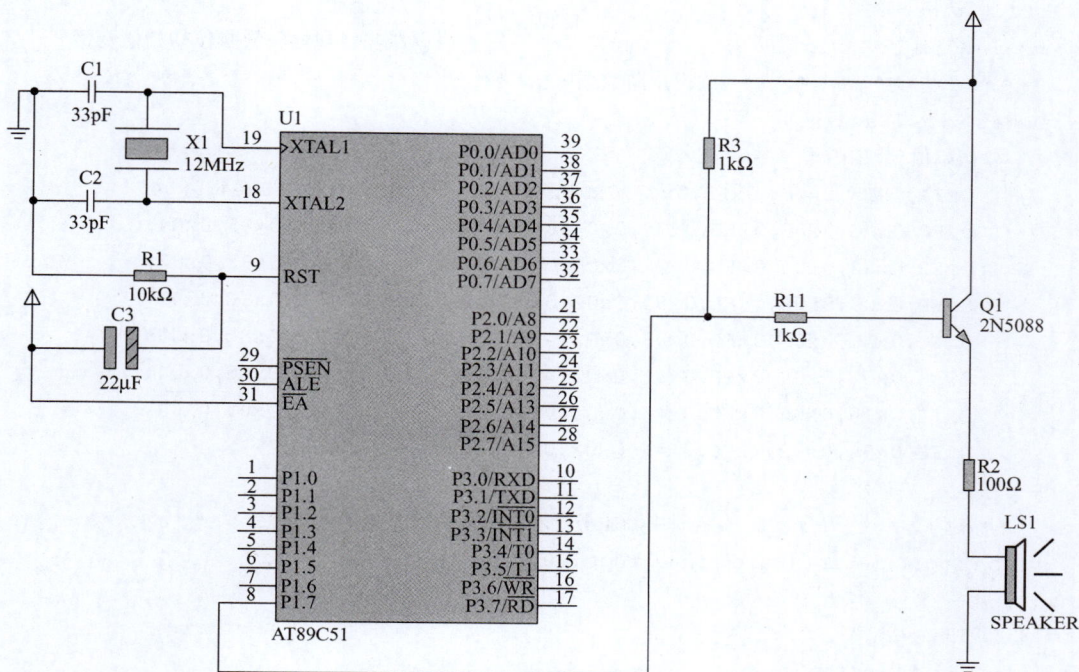

图3-26 蜂鸣器驱动电路

三、电子音乐盒程序设计

1. 程序设计

乐曲中每一音符对应着确定的频率，将音符的计数初值（2B）和其相应的节拍数据（1B）作为一组数据，每组数据按顺序排列成一个数据表存放在数组中，然后由查表程序依次取出对应数据作为定时/计数器的初始值，依次产生对应音符声音，同时结合节拍控制实现乐曲播放效果。此外，结束符可以分别用0xFF和0x00表示。若查表结果为0xFF，则表示曲子终了；若查表结果为0x00，则产生相应的停顿效果。其流程图如图3-27所示。

参考程序如下：

```
#include <reg51.h>
#define uchar unsigned char
#define uint unsigned int
```

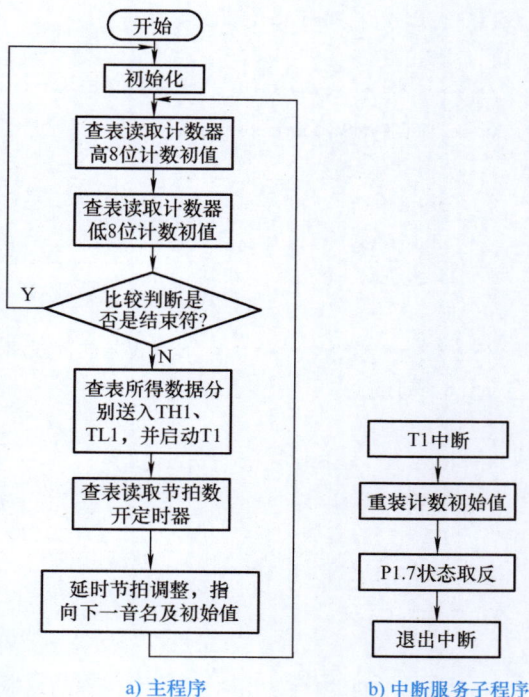

a）主程序   b）中断服务子程序

图3-27 电子音乐盒程序流程图

155

```
sbit   ring = P1^7;                                    //位定义
uchar yinmingH,yinmingL;                               //定义定时高、低8位初始值变量
/****************梁祝乐曲数据表格***********************/
uchar code liangzhu[ ] =
{  //初始值,节拍因子
     0xFA,0x15,0x08, 0xFB,0x05,0x06,0xFB,0x8C,0x02,0xFC,0x44,0x04,
     0xFC,0xAC,0x02,0xFB,0x8C,0x02,0xFC,0x44,0x02,0xFB,0x05,0x04,
     0xFD,0x82,0x04,0xFE,0x22,0x04,0xFD,0xC8,0x02,0xFD,0x82,0x02,
     0xFD,0x09,0x02,0xFD,0x82,0x02,0xFC,0xAC,0x10,0xFB,0x8C,0x01,
     0xFC,0xAC,0x06,0xFD,0x09,0x02,0xFC,0x0C,0x04,0xFB,0x8C,0x04,
     0xFB,0x05,0x04,0xFB,0x8C,0x02,0xFC,0x44,0x04,0xFC,0xAC,0x04,
     0xFA,0x15,0x04,0xFC,0x44,0x04,0xFB,0x8C,0x02,0xFB,0x05,0x02,
     0xFB,0x8C,0x02,0xFC,0x44,0x02,0xFB,0x05,0x10,0xFF,0xFF
} ;
/****************定时中断服务子程序*********************/
void sing_Time1int(void) interrupt 3 using 1
{
     TR1 = 0;
     TH1 = yinmingH;
     TL1 = yinmingL;
     TR1 = 1;
     ring = ~ring;
}
/****************延时子程序*********************/
void DelayMS(uint x)
{
   uchar i;
   while(x --)
     for(i = 0;i < 120;i ++);
}
/****************梁祝乐曲片段演奏主程序*********************/
void main()
{
   uchar ymaddress,jiepai,i;                    //定义音名表格偏移量、节拍变量
   TMOD = 0x10;                                 //初始化 T1 工作方式 1
   EA = 1;                                      //开中断
   ET1 = 1;                                     //开 T1 中断
   while(1)
   {
       ymaddress = 0;                           //音名表格偏移量赋值0
       yinmingH = liangzhu[ ymaddress ++ ];     //读取表格中音名高8位
       yinmingL = liangzhu[ ymaddress ++ ];     //读取表格中音名低8位
```

```
        while((yinmingH&yinmingL)!=0xff)           //判断非结束符
        {
          TH1 = yinmingH;                          //初始化定时器
          TL1 = yinmingL;
          TR1 = 1;                                 //启动定时
          jiepai = liangzhu[ymaddress ++ ];        //读取节拍数
          for(i =0;i < jiepai;i ++ )               //节拍延时
            DelayMS(130);
          yinmingH = liangzhu[ymaddress ++ ];      //读取下个音名定时器初值
          yinmingL = liangzhu[ymaddress ++ ];
        }
      }
    }
```

2. 仿真调试

编译程序，根据编译提示修改语法错误后，生成 HEX 文件，并加载至仿真电路进入运行状态。判断是否符合功能逻辑，仔细听各音调是否正确、节拍是否合适、播放是否流畅，进一步完善程序功能。

四、举一反三——拓展实践

1. 实践任务

准备一首自己喜欢的歌曲乐谱，对其进行数字格式化，实现电子音乐盒播放功能。

2. 任务目的

1）学会定时/计数器溢出中断初始值计算与设置。

2）学会定时计/数器溢出中断的灵活应用。

3）学会单片机定时/计数器溢出中断服务子程序设计。

4）理解主程序与中断服务程序的运行过程。

5）学会利用 Keil 软件编辑程序、修改语法和逻辑错误，会进行程序调试。

3. 任务要求及考核表

任务名称：电子音乐盒设计					
班级		姓名		学号	
考核项目	配分	要求及评价标准			得分
元器件数量	5	各元器件数量是否完整。缺失 1 个扣 1 分			
参数标注	5	各元器件参数是否正确。错误 1 个扣 1 分			
元器件布局	5	元器件布局合理美观，功能模块清晰。若不合要求，根据情况扣 0.5～4 分			
连线	5	连线合理，连线距离最优且整洁美观，无不必要交叉，交叉连接处有连接点。若不合要求，酌情扣分			

（续）

考核项目	配分	要求及评价标准	得分
电路正确性	20	电路设计合理，无功能和逻辑错误，功能齐全。若不合要求，根据完成情况酌情扣分	
程序语法	10	能排除相关语法错误，编译成功。若生成 HEX 文件有语法错误或未生成 HEX 文件，则各扣 5 分	
程序运行效果	35	程序无逻辑错误，运行效果符合要求，功能齐全。若不合要求，根据完成情况酌情扣分	
5S 整理	5	整理、清洁自己的工位，完成任务后保持工位整洁整齐，无垃圾	
自主创新	5	在完成任务要求的基础上，自主设计其他功能，使任务具有合理的拓展性能	
团结协作	5	能和同学交流，乐于请教和帮助其他同学，学会分工协作	
时间系数	1	按照完成任务先后顺序，每落后一位同学，系数减 0.01	
成绩合计		各项得分和乘以时间系数	

任务 4　琴声悠扬，乐创无边：简易电子琴设计实践

预习测试

班级：＿＿＿＿＿＿　　姓名：＿＿＿＿＿＿　　学号：＿＿＿＿＿＿

一、填空题

1. 单片机系统中，若使用按键较多时，通常采用＿＿＿＿键盘。

2. 通常键盘的工作方式有三种，即＿＿＿＿、＿＿＿＿和＿＿＿＿。

3. 用单片机电路扩展 16 个按键的键盘最少需要利用＿＿＿个单片机引脚。

4. 矩阵键盘的识别有＿＿＿＿和＿＿＿＿两种方式。

5. 89C51 单片机任何一个端口要想获得较大的驱动能力，要采用＿＿＿＿电平输出。

6. 检测开关处于闭合状态还是打开状态，只需把开关一端接到 I/O 口的引脚上，另一端接地，然后通过检测＿＿＿＿来实现。

二、选择题

1. T1 有（　　）种工作模式。

A. 1 种　　　　　　　B. 2 种　　　　　　　C. 3 种　　　　　　　D. 4 种

2. 当优先级的设置相同时，若以下几个中断同时发生，（　　）中断优先响应。

A. 外部中断 1　　　B. T1　　　　　C. 串行口　　　　　D. T0

3. PC 的值是（　　）。

A. 当前正在执行指令的上一条指令的地址　　　B. 当前正在执行指令的地址

C. 当前正在执行指令的下一条指令的地址　　D. 控制器中指令寄存器的地址

4. MCS-51 系列单片机的中断源全部编程为同级时，优先级最高的是（　　　）。

A. $\overline{\text{INT1}}$　　　　　　　B. T1　　　　　　　C. 串行口　　　　　　D. $\overline{\text{INT0}}$

5. 在 MCS-51 系列单片机中，需要外加电路实现中断撤销的是（　　　）。

A. 定时中断　　　　　　　　　　　　B. 脉冲方式的外部中断

C. 外部串行中断　　　　　　　　　　D. 电平方式的外部中断

6. 51 系列单片机有五个中断源，外部中断$\overline{\text{INT1}}$的入口地址是（　　　）。

A. 0003H　　　　　B. 000BH　　　　　C. 0013H　　　　　D. 001BH

E. 0023H

7. 51 系列单片机有 5 个中断源，T0 的中断入口地址是（　　　）。

A. 0003H　　　　　B. 000BH　　　　　C. 0013H　　　　　D. 001BH

E. 0023H

8. 下列说法正确的是（　　　）。

A. 各中断发出的中断请求信号都会标记在 MCS-51 系统的 IE 寄存器中

B. 各中断发出的中断请求信号都会标记在 MCS-51 系统的 TMOD 寄存器中

C. 各中断发出的中断请求信号都会标记在 MCS-51 系统的 IP 寄存器中

D. 各中断发出的中断请求信号都会标记在 MCS-51 系统的 TCON 与 SCON 寄存器中

9. 单片机的 T1 用作定时方式时（　　　）。

A. 对内部时钟频率计数，一个时钟周期加 1

B. 对内部时钟频率计数，一个机器周期减 1

C. 对外部时钟频率计数，一个时钟周期加 1

D. 对外都时钟频率计数，一个机器周期减 1

📖 任务描述

利用 51 系列单片机扩展 21 个按键的键盘电路和蜂鸣器驱动电路，实现简易电子琴功能，可弹奏低音、中音、高音各 7 个音符。

🖥 知识链接

一、矩阵（行列）式键盘的工作原理

电子琴至少有 21 个按键，采用独立式按键接口电路配置灵活简单，软件结构简单，但每个按键必须占用一根 I/O 口线，I/O 口线浪费较大，不宜采用。单片机系统中，若使用按键较多时，通常采用矩阵式（也称行列式）键盘。

矩阵式键盘由行线和列线组成，按键位于行、列线的交叉点上，其结构如图 3-28 所示。一个 4×4 的行、列结构可以构成一个含有 16 个按键的键盘。显然，在按键数量较多时，矩阵式键盘较之独立式按键键盘能节省很多 I/O 口线。

在矩阵式键盘中，行、列线分别连接到按键开关的两端，行线通过上拉电阻接到 5V 电源上。当无键被按下时，行线处于高电平状态；当有键被按下时，行、列线将导通，此时，行线电平将由与此行线相连的列线电平决定，这是识别按键是否被按下的关键。然而，矩阵式键盘中的行线、列线和多个键相连，各按键按下与否均影响该键所在行线和列线的电平，各按键间将相互影响，因此，必须将行线、列线信号配合起来做适当处理，才能确定闭合键的位置。

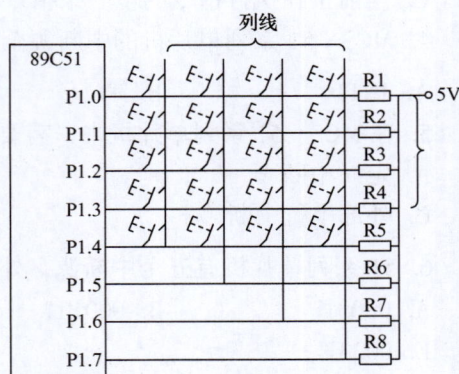

图 3-28　矩阵式键盘结构

二、矩阵式键盘按键的识别

为了识别键盘上的闭合键，通常采用反转法。反转法识别闭合键时，要将行（列）线接一个并行端口，先使其工作在输出方式下，将列（行）线也接一个并行端口，使其工作在输入方式下。程序使 CPU 通过输出端口往各行线上全部输出低电平，然后读入列（行）线的值。如果此时有某一键被按下，则必定会使某一列（行）线值为 0。

然后，程序再对两个并行端口进行方式设置，使行（列）线工作在输入方式，列（行）线工作在输出方式，并且将刚才读得的列（行）线值从列线所接的并行口输出，再读取行（列）线上的输入值，那么闭合键所在的行（列）线上的值必定为 0。这样，当一个键被按下时，必定可以读取一对唯一的行值和列值。

三、键盘的工作方式

对键盘的响应取决于键盘的工作方式，键盘的工作方式应根据实际应用系统中 CPU 的工作状况而定，其选取的原则是既要保证 CPU 能及时响应按键操作，又不要过多占用 CPU 的工作时间。通常键盘的工作方式有三种，即主程序扫描、定时中断扫描和外部中断扫描。

1. 主程序扫描方式

主程序扫描方式是利用 CPU 完成其他工作的空余时间，调用键盘扫描子程序来响应键盘输入的要求。在执行按键的功能程序时，CPU 不再响应按键输入要求，直到 CPU 重新调用键盘扫描子程序。

键盘扫描子程序一般应包括以下内容：

1）判别有无键被按下（包括延时去抖动）。

2）键盘扫描取得闭合键的行、列值。

3）用计算法或查表法得到键值。

4）判断闭合键是否被释放，如未被释放则继续等待。

5）将闭合键键号保存，返回键值或转去执行该闭合键的功能程序。

2. 定时中断扫描方式

定时中断扫描方式是指每隔一段时间对键盘扫描一次。它利用单片机内部的定时器进行一定时间（如 10ms）的定时，当定时时间到就引发定时器溢出中断。CPU 响应中断后对键盘进行扫描，并在有键被按下时识别出该键，再执行该键的功能程序。定时中断扫描方式的硬件电路与主程序扫描方式相同。

3. 外部中断扫描方式

采用上述两种键盘扫描方式时，无论是否有键被按下，CPU 都要定时扫描键盘。而单片机应用系统在工作时，并非经常需要键盘输入，因此，CPU 经常处于空扫描状态。为提高 CPU 的工作效率，可采用外部中断扫描方式，即当无键被按下时，CPU 处理主程序的工作；当有键被按下时，产生中断请求，CPU 转去执行键盘扫描子程序，并识别键号。

图 3-29 是一种外部简易键盘接口电路，其中键盘是由 AT89C51 P1 口的高、低字节构成的 4×4 键盘。键盘的列线与 P1 口的高 4 位相连，键盘的行线与 P1 口的低 4 位相连，

图 3-29　外部简易键盘接口电路

因此，P1.4～P1.7 是键输出线，P1.0～P1.3 是扫描输入线。图中的 4 输入与门用于产生按键中断请求信号，其输入端与各列线相连，再通过上拉电阻接至 5V 电源，输出端接至 89C51 的外部中断输入端。

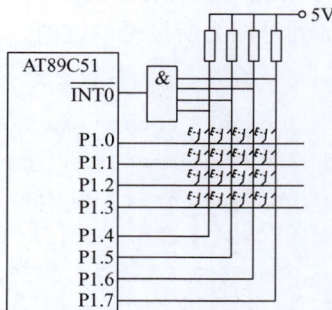

当键盘无键被按下时，与门各输入端均为高电平，保持输出端为高电平；当有键被按下时，与门输出端为低电平，向 CPU 申请中断，若 CPU 开放外部中断，则会响应中断请求，转去执行键盘扫描子程序。

例 3-5　如图 3-30 所示，利用数码管显示 4×4 键盘各键值 0～F。

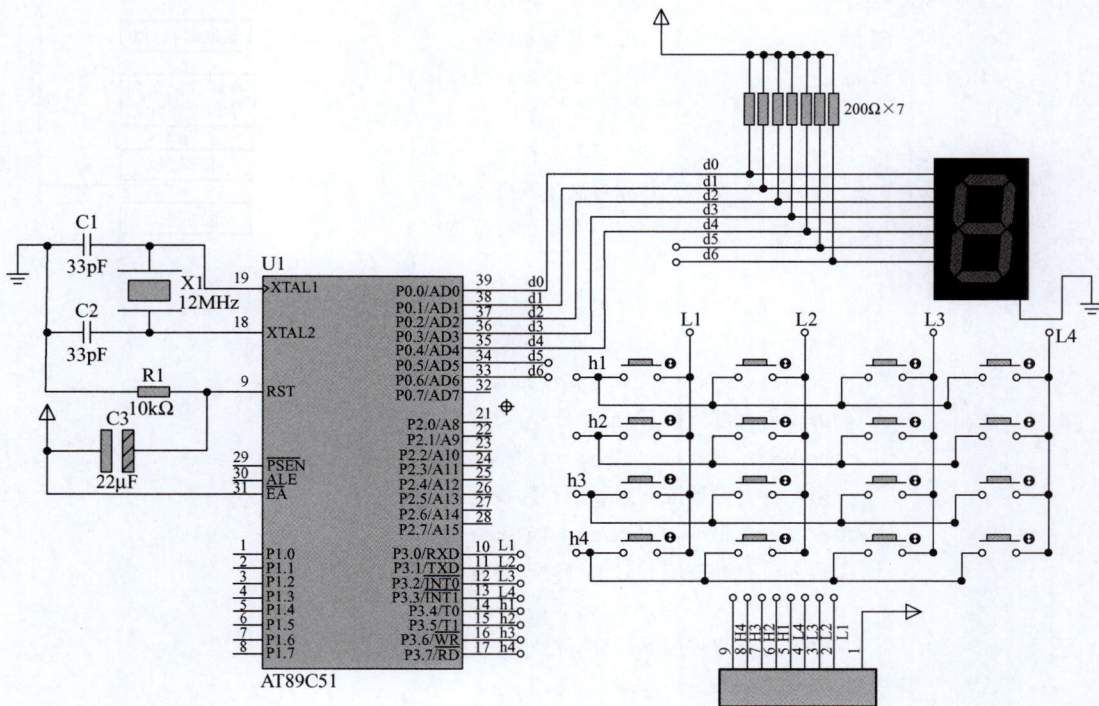

图 3-30　4×4 键盘显示电路

　　程序流程如图 3-31 所示，判键的步骤和独立式按键一致，先读取端口值，判断是否有键被按下，若有键被按下则先经过延时去抖动，再次判断是否有键被按下，仍有键被按下的信号则说明确实有键被按下，然后先判断按键所在行号，再反转判断列号，最后由行号乘以 4 加列号即为所按键的键值。具体程序如下：

```
#include <reg51.h>
#define  uchar unsigned char
#define  uint  unsigned int
unsigned char LED_data[16] =
  {0x3f,0x06,0x5b,0x4f,0x66,0x6d,0x7d,0x07,0x7f,
  0x6f,0x77,0x7c,0x39,0x5e,0x79,0x71};
void delay(uint x)
{
    uchar i;
    while(x--)
    for(i=0;i<120;i++);
}
uchar key44(void)
{
    uchar k,hk=0,lk=0,key=0xff,hflag=0,lflag;
    P3=0xff;                    //端口设置输出状态
    P3=P3&0xf0;                 //低 4 位输出 0
    k=P3&0xf0;                  //读取高 4 位
    if(k!=0xf0)                 //判断是否有键被按下
    {
        delay(10);              //延时去抖动
        k=P3&0xf0;              //再次读取高 4 位
        if(k!=0xf0)             //判断是否有键被按下
        {
            switch(k)
            {
            case 0xe0:hk=0,hflag=1;break;
            //第 0 行有键被按下,记录行号,设置标志
            case 0xd0:hk=1,hflag=1;break;
            //第 1 行有键被按下,记录行号,设置标志
            case 0xb0:hk=2,hflag=1;break;
            //第 2 行有键被按下,记录行号,设置标志
            case 0x70:hk=3,hflag=1;break;
            //第 3 行有键被按下,记录行号,设置标志
            default:hflag=0;break;
            //非法键情况,行号标志清 0
```

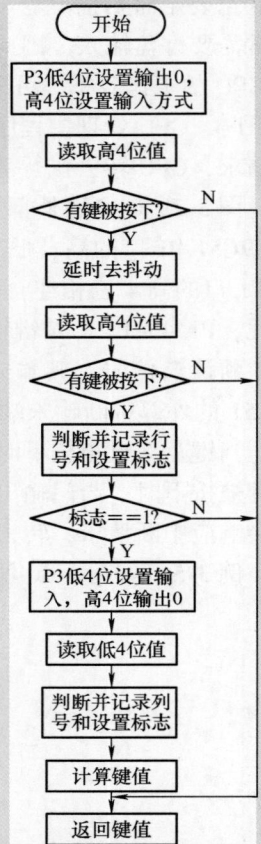

图 3-31　例 3-5 程序流程图

```
            }
            if(hflag!=0)              //行判断有键被按下
            {
                P3=0xff;              //端口设置输出状态
                P3=P3&0x0f;           //高4位输出0
                k=P3&0x0f;            //读低4位
                switch(k)
                {
                    case 0x0e:lk=0,lflag=1;break; //第0列有键被按下,记录列
                                                  号,设置标志
                    case 0x0d:lk=1,lflag=1; break;//第1列有键被按下,记录列
                                                  号,设置标志
                    case 0x0b:lk=2,lflag=1; reak; //第2列有键被按下,记录列
                                                  号,设置标志
                    case 0x07:lk=3,lflag=1;break; //第3列有键被按下,记录列
                                                  号,设置标志
                    default: lflag=0;break; //非法键情况,列号标志清0
                }
            if(lflag!=0)                          //按键有效
            key=hk*4+lk;                          //计算键值0~F
            }
        }
    }
    return key;                                   //返回键值
}
void main(void)
{
    uchar key=0xff;
    while(1)
    {
        key= key44();
        if(key!=0xff)
        {
            switch(key)                           //根据键值数码管显示对应数字
            {
                case 0:P0=LED_data[0];break;      //显示0
                case 1:P0=LED_data[1];break;      //显示1
                case 2:P0=LED_data[2];break;      //显示2
                case 3:P0=LED_data[3];break;      //显示3
                case 4:P0=LED_data[4];break;      //显示4
                case 5:P0=LED_data[5];break;      //显示5
                case 6:P0=LED_data[6];break;      //显示6
```

```
        case 7:P0 = LED_data[7];break;        //显示7
        case 8:P0 = LED_data[8];break;
        case 9:P0 = LED_data[9];break;
        case 10:P0 = LED_data[10];break;
        case 11:P0 = LED_data[11];break;
        case 12:P0 = LED_data[12];break;
        case 13:P0 = LED_data[13];break;
        case 14:P0 = LED_data[14];break;
        case 15:P0 = LED_data[15];break;
        default:  break;
        }
      }
    }
  }
```

任务实践

在电子琴设计中，低音、中音、高音各7个音符，因此至少要有21个按键和各自音符对应，可按3行7列形式扩展，每行对应7个音符。结合单片机最小应用系统的时钟电路、复位电路及蜂鸣器电路，即可完成简易电子琴电路设计。系统组成如图3-32所示。

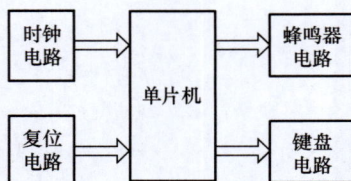

图3-32　简易电子琴系统组成

一、简易电子琴电路设计

由P0口7位引脚和P2口低3位引脚完成3×7键盘扩展，由P1.0引脚驱动蜂鸣器。仿真电路如图3-33所示。

二、简易电子琴程序设计

1. 程序设计

如图3-34所示，程序设计采用反转法对按键进行识别。按键识别时，经过延时去抖动辨别后，首先将各列线输出低电平，若有键被按下，则某一行线为低电平，并读取行线值，找出对应为低电平的行线，并记下该行首键号码；然后将各行线输出低电平，读取列线值，找出对应低电平的列线，并记下列线号；最后，该键键值为该行首个按键号与列号之和。识别按键后根据键值查表取得该音名对应定时/计数器初始值，并赋值给T1，由T1中断服务程序控制P1.0引脚输出相应频率信号，经晶体管放大后控制蜂鸣器发声，若无连续其他键被按下，则声音最多发声约1s，并由T0中断服务程序控制声音最大节拍时间。

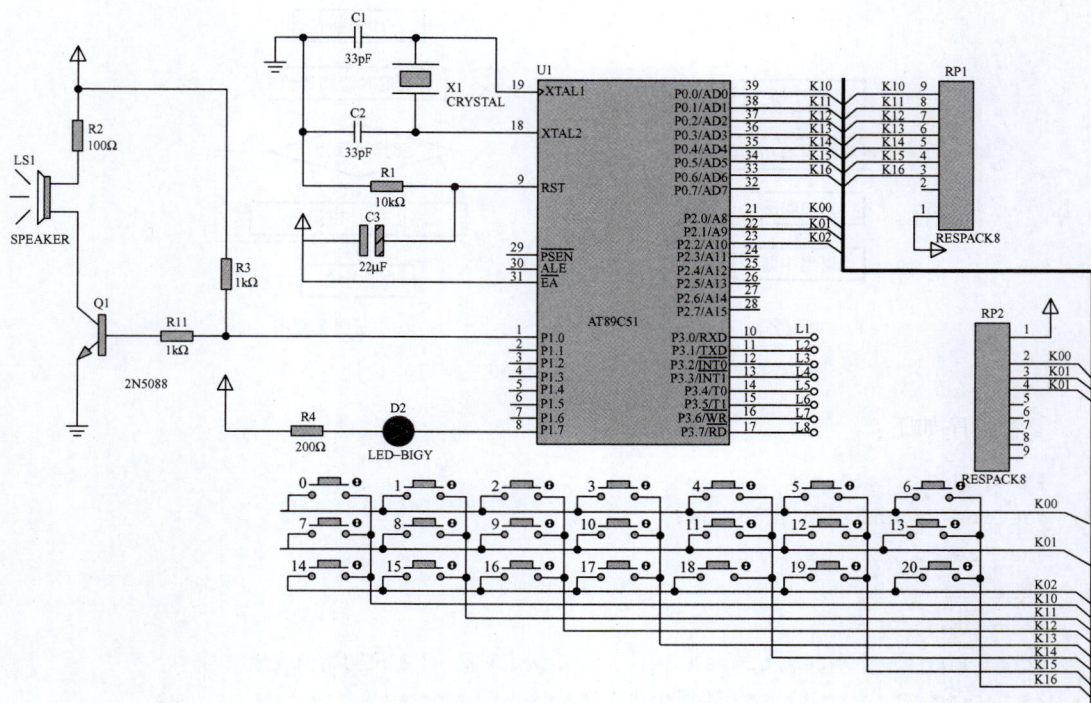

图 3-33 简易电子琴仿真电路

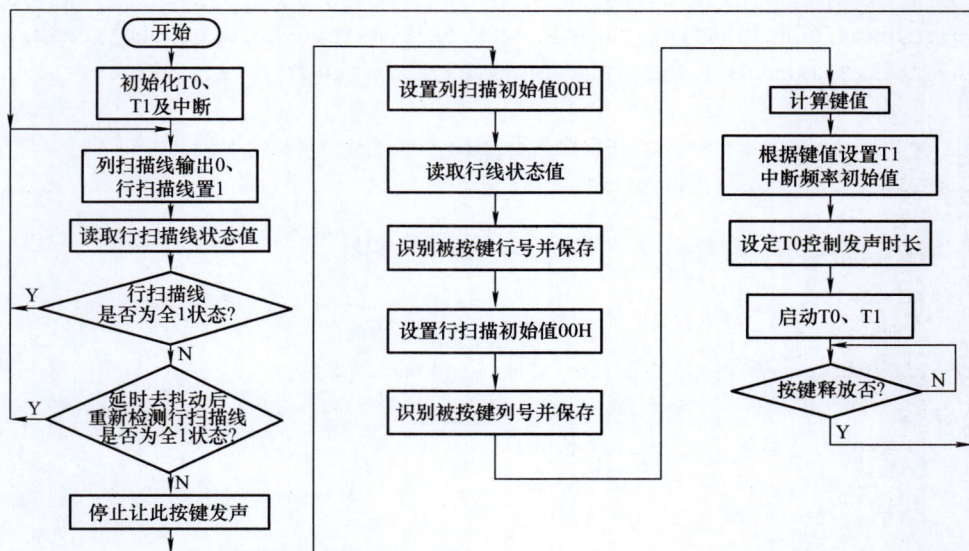

a) 简易电子琴主程序

图 3-34 简易电子琴程序（反转法判键）设计

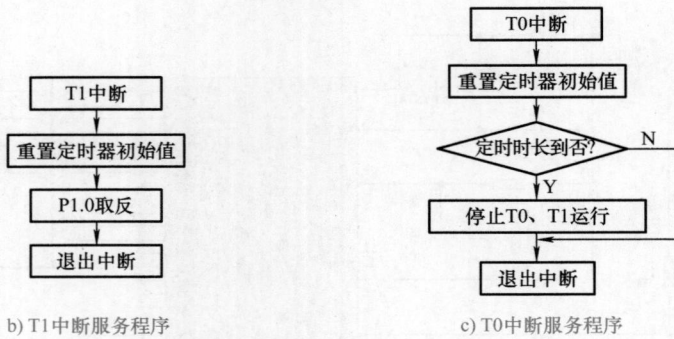

b) T1中断服务程序　　　　　　c) T0中断服务程序

图3-34　简易电子琴程序（反转法判键）设计（续）

参考程序如下：

```c
#include <reg51.h>
#define   uchar unsigned char
#define   uint  unsigned int
sbit   ring = P1^0;                    //位定义
sbit   led = P1^7;
uchar FDataH,FDataL,times = 0x10; //定义定时高、低8位初始值变量
/* * * * * * * * * * * * * * * * * 梁祝乐曲表格 * * * * * * * * * * * * * * * * * * * * * * * /
uchar code FCode[ ] =
{
  0xF8,0x8A,0xF9,0x5C,0xFA,0x1A,0xFA,0x67,0xFB,0x00,0xFB,0x8C,0xFC,0x0C,
  0xFC,0x44,0xFC,0xAC,0xFD,0x09,0xFD,0x35,0xFD,0x82,0xFD,0xC8,0xFE,0x06,
  0xFE,0x22,0xFE,0x38,0xFE,0x85,0xFE,0x9A,0xFE,0xC3,0xFE,0xE4,0xFF,0x03
};
/* * * * * * * * * * * * * * * * T0 中断服务子程序 * * * * * * * * * * * * * * * * * * * * * * /
void Time0_int(void) interrupt 1 using 1
{
    TH0 = 0x02;
    TL0 = 0x18;
      times -- ;
      if(times == 0)          //16* 65ms = 1040ms,约1s
      {
        times = 0x10;          //赋初值16
        TR1 = 0;               //发音停止
        TR0 = 0;               //计时停止
      }
}
/* * * * * * * * * * * * * * * * T1 中断服务子程序 * * * * * * * * * * * * * * * * * * * * * * /
void Time1_int(void) interrupt 3 using 2
{
```

```
        TH1 = FDataH;
        TL1 = FDataL;
        ring = ~ring;          //发音信号
}
/* * * * * * * * * * * * * * * 延时子程序* * * * * * * * * * * * * * * * * * * * * * /
void DelayMS(uint x)
{
      uchar i;
      while(x -- )
      {
        for(i = 0;i < 120;i ++);
      }
}
void main()
{
   uchar KeyWord = 0,LineData,ColumnData;
   uchar ColumnNum, LFirstKeyWord,FindKey = 0;
      //times 用于对定时器 T0 中断次数计数,KeyWord 保存键值
   TMOD = 0x11;                        //初始化 T1、T0 工作方式
   TH0 = 0x02;                         //初始化 T0 计数初值
   TL0 = 0x18;
   ET1 = 1;                            //开 T1 中断
   ET0 = 1;                            //开 T0 中断
   EA = 1;                             //开总中断允许
   P2 = P2 |0x07;                      //行线置1,为读做准备
   while(1)
   {
     FindKey == 0;                     //按键识别标志初始化
     P2 = P2 |0x07;
     P0 = 0x00;                        //列线输出 0
     LineData = P2;                    //读取行线值
     while((LineData&0x07) == 0x07)    //等待有键被按下
     {
        P0 = 0x00;
        LineData = P2;
     }
     DelayMS(10);                      //延时去抖动
     P0 = 0x00;
     LineData = P2;
     LineData = LineData&0x07;
     if(LineData! = 0x07)              // 重新判断是否有键被按下
     {
```

```c
    TR1 = 0;                          //停止 T1(停止上次按键声音)
    TR0 = 0;                          //停止 T0
    switch(LineData)                  //获取该行首键键号
    {
        case 0x06:
            LFirstKeyWord = 0x00;     //第 0 行首键号
            break;
        case 0x05:
            LFirstKeyWord = 0x07;     //第 1 行首键号
            break;
        case 0x03:
            LFirstKeyWord = 0x0e;     //第 2 行首键号
            break;
        default:FindKey = 1;break;    //设置未识别按键标志
    }
    if(FindKey == 1) continue;        //未识别按键后面程序不再处理
    P2 = P2&0xf8;                     //行线输出 0 值
    P0 = 0xff;                        //准双向口值 1,为输入做好准备
    ColumnData = P0;                  //读取列线值
    switch(ColumnData&0x7f)           //识别按键所在列线号
    {
        case 0x7e:
            ColumnNum = 0x00;         //0 号列线
            break;
        case 0x7d:
            ColumnNum = 0x01;         //1 号列线
            break;
        case 0x7b:
            ColumnNum = 0x02;         //2 号列线
            break;
        case 0x77:
            ColumnNum = 0x03;         //3 号列线
            break;
        case 0x6f:
            ColumnNum = 0x04;         //4 号列线
            break;
        case 0x5f:
            ColumnNum = 0x05;         //5 号列线
            break;
        case 0x3f:
            ColumnNum = 0x06;         //6 号列线
            break;
```

```
        default:FindKey=1;break;
    }
    if(FindKey==1) continue;              //未识别按键后面程序不再处理
    KeyWord=LFirstKeyWord+ColumnNum;      //键值=该行首键号+列数
    KeyWord=2*KeyWord;                    //键值*2
    FDataH=FCode[KeyWord++];              //查表取定时初值高8位
    TH1=FDataH;
    FDataL=FCode[KeyWord];                //查表取定时初值低8位
    TL1=FDataL;
    TH0=0x02;                            //设置T0定时初值(约65ms)
    TL0=0x18;
    times=0x10;                          //设置音长16*65ms=1040ms,约1s
    TR1=1;                               //启动T1
    TR0=1;                               //启动T0
    P2=P2 |0x07;
    LineData=P2;
    while((LineData&0x07)!=0x07)          //等待按键被释放
    LineData=P2;
  }
 }
}
```

2. 仿真调试

编译程序，根据编译提示修改语法错误后，生成 HEX 文件，并加载至仿真电路进入运行状态，判断是否符合功能逻辑。调试时电路中可添加发光二极管或数码管电路，分段调试功能，每段正确与否利用发光二极管或数码管显示不同状态。仔细观察和分析运行结果，判断功能是否正确，先调试出按键功能，最后再根据按键和音符的对应关系调试修改程序，直至调试成功。

三、举一反三——拓展实践

1. 实践任务

在简易电子琴电路和程序的基础上添加两个数码管，实现在弹奏的同时显示按键号码。

2. 任务目的

1）学会矩阵式键盘扩展电路设计；

2）熟练应用 Proteus 软件绘制仿真原理图；

3）学会单片机外部定时中断服务子程序设计；

4）理解主程序与中断服务程序运行过程；

5）学会利用 Keil 软件编辑程序、修改语法和逻辑错误及调试程序。

3. 任务要求及考核表

任务名称：简易电子琴设计（显示弹奏按键号码）

班级		姓名		学号	
考核项目	配分	要求及评价标准			得分
元器件数量	5	各元器件数量是否完整。缺失1个扣1分			
参数标注	5	各元器件参数是否正确。错误1个扣1分			
元器件布局	5	元器件布局合理美观，功能模块清晰。若不合要求，根据情况扣0.5~4分			
连线	5	连线合理，连线距离最优且整洁美观，无不必要交叉，交叉连接处有连接点。若不合要求，酌情扣分			
电路正确性	20	电路设计合理，无功能和逻辑错误，功能齐全。若不合要求，根据完成情况酌情扣分			
程序语法	10	能排除相关语法错误，编译成功。若生成HEX文件有语法错误或未生成HEX文件，则各扣5分			
程序运行效果	35	程序无逻辑错误，运行效果符合要求，功能齐全。若不合要求，根据完成情况酌情扣分			
5S整理	5	整理、清洁自己的工位，完成任务后保持工位整洁整齐，无垃圾			
自主创新	5	在完成任务要求的基础上，自主设计其他功能，使任务具有合理的拓展性能			
团结协作	5	能和同学交流，乐于请教和帮助其他同学，学会分工协作			
时间系数	1	按照完成任务先后顺序，每落后一位同学，系数减0.01			
成绩合计		各项得分和乘以时间系数			

项 目 小 结

本项目包括流水灯运行模式切换控制、多路抢答器设计、电子音乐盒设计及简易电子琴设计4个任务，任务难度递进，以便学生学习。通过本项目的学习，学生应掌握独立式按键、矩阵式键盘等单片机输入技术。主要要掌握的知识如下：

1）独立式按键和矩阵式键盘工作原理及判键程序设计方法。

2）中断的概念及中断发生过程。

3）外部中断工作原理，相关寄存器设置和中断服务程序设计方法。

4）定时/计数器工作原理，溢出中断设置和中断服务程序设计方法。

5）电子乐曲制作原理。

单 元 测 试

班级：_____ 姓名：_____ 学号：_____

一、填空题

1. 定时和计数都是对_____进行计数，定时与计数的区别是：_____是对周期已知的脉冲计数；计数是对周期未知的脉冲计数。

2. MCS-51 系列单片机有 4 个并行 I/O 口，其中 P0～P3 是准双向口，所以由输出转输入时必须先写入_____。

3. MCS-51 系列单片机有_____个中断源，有_____个中断优先级，优先级由特殊功能寄存器_____进行设置。

4. 外部中断 1 入口地址为_____。

5. 单片机的复位操作是_____（高电平/低电平）。单片机复位后，中断允许寄存器（IE）的值为_____。

6. MCS-51 有两个 16 位可编程定时/计数器，它们的功能可由两个控制寄存器_____、_____的内容决定，且定时的时间或计数的次数与_____、_____两个寄存器的初值有关。

7. MCS-51 系列单片机的定时/计数器有 4 种工作方式，其中方式_____具有自动重装初值功能。

8. 若晶振频率 $f=12MHz$，要求 T1 工作于方式 1，定时 50ms，由软件启动，允许中断，则方式控制字 TMOD 应为_____。

9. 在应用定时/计数器时，溢出标志 FX 置位后，若用软件处理溢出信息，通常有两种方法，即_____法和_____法。

10. 若只需要开串行口中断，则 IE 的值应设置为_____；若需要将外部中断 0 设置为下降沿触发，则执行的语句为_____。

11. 若采用 6MHz 的晶体振荡器，则 MCS-51 系列单片机的振荡周期为_____，机器周期为_____。

二、选择题

1. 要使 MCS-51 系列单片机能够响应 T1 中断、串行口中断，它的中断允许寄存器（IE）的内容应是（　　）。

A. 0x98　　　　　　B. 0x84　　　　　　C. 42　　　　　　D. 0x22

2. MCS-51 系列单片机有（　　）中断源。

A. 5 个　　　　　　B. 2 个　　　　　　C. 3 个　　　　　　D. 6 个

3. MCS-51 系列单片机响应中断时，下面不是必须条件的是（　　）。

A. 当前指令执行完毕　　　　　　B. 中断是开放的
C. 没有同级或高级中断服务　　　　D. 必须有 RETI 指令

4. 在 89C51 单片机程序设计时，若要将个输入/输出端口设置成输入功能，应做（　　）处理。

A. 先输出高电平到该输入/输出端口　　B. 先输出低电平到该输入/输出端口

C. 先读取该输入/输出端口的状态　　　　D. 先保存该输入/输出端口的状态

5. 根据实验统计，当操作开关时，其不稳定状态大约持续（　　　）。

A. 1～5ms　　　　　B. 10～20ms　　　　C. 100～150ms　　　D. 150～250μs

6. 对于低电平动作（低电平触发）的开关而言，（　　　）不是在输入引脚上连接一个上拉电阻的目的。

A. 提供足够的驱动电流　　　　　　　　B. 防止确定状态

C. 保持输入高电平　　　　　　　　　　D. 防止噪声干扰

7. 在 Keil C51 里，中断子程序与函数的不同是（　　　）。

A. 中断子程序不必声明　　　　　　　　B. 函数不必声明

C. 中断子程序必须有形式参数　　　　　D. 中断子程序一定会有返回值

8. 若将 T0 设置为外部启动，则可由（　　　）引脚启动。

A. P3.2　　　　　　B. P3.3　　　　　　C. P3.4　　　　　　D. P3.5

9. 利用下列（　　　）关键字可以改变中断服务子程序的工作寄存器组。

A. interrupt　　　　B. sr　　　　　　　C. while　　　　　　D. using

10. MCS－51 系列单片机在同一级别里，除 INT0 外，级别最高的中断源是（　　　）。

A. 外部中断 1　　　B. T0　　　　　　　C. 外部中断 0　　　　D. T1

11. 89C51 单片机定时/计数器共有 4 种操作模式，由 TMOD 寄存器中 M1M0 的状态决定，当 M1M0 的状态为 01 时，定时/计数器被设定为（　　　）。

A. 13 位定时/计数器　　　　　　　　　B. 16 位定时/计数器

C. 自动重装 8 位定时/计数器　　　　　D. T0 为 2 个独立的 8 位定时/计数器

三、判断题

（　　　）1. MCS－51 系列单片机有 5 个中断源，优先级由软件设置特殊功能寄存器（TCON）加以选择。

（　　　）2. MCS－51 系列单片机外部中断 0 入口地址为 0013H。

（　　　）3. MCS－51 系列单片机有 4 个并行 I/O 口，其中 P0～P3 是准双向口，所以由输出转输入时必须先向输出锁存器写入 0。

（　　　）4. MCS－51 系列单片机的两个定时/计数器均有两种工作方式，即定时和计数。

（　　　）5. MCS－51 系列单片机的 TMOD 寄存器不能进行位寻址，只能用字节传送指令设置定时/计数器的工作方式及操作模式。

（　　　）6. 8051 单片机允许 5 个中断源请求中断，都可以用软件来屏蔽，即利用中断允许寄存器 IE 来控制中断的允许和禁止。

（　　　）7. 在 MCS－51 系列单片机内部结构中，TMOD 为模式控制寄存器，主要用来控制定时/计数器的启动与停止。

四、简答题

单片机中断的过程是什么？

项目4

脉动的感觉：简易频率计设计

知识目标

1. 了解三总线组成及工作过程。
2. 理解片外数据存储器并行扩展工作原理。
3. 理解片外程序存储器并行扩展工作原理。
4. 掌握线选法和译码法进行并行扩展。
5. 掌握并行扩展 I/O 口的方法。

技能目标

1. 会利用线选法对片外存储器进行电路扩展。
2. 会利用译码法对片外存储器进行电路扩展。
3. 会利用线选法和译码法进行 I/O 口电路扩展。
4. 会根据并行扩展电路进行系统地址划分。
5. 能根据项目需求进行方案的制定。
6. 能够对单片机系统进行软、硬件调试。

情景导入

在单片机测控系统中，常需要对外部信号进行测量并处理。本项目主要是针对不同类型的周期性信号进行频率值测量并显示。通过本项目的学习与实践，应掌握单片机并行扩展技术、外部信号处理和检测方法。同时，经过学习可以举一反三，对生活中自动抄表系统（水表、燃气表），以及机器生产中电动机转速、相关生产值等测量工作的原理和方法等有一定的理解。

📖 预习测试

班级：_____　姓名：_____　学号：_____

一、填空题

1. 单片机存储器的主要功能是存储_____和_____。

2. 在存储器扩展中，无论是线选法还是译码法，最终都是为扩展芯片的_____端提供控制信号。

3. 11 条地址线可选_____个存储单元，16KB 存储单元需要_____条地址线。

4. 74HC138 是 3 输入 8 输出的译码器芯片，其输出常作为片选信号，可选中_____片扩展芯片中的任一芯片，并且只有 1 路输出为_____电平，其他输出均为_____

电平。

5. 单片机扩展并行 I/O 口芯片的基本要求是：输出应具有_____功能；输入应具有_____功能。

6. 起止范围为 0000H ~3FFFH 的数据存储器的容量是_____KB。

7. AT89S51 单片机程序存储器的寻址范围是由程序计数器（PC）的位数决定的，因为 AT89S51 的 PC 是_____位的，因此其寻址空间为_____KB，地址范围是_____ ~ _____。

8. 在 AT89S51 单片机中，使用 P2、P0 口传送_____信号，且使用 P0 口传送_____信号，这里采用的是_____技术。

二、选择题

1. 区分 AT89C51 单片机片外程序存储器和片外数据存储器的最可靠方法是 （   ）。

A. 看其位于地址范围的低端还是高端

B. 看其离 AT89C51 单片机芯片的远近

C. 看其芯片的型号是 ROM 还是 RAM

D. 看其是与 RD 信号连接还是与 PSEN 信号连接

2. 当 EA = 1 时，AT89S51 单片机可以扩展的外部程序存储器的最大容量为 （   ）。

A. 64KB   B. 60KB   C. 58KB   D. 56KB

3. 若某数据存储器芯片地址线为 12 根，那么它的存储容量为 （   ）。

A. 1KB   B. 4KB   C. 2KB   D. 8KB

4. AT89S51 单片机最多可扩展的片外 RAM 为 64KB，但是当扩展外部 I/O 口后，其外部 RAM 的寻址空间将 （   ）。

A. 不变   B. 变大   C. 变小   D. 变为 32KB

5. 扩展存储器时要加锁存器 74LS373，其作用是 （   ）。

A. 锁存寻址单元的低 8 位地址   B. 锁存寻址单元的数据

C. 锁存寻址单元的高 8 位地址   D. 锁存相关的控制和选择信号

6. MCS - 51 系列单片机外扩存储器芯片时，4 个 I/O 口中作为数据总线的是 （   ）。

A. P0 口和 P2 口   B. P0 口   C. P2 口和 P3 口   D. P2 口

7. 在 80C51 的 4 个并行口中，能作为通用 I/O 口和高 8 位地址总线的是 （   ）。

A. P0   B. P1   C. P2   D. P3

8. 下列叙述中有错误的是 （   ）。

A. 16 根地址线的寻址空间可达 1MB

B. 内存储器的存储单元是按字节编址的

C. CPU 中用于存放地址的寄存器称为地址寄存器

D. 地址总线上传送的只能是地址信息

项目描述

设计一简易频率计测量系统，能对幅值为 5V 左右的正弦波、锯齿波、方波、三角波等信号进行自动频率测量并显示。

![知识链接]

通常情况下，采用80C51最小应用系统最能发挥单片机体积小、成本低的优点。但在许多情况下，构成工业测控系统时，考虑到传感器接口、伺服控制接口以及人机对话接口等的需要，最小应用系统常常不能满足要求，因此，系统扩展是单片机应用系统硬件设计中最常遇到的问题。

系统扩展是指单片机内部各功能部件不能满足应用系统的要求时，在片外连接相应的外围芯片以满足应用系统的要求。80C51系列单片机有很强的外部扩展能力，外围扩展电路芯片大多是一些常规芯片，扩展电路及扩展方法较典型与规范。用户很容易通过标准扩展电路来构成较大规模的应用系统。

单片机系统扩展有并行扩展和串行扩展两种方法。并行扩展法是指利用单片机的三组总线（AB、DB、CB）进行系统扩展；串行扩展法是指利用SPI总线、I²C总线及其他串行总线进行系统扩展。由于集成度和结构的发展，在原来只能使用并行扩展法的场合，现在多使用串行扩展法了。串行扩展法具有显著的优点。一般来说，串行接口器件体积小，因而，所占用电路板的空间仅为并行接口器件的10%，明显地减小了电路板空间和成本；串行接口器件与单片机接口时需用的I/O口线很少（仅需3~4根），不仅减少了控制器的资源开销，而且极大地简化了连接，进而提高了可靠性。但是，一般串行接口器件速度较慢，在需要高速应用的场合，还是并行扩展法占主导地位。在进行系统扩展时，应对单片机的系统扩展能力、扩展总线结构及扩展应用特点有所了解，这样才能顺利地完成系统扩展任务。

80C51系列单片机的系统扩展有程序存储器（ROM）扩展、数据存储器（RAM）扩展、I/O口扩展、中断系统扩展以及其他特殊功能扩展。

一、并行扩展连接方式

1. 并行总线组成

80C51系列单片机的片外并行总线结构都是通过芯片的引脚进行系统扩展的。为了满足系统扩展要求，单片机芯片引脚可以构成图4-1所示的三总线结构，即地址总线（AB）、数据总线（DB）和控制总线（CB）。所有的外部并行扩展芯片都通过这三组总线进行扩展。

（1）地址总线

地址总线（AB）由P0口提供低8位A0~A7，P2口提供高8位A8~A15。由于P0口还要用作数据总线口，只能分时用作地址总线，故P0口输出

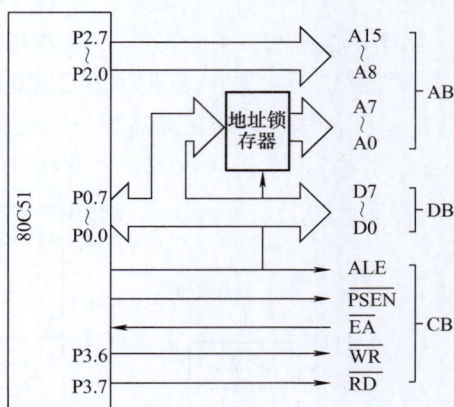

图4-1　80C51系列单片机的三总线结构

的低8位地址数据必须用锁存器锁存。锁存器的锁存控制信号为引脚ALE输出的控制信号。在ALE的下降沿将P0口输出的地址数据锁存。P2口具有输出锁存功能，故不需外加锁存器。P0、P2口在系统扩展中用作地址总线后便不能作为一般I/O口使用。地址总线宽度为16位，故可寻址范围为 $2^{16}B = 64KB$。

（2）数据总线

数据总线（DB）由 P0 口提供，其宽度为 8 位。P0 口为三态双向口，是应用系统中使用最为频繁的通道。所有单片机通过并行扩展与外部交换的数据、指令、信息，除少数可直接通过 P1 口外，其余全部通过 P0 口传送。数据总线要连到多个与之连接的外围芯片上，而在同一时间只能够有一个是有效的数据传送通道。哪个芯片的数据通道有效，则由地址线控制各个芯片的片选线来选择。

（3）控制总线

控制总线（CB）包括片外系统扩展用控制线和片外信号对单片机的控制线。系统扩展用控制线有 ALE、$\overline{\text{PSEN}}$、$\overline{\text{EA}}$、$\overline{\text{WR}}$、$\overline{\text{RD}}$。

ALE：输出，P0 口上地址与数据隔离信号，用于锁存 P0 口输出的低 8 位地址数据的控制线。通常，ALE 在 P0 口输出地址期间出现低电平，用这个低电平信号控制锁存器来锁存地址数据。

$\overline{\text{PSEN}}$：输出，用于片外程序存储器（EPROM）的"读"数控制。"读"取 EPROM 中数据（指令）时，不用$\overline{\text{RD}}$信号，而用$\overline{\text{PSEN}}$。

$\overline{\text{EA}}$：输入，用于选择片内或片外程序存储器。当$\overline{\text{EA}} = 0$ 时，只访问外部程序存储器，不论片内有无程序存储器。因此，在扩展并使用片外程序存储器时，必须使$\overline{\text{EA}}$接地。

$\overline{\text{WR}}$、$\overline{\text{RD}}$：输出，用于片外数据存储器（RAM）的读/写控制。当执行片外数据存储器操作指令时，这两个控制信号自动生成。

2. 80C51 系列单片机的系统并行扩展能力

由于地址总线宽度为 16 位，在片外可扩展的存储器最大容量为 64KB，地址为 0x0000 ~ 0xFFFF。片外数据存储器与程序存储器的操作使用不同的指令和控制信号，允许两者的地址重复，故片外可扩展的数据存储器与程序存储器分别为 64KB。

如图 4-2 所示，片外数据存储器与片内数据存储器的操作指令不同，允许两者地址重复，即外部扩展数据存储器地址可从 0x0000H 开始。为了配置外围设备而需要扩展的并行 I/O 口，可与片外数据存储器统一编址，不再另外提供地址线。因此，在应用系统需要大量配置外围设备以及扩展较多并行 I/O 口时，要占去大量的片外 RAM 地址。片外程序存储器

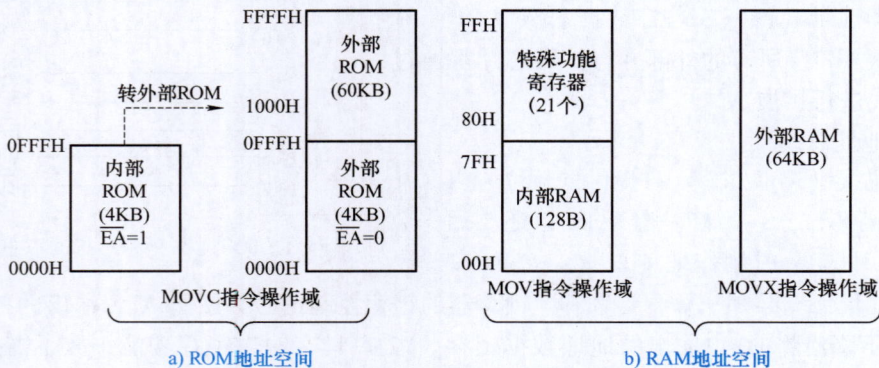

图 4-2　MCS-51 系列单片机存储器空间分配图

与片内程序存储器采用相同的操作指令，片内与片外程序存储器的选择靠硬件结构实现。当 $\overline{EA}=0$ 时，不论片内有无程序存储器，此时只使用片外程序存储器，片外程序存储器的地址应从 0x0000 开始设置；当 $\overline{EA}=1$ 时，前 4KB 地址 0x0000～0xFFFF 为片内程序存储器所有，片外扩展的程序存储器的地址只能从 0x1000 开始设置。

3. 存储器扩展的编址技术

80C51 系列单片机并行扩展存储空间时，可用其全部，或将其中一部分用作扩展 I/O 口。这些存储器的芯片地址和存储器内存单元的子地址由低位地址线，即与存储器地址线直接相连的地址线确定；存储器的系统地址由高位地址线产生的片选信号确定。当存储器芯片多于一片时，为了避免误操作，必须利用片选信号来分别确定各芯片的地址分配。产生片选信号的方法有线选法和译码法两种。

（1）线选法

所谓线选法就是直接以系统的地址线作为存储器芯片的片选信号，为此只需把高位地址线与存储器芯片的片选信号直接连接即可。线选法的优点是简单明了，不需另外增加电路；缺点是存储空间不连续。该方法适用于小规模单片机系统的存储器扩展。

图 4-3 所示为 4 片 $2\times1024\times8$ 位的程序存储器芯片扩展成 $8\times1024\times8$ 位存储器的接线原理图。4 个芯片地址线中 A0～A10 都直接与 P0.0～P0.7 和 P2.0～P2.2 共 11 根地址线相连，而 P2.3～P2.6 分别与对应存储器芯片的片选信号相连。图中 1、2、3、4 存储器芯片高位地址线与 P2.6～P2.3 相连，实现片选，均为低电平有效；低位地址线 A0～A10 实现片内寻址。为了不出现寻址错误，要求 P2.0～P2.2 同一时刻只允许有一根为低电平，另三根必须为高电平，否则出错。$\overline{PSEN}$ 为程序存储器读允许信号提供引脚，分别与各程序存储器 $\overline{OE}$ 引脚相连，当访问片外程序存储器时为其提供读允许信号。

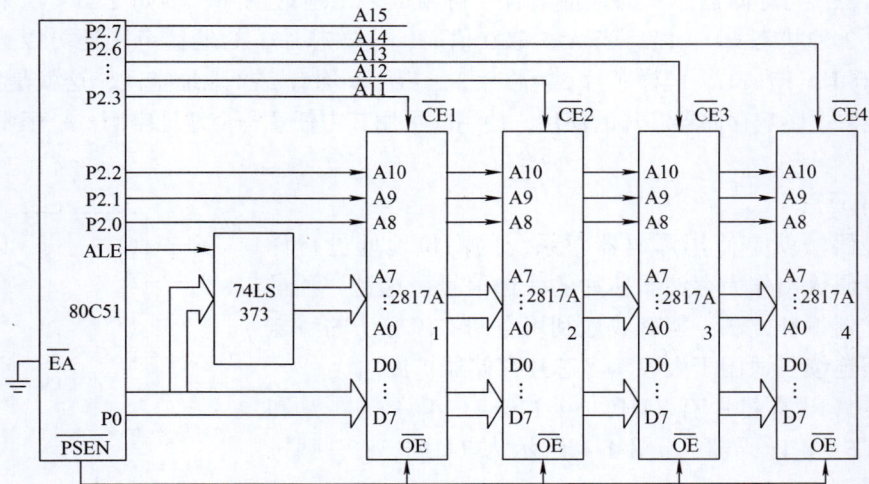

图 4-3　单片机并行扩展线选法接线原理图

4 片存储器芯片地址分配表见表 4-1。4 个存储器片内地址线 A0～A10 为 00000000000～11111111111（共 11 位），共 2KB；而片选信号作为片外地址线接 P2.3～P2.6，分别为 1110、1101、1011、0111，用来区别是哪一片存储器芯片；无关位 A15 可任取，通常取 1。

表 4-1　线选法 4 片存储器芯片地址分配表

芯片号	无关位	片外地址线				片内地址线		地址范围
	A15	A14	A13	A12	A11	A10	… A0	
	(P2.7)	(P2.6)	(P2.5)	(P2.4)	(P2.3)	(P2.2)	(P0.0)	
芯片 1	1	1	1	1	0	0	… 0	F000H ~ F7FFH
	1	1	1	1	0	1	… 1	(0xF000 ~ 0xE7FF)
芯片 2	1	1	1	0	1	0	… 0	E800H ~ EFFFH
	1	1	1	0	1	1	… 1	(0xE800 ~ 0xEFFF)
芯片 3	1	1	0	1	1	0	… 0	D800H ~ DFFFH
	1	1	0	1	1	1	… 1	(0xD800 ~ 0xDFFF)
芯片 4	1	0	1	1	1	0	… 0	B800H ~ BFFFH
	1	0	1	1	1	1	… 1	(0xB800 ~ 0xBFFF)

线选法电路的优点是连接简单，缺点是芯片的地址空间相互之间可能不连接，中间有空隙，存储空间得不到充分利用，存在地址重叠的现象。线选法适用于扩展存储器容量较小的场合。

产生地址空间不连续的原因是用作片选信号的高位地址线可组成的信号状态未得到充分利用。例如，在图 4-3 中，A14、A13、A12、A11 这 4 根地址线的信号有 16 种（0000 ~ 1111），但只使用了其中 4 种（1110、1101、1011、0111），这 4 种信号状态不连续，从而导致存储器地址空间不连续。16 种信号状态可选通 16 个 2KB 存储器芯片，存储空间为 32KB。而在图 4-3 中，只选通了 4 个 2KB 存储器芯片，存储器空间为 8KB，还有 24KB 存储空间未得到充分利用。

所谓地址重叠是指一个存储器芯片占有多个地址空间，一个存储单元具有多个地址，或者说不同的地址会选通同一存储单元。产生地址重叠的原因是高位地址线中有无关位，无关位可组成多种状态，与存储器芯片的地址组合后可组成多个地址空间。例如在图 4-3 中，无关位 A15 可组成 2 种状态（0、1），当 A15 取 0 值时，这样芯片 1 的地址范围还可以为 7000H ~ 77FFH、F000H ~ F7FFH。同样芯片 2、芯片 3、芯片 4 均有 2 个地址空间，这就是地址重叠。地址重叠现象不影响存储器芯片的使用，使用时可用其中任意一个地址空间。一般情况下，无关位取 1。

（2）译码法

所谓译码法就是使用译码器对系统的高位地址进行译码，以其译码输出作为存储器芯片的片选信号。这是一种最常用的存储器编址方法，能有效地利用空间。该方法的特点是存储空间连续，适用于大容量多芯片存储器扩展。

常用的译码器芯片有 74HC139（双 2 - 4 译码器）和 74HC138（3 - 8 译码器）。图 4-4 所示为 74HC138 引脚排列。C、B、A 为地址线输入端，C 是高位。$\overline{Y0}$ ~ $\overline{Y7}$ 为译码状态信号输出端，8 种状态中只会有一种有效，取决于 CBA 编码。即 CBA = 000 时，$\overline{Y0}$ = 0，其余为 1；CBA = 001 时，$\overline{Y1}$ = 0，其余为 1；依此类推，CBA = 111 时，$\overline{Y7}$ = 0，其余为 1。G1、$\overline{G2A}$、$\overline{G2B}$ 为控

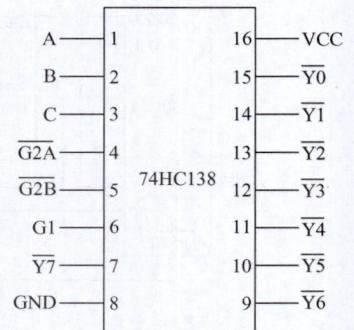

图 4-4　74HC138 引脚排列

制端，同时有效时，74HC138 被选通工作。表 4-2 为 74HC138 真值表。

表 4-2 74HC138 真值表

输入						输出							
G1	$\overline{\text{G2A}}$	$\overline{\text{G2B}}$	C	B	A	$\overline{\text{Y0}}$	$\overline{\text{Y1}}$	$\overline{\text{Y2}}$	$\overline{\text{Y3}}$	$\overline{\text{Y4}}$	$\overline{\text{Y5}}$	$\overline{\text{Y6}}$	$\overline{\text{Y7}}$
0	×	×	×	×	×	1	1	1	1	1	1	1	1
×	1	×	×	×	×	1	1	1	1	1	1	1	1
×	×	1	×	×	×	1	1	1	1	1	1	1	1
1	0	0	0	0	0	0	1	1	1	1	1	1	1
1	0	0	0	0	0	1	0	1	1	1	1	1	1
1	0	0	0	1	0	1	1	0	1	1	1	1	1
1	0	0	0	1	1	1	1	1	0	1	1	1	1
1	0	0	1	0	0	1	1	1	1	0	1	1	1
1	0	0	1	0	1	1	1	1	1	1	0	1	1
1	0	0	1	1	0	1	1	1	1	1	1	0	1
1	0	0	1	1	1	1	1	1	1	1	1	1	0

　　译码法分为全地址译码和部分地址译码。全地址译码就是将系统中未用到的全部高位地址作为译码信号的输入端，由此产生的译码输出信号作为片选信号的一种译码方式。在全地址译码方式中，存储器每个存储单元只有唯一的一个地址和它对应，只要单片机输出这个地址就可选中该存储单元工作，故不存在地址重叠的现象。部分地址译码是指单片机片选线中只有一部分参加了译码，其余部分悬空或他用的译码方式。当使用部分地址译码方式时，无论悬空片选地址线上的电平如何变化，都不会影响存储单元的选址，故存储器每个存储单元的地址不是唯一的，必然会有一个以上的地址和它对应（即地址有重叠）。采用部分地址译码方式时，必须把程序和数据放在基本地址范围内（即悬空片选地址线全为低电平时存储器芯片的地址范围），以避免因地址重叠引起程序运行的错误。

　　图 4-5 所示为用 74HC138 作为译码器的片选电路，地址线输入端 A、B、C 分别接 P2.3、P2.4、P2.5，A 为低位，C 为高位；输出端 $\overline{\text{Y0}}$、$\overline{\text{Y1}}$、$\overline{\text{Y2}}$、$\overline{\text{Y3}}$ 分别接 1、2、3、4 存储

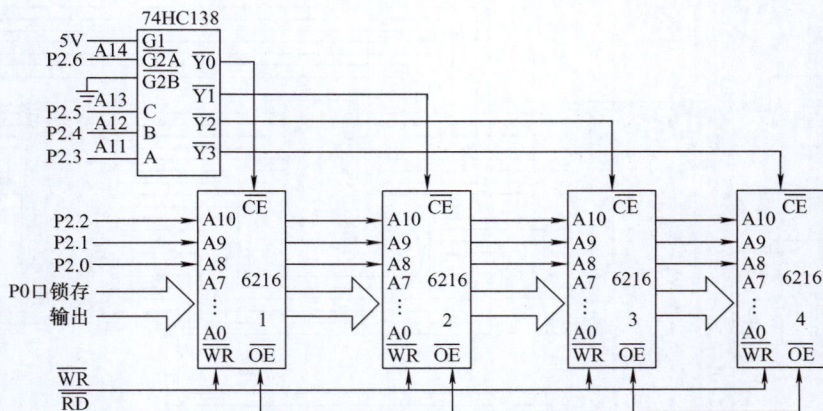

图 4-5 译码法实现片选

器芯片的$\overline{CE}$端；74HC138 控制端 G1 接 5 V 电源，$\overline{G2A}$接 P2.6，$\overline{G2B}$直接接地。4 片存储器芯片地址空间分配表见表 4-3。单片机地址线最高位 P2.7 在本扩展中未用到，作为无关位，可取 1；P2.6 为译码器 74HC138 片选端，根据要求取"0"。P2.5、P2.4、P2.3 对应 1 ~ 4 号存储器芯片取值分别为 000、001、010、011，结合访问各存储器芯片时地址线 P0.0 ~ P2.2 各位二进制变化范围为 00000000000 ~ 11111111111，可计算 1 ~ 4 号存储芯片系统地址分别为 8000H ~ 87FFH、8800H ~ 8FFFH、9000H ~ 97FFH、9800H ~ 9FFFH。

表 4-3　译码法 4 片存储器芯片地址空间分配表

芯片号	无关位	片外地址线				片内地址线			地址范围
	A15 (P2.7)	A14 (P2.6)	A13 (P2.5)	A12 (P2.4)	A11 (P2.3)	A10 (P2.2)	…	A0 (P0.0)	
芯片 1	1	0 0	0 … 0	0 0	0 0	0 1	… … …	0 1	8000H ~ 87FFH
芯片 2	1	0 0	0 … 0	0 0	1 1	0 1	… … …	0 1	8800H ~ 8FFFH
芯片 3	1	0 0	0 … 0	1 1	0 0	0 1	… … …	0 1	9000H ~ 97FFH
芯片 4	1	0 0	0 … 0	1 1	1 1	0 1	… … …	0 1	9800H ~ 9FFFH

译码法与线选法相比，硬件电路稍复杂，需要使用译码器，但可充分利用存储空间，全地址译码时还可避免地址重叠现象，部分地址译码因还有部分高位地址线未参与译码，因此仍存在地址重叠现象。译码法的另一个优点是若译码器输出端留有剩余端线未用时，便于继续扩展存储器或 I/O 接口电路。译码法和线选法不仅适用于扩展存储器（包括外部 RAM 和外部 ROM），还适用于扩展 I/O 口（包括各种外围设备和接口芯片）。

例 4-1　图 4-6 所示为 6264 片外数据存储器扩展仿真原理图。试编制程序，实现将 0x00 ~

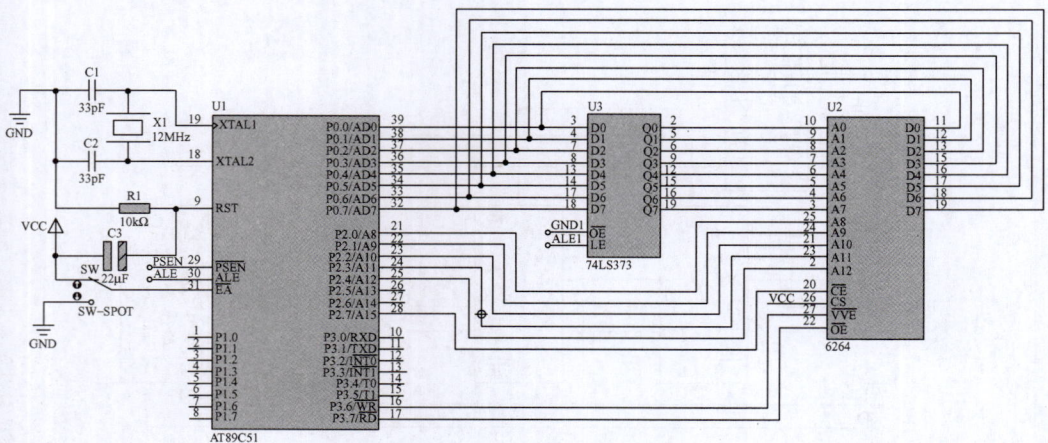

图 4-6　6264 片外数据存储器扩展仿真原理图

0x63 的 100 个数据写入片外 0x0000 为起始地址的内存单元中，然后将 0x0000 为起始地址的 100 个数依次复制到片外 0x0100 为起始地址的存储单元中，并用 Proteus 仿真查看结果。

分析：6264 芯片为 8KB 数据存储器芯片（RAM），扩展地址范围为 0x0000 ~ 0x1fff，对片外数据存储器芯片访问且利用 C 语言程序设计时，程序需要包含另外一个头文件 absacc. h，然后利用“XBYTE ［片外地址］”即可访问外部存储器地址。

参考程序如下：

```
 #include <reg51.h>
 #include <absacc.h>
 #define  uchar unsigned char
 #define  uint  unsigned int
void main(void)
{
  uchar i;                                 //定义循环变量
  int addr1 =0,addr2 =0x0100;              //定义地址变量
  for(i =0;i <100;i ++)                    //写 0 ~ 99 到 0x00 ~ 0x63 地址
      XBYTE[addr1 ++] = i;                 //向存储器写一个数据
     addr1 =0;                             //重新调整地址
  for(i =0;i <100;i ++)                    //依次读取 0x00 ~ 0x63 地址数据到 0x0100 ~
                                             0x0163 地址中
      XBYTE[addr2 ++] =XBYTE[addr1 ++];   //读取和写入数据
  while(1);                                //等待
}
```

仿真结果如图 4-7 所示。

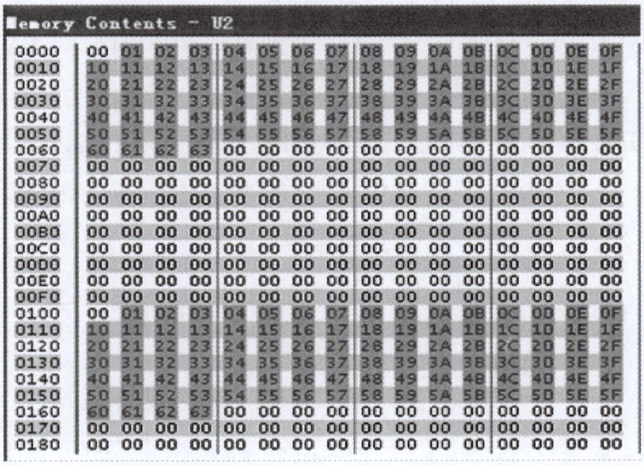

0000	00	01	02	03	04	05	06	07	08	09	0A	0B	0C	0D	0E	0F
0010	10	11	12	13	14	15	16	17	18	19	1A	1B	1C	1D	1E	1F
0020	20	21	22	23	24	25	26	27	28	29	2A	2B	2C	2D	2E	2F
0030	30	31	32	33	34	35	36	37	38	39	3A	3B	3C	3D	3E	3F
0040	40	41	42	43	44	45	46	47	48	49	4A	4B	4C	4D	4E	4F
0050	50	51	52	53	54	55	56	57	58	59	5A	5B	5C	5D	5E	5F
0060	60	61	62	63	00	00	00	00	00	00	00	00	00	00	00	00
0070	00	00	00	00	00	00	00	00	00	00	00	00	00	00	00	00
0080	00	00	00	00	00	00	00	00	00	00	00	00	00	00	00	00
0090	00	00	00	00	00	00	00	00	00	00	00	00	00	00	00	00
00A0	00	00	00	00	00	00	00	00	00	00	00	00	00	00	00	00
00B0	00	00	00	00	00	00	00	00	00	00	00	00	00	00	00	00
00C0	00	00	00	00	00	00	00	00	00	00	00	00	00	00	00	00
00D0	00	00	00	00	00	00	00	00	00	00	00	00	00	00	00	00
00E0	00	00	00	00	00	00	00	00	00	00	00	00	00	00	00	00
00F0	00	00	00	00	00	00	00	00	00	00	00	00	00	00	00	00
0100	00	01	02	03	04	05	06	07	08	09	0A	0B	0C	0D	0E	0F
0110	10	11	12	13	14	15	16	17	18	19	1A	1B	1C	1D	1E	1F
0120	20	21	22	23	24	25	26	27	28	29	2A	2B	2C	2D	2E	2F
0130	30	31	32	33	34	35	36	37	38	39	3A	3B	3C	3D	3E	3F
0140	40	41	42	43	44	45	46	47	48	49	4A	4B	4C	4D	4E	4F
0150	50	51	52	53	54	55	56	57	58	59	5A	5B	5C	5D	5E	5F
0160	60	61	62	63	00	00	00	00	00	00	00	00	00	00	00	00
0170	00	00	00	00	00	00	00	00	00	00	00	00	00	00	00	00
0180	00	00	00	00	00	00	00	00	00	00	00	00	00	00	00	00

图 4-7　片外 RAM 读/写仿真结果图

二、单片机常用 I/O 口扩展

MCS－51 系列单片机具有 4 个 I/O 口 P0、P1、P2 和 P3，但 P0、P2 口常作

为扩展总线使用，P3 常用其第二功能，故实际常用作 I/O 口使用的就仅剩下 P1 口，若外接较多的 I/O 设备（如打印机、键盘和显示器等），显然需要扩展更多的 I/O 口。MCS－51 系列单片机扩展 I/O 口是将 I/O 口看作外部 RAM 的一个存储单元，与外部 RAM 统一编址，因此理论上可以扩展 64K 个 I/O 口。由于扩展 I/O 口时通常通过 P0 口扩展，而 P0 口要分时传送低 8 位地址和输入/输出数据，因此，构成输出口时，接口芯片应具有锁存功能；构成输入口时，接口芯片应具有三态缓冲功能。

前面讲述了 74LS373 作为地址锁存器扩展，同样 74LS373 也可扩展为 I/O 口。如图 4-8 所示，74LS373 是 8D 三态同相锁存器，内部有 8 个相同的 D 触发器，D0～D7 为其 D 输入端，Q0～Q7 为其 Q 输出端，G 为门控端，$\overline{OE}$ 为输出允许端；加上电源端 VCC 和接地端 GND，共 20 个引脚。当 G 为高电平且 $\overline{OE}$ 为低电平时，输入端 D0～D7 与输出端 Q0～Q7 保持一致；当 G 为低电平且 $\overline{OE}$ 为低电平时，输出端 Q0～Q7 数据保持不变，处于锁存状态。

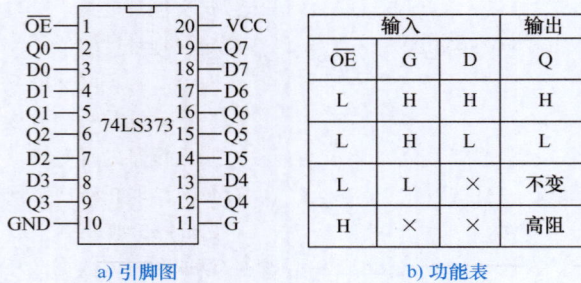

输入			输出
$\overline{OE}$	G	D	Q
L	H	H	H
L	H	L	L
L	L	×	不变
H	×	×	高阻

a) 引脚图　　　　　　　　b) 功能表

图 4-8　74LS373 引脚图及功能表

如图 4-9 所示，当 74LS373 扩展为输入口时，门控端 G 接高电平，始终有效；从 D0～D7 输入的信号即能直达 Q0～Q7 输出缓冲器待命，80C51 的 $\overline{RD}$ 端和 P2.7 经过或门与 74LS373 的 OE 端相连，P2.7 决定访问 74LS373 的地址为 7FFFH（无关位为 1），$\overline{RD}$ 信号在读片外地址时自动有效，$\overline{RD}$ "或" P2.7 后，全 0 输出，产生 74LS373 输出允许端 $\overline{OE}$ 所需的低电平信号，触发输出缓冲器 Q0～Q7 输出至 P0 口数据总线并被读入单片机内部。读外部 RAM 指令（MOVX A，@DPTR）结束后 $\overline{RD}$ 信号线变为高电平，即 74LS373 输出允许端 $\overline{OE}$

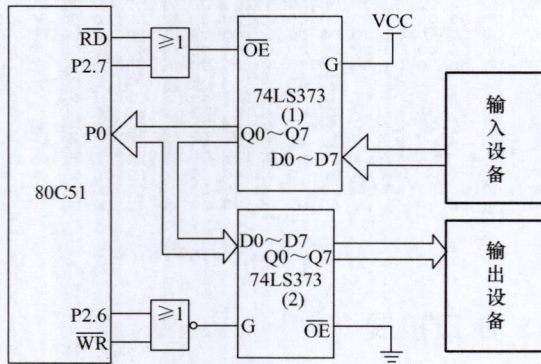

图 4-9　74LS373 I/O 口扩展

为高电平，使输出端 Q0 ~ Q7 处于高阻状态，从而不会影响 P0 口读/写其他端口地址数据。

当 74LS373 扩展为输出口时，80C51 的 $\overline{WR}$ 和 P2.6 经过或非门与 74LS373 的 G 端相连，$\overline{OE}$ 接地，P2.6 决定访问 74LS373 的地址为 BFFFH（无关位为 1），$\overline{WR}$ 信号在写片外地址时自动有效，$\overline{WR}$ "或非" P2.6 后，全 1 输出，由于 $\overline{OE}$ 接地，将 D0 ~ D7 信号输出至 Q0 ~ Q7 端。写外部 RAM 指令（MOVX @ DPTR, A）结束后，$\overline{WR}$ 信号线变为高电平，即 74LS373 的 G 端变为低电平，从而输出锁存信号，使输出端 Q0 ~ Q7 数据处于锁存状态。

例 4-2 根据图 4-10 所示的原理图，编程实现 8 位发光二极管显示拨码开关状态。

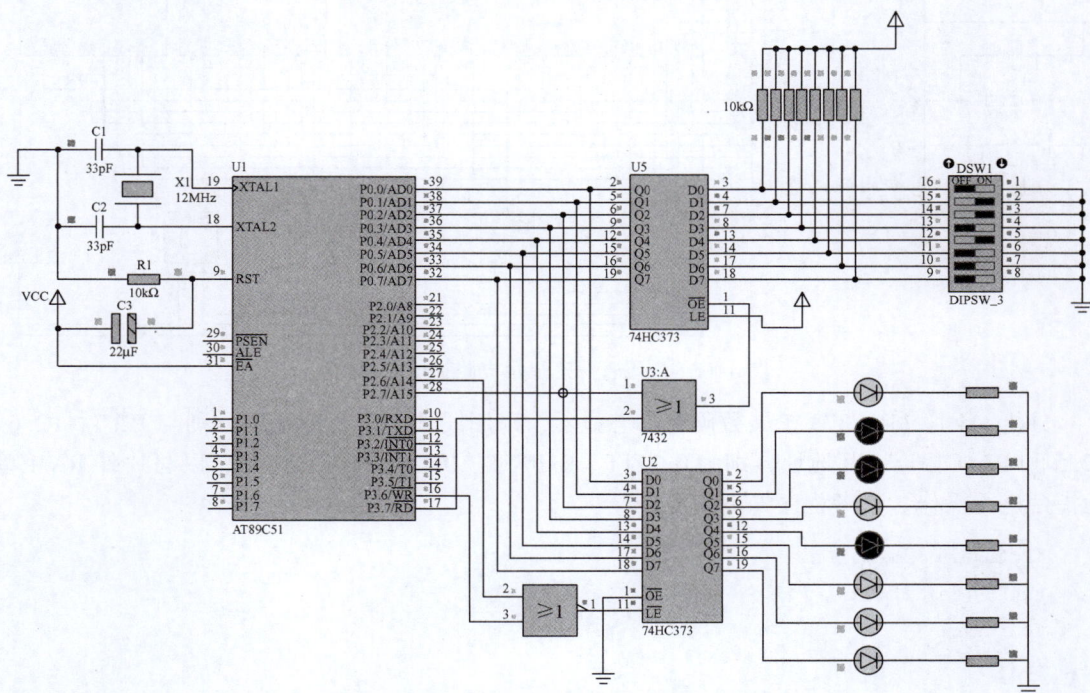

图 4-10 拨码开关状态显示扩展电路原理图

分析：根据原理图可知，输入接口地址主要由 P2.7 引脚决定，系统地址为 0x7fff，输出接口主要由 P2.6 引脚决定，系统地址为 0xbfff。因此，程序设计时只要循环读取地址 0x7fff 接口的内容，并赋值给地址为 0xbfff 的接口的即可。参考程序如下：

```
#include <reg51.h>
#include <absacc.h>
void main()
{
    while(1)
        XBYTE[0xbfff] = XBYTE[0x7fff];
}
```

例 4-3 数码管静态显示电路扩展原理图如图 4-11 所示，实现数码管分别显示数字 1、2、3、4 的功能。

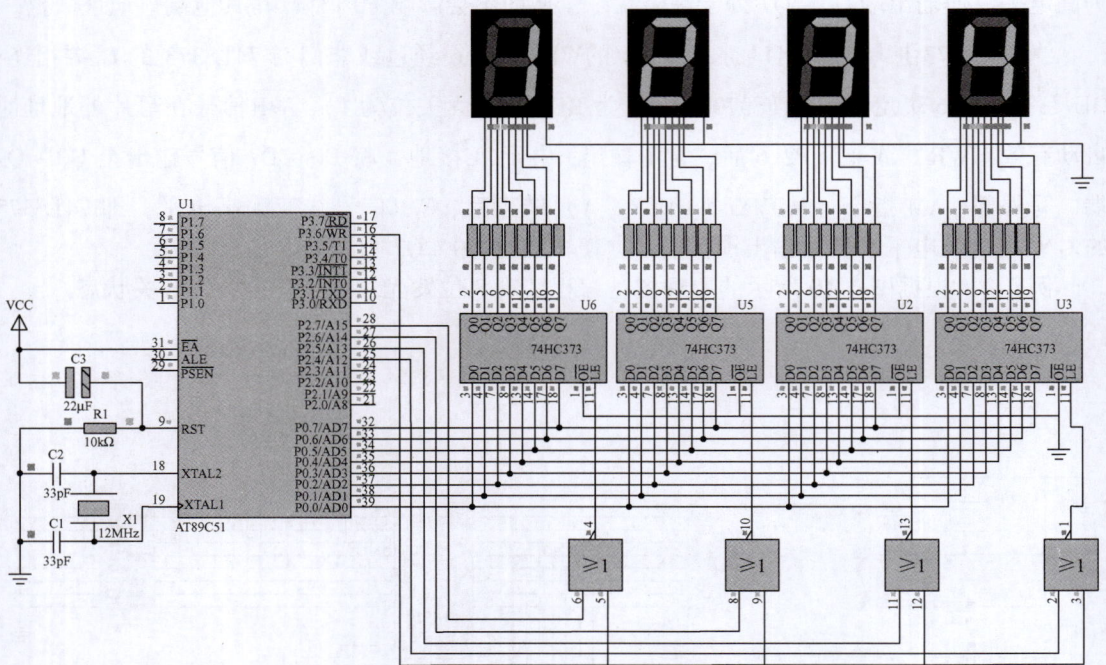

图 4-11　数码管静态显示电路扩展原理图

分析：4 片 74HC373 扩展数码管静态显示，采用线选法，其地址线分别与 P2.7、P2.6、P2.5 和 P2.4 相连，其地址分别为 0x7FFF、0xBFFF、0xDFFF 和 0xEFFF，以写片外 RAM 单元指令进行操作。参考程序如下：

```
#include <reg51.h>
#include <absacc.h>
void main()
{
    unsigned char LED_data[10] =
      {0x3f,0x06,0x5b,0x4f,0x66,0x6d,0x7d,0x07,0x7f,0x6f};
    XBYTE[0x7fff] = LED_data[1];
    XBYTE[0xbfff] = LED_data[2];
    XBYTE[0xdfff] = LED_data[3];
    XBYTE[0xefff] = LED_data[4];
    while(1);
}
```

例 4-4　数码管动态显示电路扩展原理图如图 4-12 所示，实现数码管分别显示数字 1、2、3、4 的功能。

分析：4 个数码管动态显示，每秒钟需显示大于 50 次，故需要小于 20ms 显示一次，平均到每个数码管则需要小于 5ms 显示一次，因此采用定时器定时 5ms，每中断一次显示一位数码管。数码管显示时选通对应数码管，然后将显示数据的字形码写入地址 7FFFH。参考程序如下：

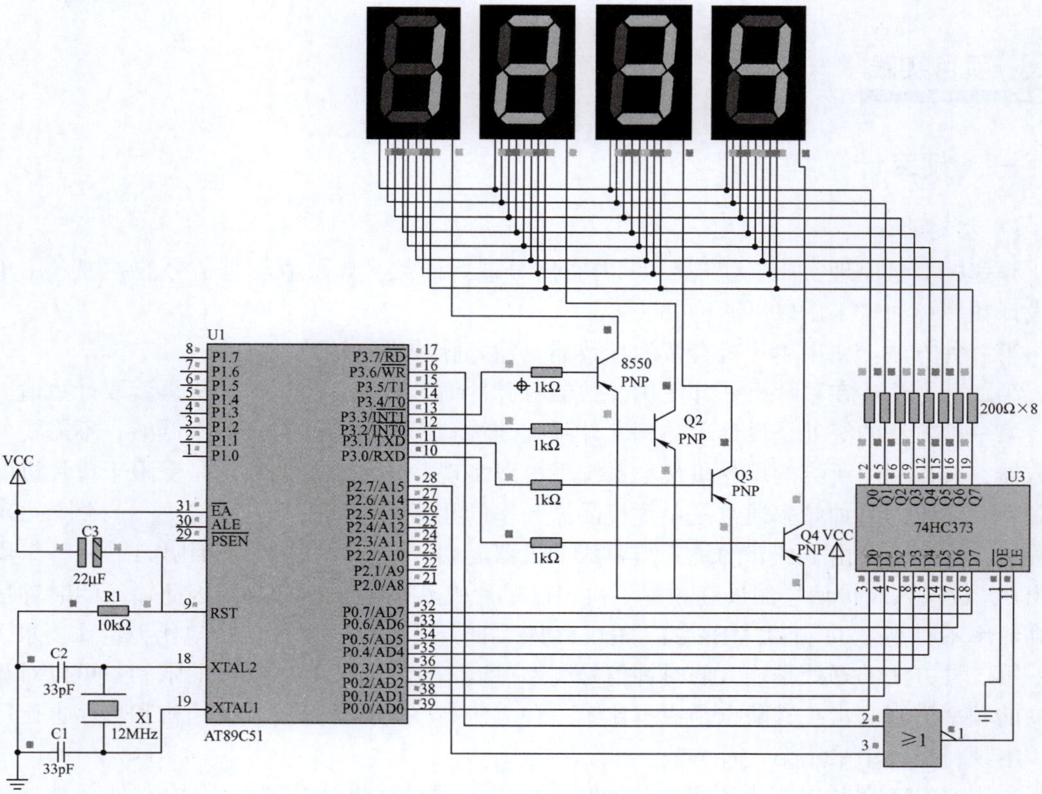

图4-12 数码管动态显示电路扩展原理图

```c
#include < reg51. h >
#include < absacc. h >
#define   uchar unsigned char
#define   uint  unsigned int
uchar code LED[11] =                                    //数码管字形码数组
      {0xC0,0xF9,0xA4,0xB0,0x99,0x92,0x82,0xF8,0x80,0x90,0xff} ;
uchar code dispbit[6] = {0xf7,0xfb,0xfd,0xfe };         //数码管位选数组
uchar disp[4] = {1,2,3,4};                              //显示缓存
void main(void)
{
   uchar j = 0;
   while(1)
   {
        P3 = dispbit[j];                                //位选数码管
        XBYTE[0x7fff] = LED[disp[j]];                   //显示对应数据
        j ++;                                           //调整数码管偏移量
        if (j == 4) j = 0;                              //边界调整
   }
}
```

项目实践

一、频率计采样原理

1. 方案设计

频率的测量原理实质上就是在 1s 内对信号进行计数，计数值就是信号的频率。用单片机设计频率计通常采用以下两种办法：

第一种方法：使用单片机自带的计数器对输入脉冲进行计数。

第二种方法：在单片机外部使用计数器对脉冲信号进行计数，单片机再读取计数值。

第一种方法的好处是设计出的频率计系统结构和程序编写简单，成本低廉，不需要外部计数器，直接利用所给的单片机最小系统就可以实现。这种方法的缺陷是受限于单片机的晶振频率，输入的时钟频率通常是单片机晶振频率的几分之一甚至是几十分之一。例如 89C51 单片机，检测一个由 1 到 0 的跳变需要两个机器周期，前一个机器周期测出 1，后一个周期测出 0，故输入时钟信号的最高频率不得超过单片机晶振频率的 1/24，因此输入的时钟信号最高频率不得高于 $11.0592\text{MHz}/24 = 460.8\text{kHz}$。此外，对外部脉冲的占空比无特殊要求。

第二种方法的好处是输入的时钟信号频率可以不受单片机晶振频率的限制，可以对相对较高的频率进行测量；其缺点是成本比第一种方法高，设计出来的系统结构和程序也比较复杂。本项目设计中采用第一种方法。

采用 89C51 单片机实现频率计功能时，可以采用单片机计数器在 1s 内对外部脉冲进行计数。作为频率计，应该可以对多种波形进行频率测量，如方波、正弦波、锯齿波等，而单片机计数器只能对输入的方波信号计数，因此需要将输入信号进行整形，变为方波信号后再进行计数。由于整形后的波形频率与原波形一致，因此所测整形后波形频率即为输入波形频率。最后需将所测频率值正确显示。如图 4-13 所示，频率计主要包括波形整形电路、单片机及显示扩展电路。

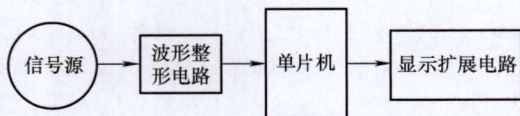

图 4-13　频率计组成示意图

2. 波形整形电路

如图 4-14 所示，波形整形电路由 555 电路构成施密特触发器完成。由 555 电路工作原理可知，555 电路可看成 RS 触发器，由于 $R_1 = R_2$，555 电路输入引脚处偏置电压为 $V_{DD}/2$，介于两个阈值之间；根据 555 构成 RS 触发器的特性可知上阈值 $V_{T+} = (2V_{DD})/3$，下阈值 $V_{T-} = V_{DD}/3$。当输入电平 $V_i \leqslant V_{T-}$ 时，V_O 输出高电平，并保持至输入 $V_i \geqslant V_{T+}$ 时，V_O 输出低电平。同样，当再次 $V_i \leqslant V_{T-}$ 时 V_O 输出高电平，这样在经过上下阈值交替变化的输入信号时，在输出端得到规则的矩形波，由此对波形进行了变换和整形，而输入信号频率和输出信号频率仍保持一致，从而得到单片机可以进行检测识别的矩形波，方便单片机进一步对频

186

率值测量和计算。

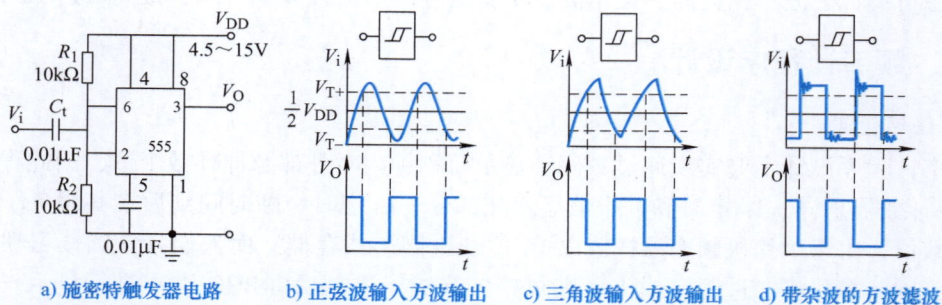

a) 施密特触发器电路　　b) 正弦波输入方波输出　　c) 三角波输入方波输出　　d) 带杂波的方波滤波

图 4-14　555 电路构成施密特触发器波形整形原理图

二、频率计原理图设计

简易频率计原理图如图 4-15 所示。为可实现多种波形频率测量，采用 555 芯片构成施密特触发器进行波形转换，转换成单片机能识别的并且频率与原波形相等的矩形波。555 芯片 Q 引脚输入单片机定时/计数器 T1 输入引脚，对脉冲信号进行计数，当计数满 1s 后，将计数值转换成对应十进制并通过显示电路输出显示。显示电路采用动态显示方式，由 74HC373、PNP 型晶体管 8550 和 5 位共阳数码管扩展而成。74HC373 负责向数码管输入显示数据，通过 P1 口控制晶体管，选通对应共阳极数码管，P2.7 和 $\overline{\text{WR}}$ 或非后产生 74HC373

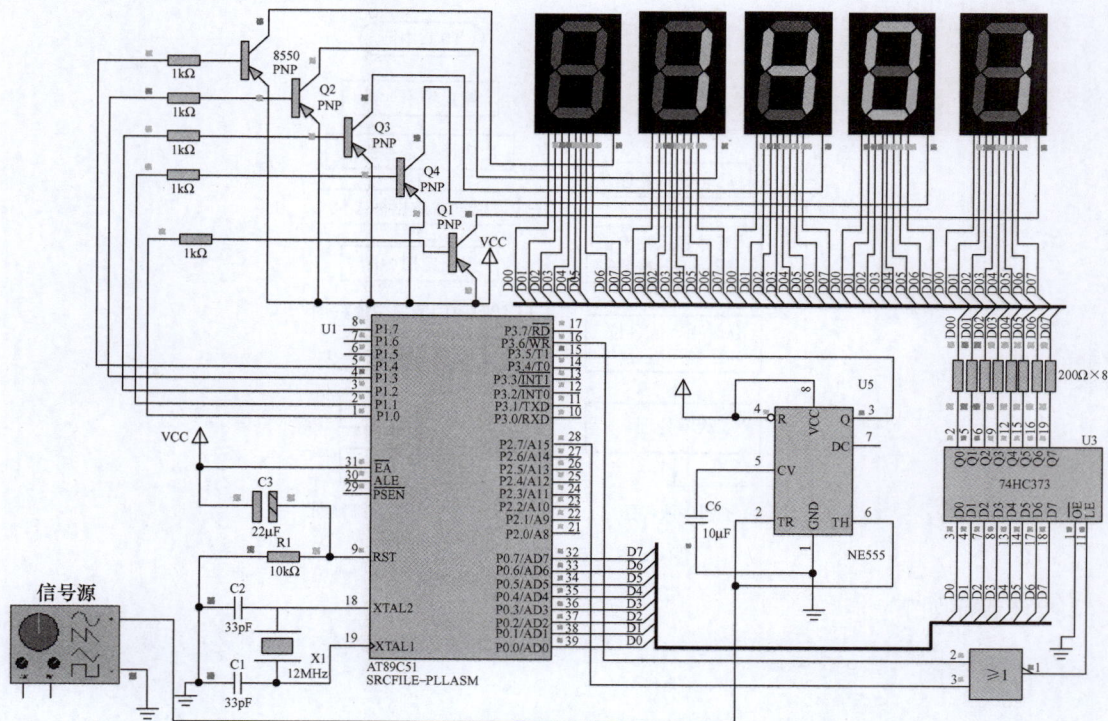

图 4-15　简易频率计原理图

锁存信号，扩展地址为7FFFH。仿真调试时，采用 Proteus 自带信号源 VSM Signal Generator，此信号源可模拟方波、锯齿波、三角波、正弦波等波形，且频率可调，最高可达 12MHz。

三、频率计程序设计

1. 程序设计

频率计程序设计主要实现通过数码管显示每秒钟内对外部脉冲计数个数，因此程序中包括定时/计数器采样、1s 定时和频率值显示几部分。1s 定时中断时间到后在其服务子程序中读取计数值，由于单片机频率采样值以 16 位二进制形式存储，而人们日常阅读习惯为十进制形式，因此需要将二进制（或十六进制）转换成十进制后（BCD 码）进行显示。频率计最多显示 5 位数字，如果数字不够 5 位，若高位显示零，将不符合阅读习惯，而且容易引起误读，因此需要对高位进行灭零处理。

在显示时，将应该显示高位的零熄灭，如 000367 应该显示为 367，这样可以减少阅读差错，也比较符合习惯，这种显示方式称为灭零显示。其处理规则是将整数部分从高到低位的连续零均不显示，从遇到的第一个非零数值开始显示，个位的零和小数部分均应显示。由于本设计没用到小数点，若显示数值为全 0 时，最后一位即个位应始终保持显示。

程序设计流程图如图 4-16 所示，程序主要包括 T1 溢出中断服务程序、T0 溢出中断服务程序和主程序三部分。T1 溢出中断服务用于计数功能，记录外部信号脉冲个数；T0 溢出中断服务程序用于定时 1s，1s 时间到后，读取 T1 记录值，并设置相应标志位，通知主程序进行频率值计算，同时主程序负责动态显示及灭零处理等。

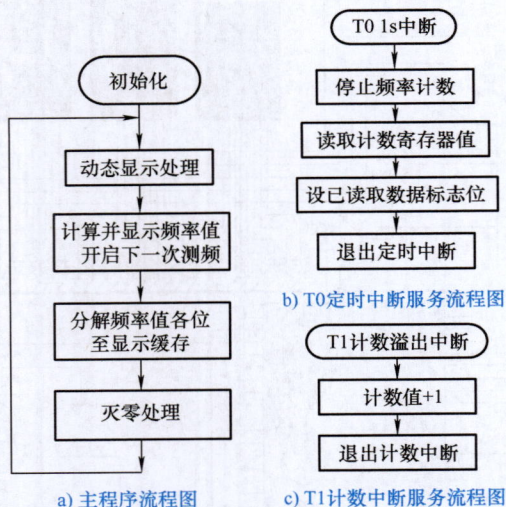

图 4-16　程序设计流程图

参考程序如下：

```
#include <reg51.h>
#include <absacc.h>
#define   uchar unsigned char
```

```
#define   uint  unsigned int
#define   ulong unsigned long
bit flag = 0;                        //设标志位
uchar FreqH = 0, FreqL = 0;          // 定义定时/计数器高、低 8 位初始值变量
uchar times = 0x14, count = 0;       // 定时中断次数和计数中断次数计数值
ulong FreqData, Freq;
uchar code LED[11] =                 //数码管字型码数组
  {
     0xC0,0xF9,0xA4,0xB0,0x99,0x92,0x82,0xF8,0x80,0x90,0xff
  };
uchar code dispbit[6] = {0xdf,0xef,0xf7,0xfb,0xfd,0xfe };//数码管位选数组
/* * * * * * * * * * * * * * * * *定时/计数器 T0 中断服务子程序* * * * * * * * * * * * * * * * * * */
void Time0_int(void) interrupt 1 using 1
{
    TH0 = 0x3C;                      //定时 50ms 初始值
    TL0 = 0x0B0;
    times -- ;                       //中断次数计数
    if(times == 0)
     {
         times = 0x14;
         TR1 = 0;                     //关 T1
         TR0 = 0;                     //关 T0
         FreqH = TH1;                 //读取 T1 计数寄存器
         FreqL = TL1;
         TH1 = 0x00;                  //T1 计数寄存器清 0
         TL1 = 0x00;
         flag = 1;                    //设置采用完成一次标志
     }
}
/* * * * * * * * * * * * * * * * *T1 中断服务子程序* * * * * * * * * * * * * * * * * * * * */
void Time1_int(void) interrupt 3 using 1
{
  count ++ ;                         //计数溢出标志
}
/* * * * * * * * * * * * *主程序* * * * * * * * * * * * * * * * * * * * * */
void main()
{
  uchar i,j = 0,disp[6];             //显示缓存
  TMOD = 0x51;                       //T0、T1 工作模式方式设置
  TH0 = 0x3C;                        //设置 T0 为定时模式,初始值为 50ms
  TL0 = 0xB0;
  TH1 = 0x00;                        //计数初始值
```

```
        TL1 = 0x00;
        EA = 1;                                    //开中断
        ET0 = 1;                                   //开 T0 中断
        ET1 = 1;                                   //开 T1 中断
        TR1 = 1;                                   //启动 T1
        TR0 = 1;                                   //启动 T0
        while(1)
        {
                P1 = dispbit[j];                   //位选数码管
                XBYTE[0x7fff] = LED[disp[j]];      //显示对应数据
                j ++;                              //调整数码管偏移量
                if(j == 6) j = 0;
                if(flag == 1)                      //频率采样 1s 时间到
                {
                FreqData = count* 65536 + (ulong)FreqH* 256 + (ulong)FreqL; //频率值
                    count = 0;                     //清除计数溢出量
                    flag = 0;                      //清除采样时间标志
                    TR0 = 1;                       //启动下次采样
                    TR1 = 1;
                }
                for(i = 0;i < 6;i ++)              //显示缓存区清 0
                {
                disp[i] = 0;
                }
                Freq = FreqData;                   //读取频率值
                i = 5;
                while(Freq/10)                     //分解频率值各位
                {
                  disp[i] = Freq% 10;
                  Freq = Freq/10;
                  i --;
                }
                disp[i] = Freq;
                for(i = 0;i < 5;i ++)              //灭零处理
                {
                    if(disp[i] == 0)    disp[i] = 0x0a;
                    else break;
                }
            }
        }
    }
```

2. 仿真调试

　　如图 4-17 所示，编译程序，根据编译提示修改语法错误后，生成 HEX 文件，并加载至仿真电路进入运行状态。调整信号源频率参数，观察数码管显示结果是否符合功能逻辑，切换信号类型，观察数码管显示结果是否有不同变化。根据显示结果分析程序故障点，优化程序直至成功。

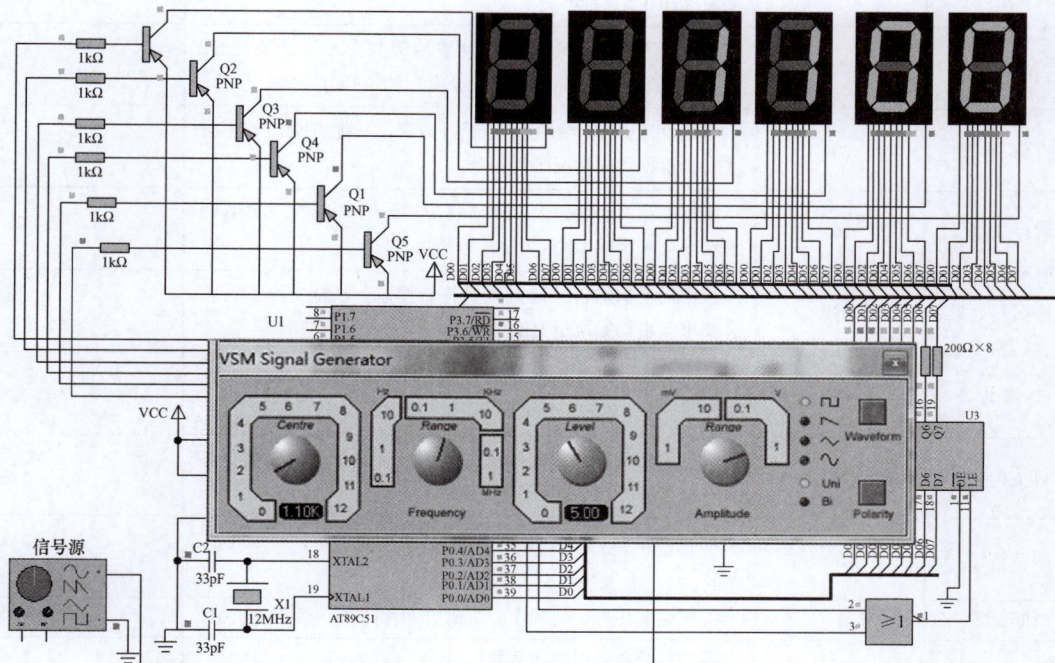

图 4-17 简易频率计仿真调试图

四、举一反三——拓展实践

1. 实践任务

在简易频率计电路的基础上利用测量周期方法编程实现频率计功能。

2. 任务目的

1）学会单片机并行扩展电路设计。

2）学会熟练应用 Proteus 软件绘制仿真原理图。

3）学会综合利用定时/计数器和主程序配合完成功能设计。

4）理解测量周期实现频率值计算的工作原理。

5）学会利用 Keil 软件编辑程序及修改语法和逻辑错误，会进行程序调试。

3. 任务要求及考核表

任务名称：简易频率计设计（测量周期方法）				
班级		姓名		学号
考核项目	配分	要求及评价标准		得分
元器件数量	5	各元器件数量是否完整。缺失1个扣1分		
参数标注	5	各元器件参数是否正确。错误1个扣1分		

（续）

考核项目	配分	要求及评价标准	得分
元器件布局	5	元器件布局合理美观，功能模块清晰。若不合要求，根据情况扣0.5~4分	
连线	5	连线合理，连线距离最优且整洁美观，无不必要交叉，交叉连接处有连接点。若不合要求，酌情扣分	
电路正确性	20	电路设计合理，无功能和逻辑错误，功能齐全。若不合要求，根据完成情况酌情扣分	
程序语法	10	能排除相关语法错误，编译成功。若生成HEX文件有语法错误或未生成HEX文件，则各扣5分	
程序运行效果	35	程序无逻辑错误，运行效果符合要求，功能齐全。若不合要求，根据完成情况酌情扣分	
5S整理	5	整理、清洁自己的工位，完成任务后保持工位整洁整齐，无垃圾	
自主创新	5	在完成任务要求的基础上，自主设计其他功能，使任务具有合理的拓展性能	
团结协作	5	能和同学交流，乐于请教和帮助其他同学，学会分工协作	
时间系数	1	按照完成任务先后顺序，每落后一位同学，系数减0.01	
成绩合计		各项得分和乘以时间系数	

项 目 小 结

本项目通过频率计设计项目学习了外部数据存储器扩展、外部程序存储器扩展以及并行I/O口扩展技术。主要要掌握的内容如下：

1）并行扩展三总线技术。

2）线选法、译码法扩展技术。

3）并行I/O口扩展技术。

4）动态显示、静态显示扩展技术。

5）外部周期信号采样技术。

6）综合利用并行I/O口扩展技术进行功能设计开发。

单 元 测 试

班级：＿＿＿＿＿＿＿　姓名：＿＿＿＿＿＿＿　学号：＿＿＿＿＿＿＿

一、填空题

1. 系统总线是CPU与其他设备连接的信号线，实现相互之间的信息传送。系统总线按功能分为三种，分别为＿＿＿＿＿、＿＿＿＿＿和＿＿＿＿＿。

2. 单片机的存储器一般采用哈佛结构，根据存储信息可把存储器分为两种，分别是_____和_____。

3. 外围扩展芯片的选择方法有两种，分别是_____和_____。

4. 三态缓冲寄存器的"三态"是指_____态、高电平态和_____态。

5. 74HC138 是三输入译码器芯片，其输出作为片选信号时，最多可以选中_____块芯片。

6. MCS－51 系列单片机中扩展并行 I/O 口占用片外_____存储器地址空间。

7. 欲增加 8KB×8 位的 RAM 区，选用 Intel 2114（1KB×4 位）需购_____片；若改用 Intel 6116（2KB×8 位），需购_____片；若改用 Intel 6264（8KB×8 位），需购_____片。

8. 已知 RAM 芯片 6116（2KB×8 位）有 24 条外引脚，应分配_____个引脚给地址线，分配_____个引脚给数据线，再分配两个引脚给电源和地线，剩余的_____个引脚应该分配给读/写控制和片选信号线。

9. MCS－51 系列单片机扩展程序存储器所用的读信号引脚为_____，扩展数据存储器所用的控制引脚信号为_____和_____。

10. 11 条地址线可选_____个存储单元，16KB 存储单元需要_____条地址线。

二、选择题

1. AT89C51 的内部程序存储器与数据存储器容量各为（　　）。

A. 64KB、128B　　　B. 4KB、64KB　　　C. 4KB、128B　　　D. 8KB、256B

2. 在 8051 芯片中，（　　）引脚用于控制使用内部程序存储器还是外部程序存储器。

A. XTAL1　　　　　B. $\overline{EA}$　　　　　C. $\overline{PSEN}$　　　　　D. ALE

3. 在 8051 单片机的 I/O 口里，（　　）口在输出时没有内部上拉电阻。

A. P0　　　　　　B. P1　　　　　　C. P2　　　　　　D. P3

4. 在片外扩展一片 8KB 程序存储器芯片要（　　）根地址线。

A. 10　　　　　　B. 12　　　　　　C. 13　　　　　　D. 16

5. 某存储器芯片有 11 根地址线和 8 根数据线，该芯片有（　　）存储单元。

A. 2KB　　　　　B. 3KB　　　　　C. 4KB　　　　　D. 8KB

6. 在存储器扩展电路中 74LS373 的主要功能是（　　）。

A. 存储数据　　　B. 存储地址　　　C. 锁存数据　　　D. 锁存地址

7. 一个 EPROM 的地址线有 A0～A11 引脚，它的容量为（　　）。

A. 2KB　　　　　B. 4KB　　　　　C. 11KB　　　　　D. 12KB

8. MCS－51 系列单片机定时/计数器溢出标志是（　　）。

A. TR1 和 TR0　　　B. IE1 和 IE0　　　C. IT1 和 IT0　　　D. TF1 和 TF0

9. 执行"#define PA8255XBYTE［0x3FFC］，PA8255＝0x7e"后存储单元 0x3FFC 的值是（　　）。

A. 0x7e　　　　　B. 8255H　　　　　C. 未定　　　　　D. 7e

10. 区分片外程序存储器和数据存储器的最可靠方法是（　　）。

A. 看其芯片型号是 RAM 还是 ROM

B. 看其位于地址范围的低端还是高端

C. 看其离 MCS－51 芯片的远近

D. 看其是与 RD 信号连接还是与 PSEN 信号连接

三、判断题

( ) 1. MCS-51 外部扩展并行 I/O 口与外部 RAM 是统一编址的。

( ) 2. 片内 RAM 与外围设备统一编址时，需要专门的输入/输出指令。

( ) 3. 8051 片内有程序存储器和数据存储器。

( ) 4. EPROM 的地址线为 11 条时，能访问的存储空间有 4KB。

( ) 5. 为了消除按键的抖动，常用的方法有硬件去抖动和软件去抖动两种方法。

( ) 6. 单片机和外设之间的数据传送方式主要有查询方式和中断方式，两者相比后者的效率更高。

( ) 7. 单片机系统扩展时使用的锁存器是用于锁存高 8 位地址。

( ) 8. 通常每个外围设备都有一个端口寄存器与主机交换信息，因此，主机只能用一个唯一的地址来访问一个外围设备。

( ) 9. 89C51 的并行扩展系统中需要地址锁存器来进行数据总线和地址总线低 8 位的分离。

( ) 10. 在 MCS-51 系统中，一个机器周期为 $2\mu s$。

四、简答题

1. 简述访问单片机外部扩展并行 I/O 口时三总线工作过程。

2. 访问外部存储器时，单片机引脚$\overline{PSEN}$、$\overline{WR}$、$\overline{RD}$如何工作？

項目5

单片机串行通信

知识目标

1. 了解计算机通信分类。
2. 理解异步串行通信的概念和帧格式。
3. 理解串行通信制式。
4. 理解 MCS-51 系列单片机串行通信工作原理。
5. 掌握 MCS-51 系列单片机 4 种工作方式设置方法。

技能目标

1. 会利用单片机串行通信工作方式 0 进行串行口转并行口电路设计。
2. 会利用单片机串行通信工作方式 0 进行串行口转并行口程序设计。
3. 会进行双机通信波特率计算和设置。
4. 会利用单片机与计算机进行双机通信电路设计。
5. 会利用单片机与计算机进行双机通信程序设计。

情景导入

随着物联网技术的进步和智能制造领域的发展，生产控制系统中终端及设备之间的通信变得尤为重要。单片机串行通信技术为相关终端及设备之间联网通信提供了基本技术条件，同时也为更好地学习和理解其他物联网技术打下良好的基础。本项目主要通过串行口转并行口驱动数码管显示扩展和双机通信两个任务学习和实践达到学习 51 系列单片机串行口通信技术的目的。

任务1 不一样的显示控制：串行口转并行口驱动数码管显示

预习测试

班级：＿＿＿＿＿＿ 姓名：＿＿＿＿＿＿ 学号：＿＿＿＿＿

一、填空题

1. 计算机通信有＿＿＿＿＿和＿＿＿＿＿两种方式。

2. 异步通信是指发送与接收设备使用各自独立的＿＿＿＿＿控制数据的发送和接收过程，并要求发送和接收设备的＿＿＿＿＿尽可能一致。

3. 异步串行通信中，字符帧也称为数据帧，由＿＿＿＿＿、＿＿＿＿＿、奇偶校验位和_____四部分组成。

4. 按照数据传送方向，串行通信可分为_____、_____和_____三种制式。

5. RS－232C 接口通向外部的连接器（插针和插座）有_____针 D 形连接器和_____针 D 形连接器两种。

6. SBUF 是两个在物理上独立的接收、发送寄存器，一个用于存放_____，另一个用于存放_____，可同时发送和接收数据。

7. 串行口工作在方式 0 时为同步移位寄存器的输入/输出方式，主要用于扩展并行输入或输出口。数据由_____引脚输入或输出，同步移位脉冲由_____引脚输出。

二、选择题

1. 控制串行口工作方式的寄存器是（　　　）。

A. TCON　　　　　　　B. PCON　　　　　　　C. SCON　　　　　　　D. TMOD

2. 用 MCS－51 串行口扩展并行 I/O 口时，串行口工作方式应选择（　　　）。

A. 方式 0　　　　　　B. 方式 1　　　　　　C. 方式 2　　　　　　D. 方式 3

3. 若晶振频率为 f，波特率为 $f/12$ 的工作方式是（　　　）。

A. 方式 0　　　　　　B. 方式 1　　　　　　C. 方式 2　　　　　　D. 方式 3

4. 串行通信的传送速率单位是波特，而波特的单位是（　　　）。

A. 字符/s　　　　　　B. bit/s　　　　　　C. 帧/s　　　　　　D. 帧/min

5. 80C51 单片机串行口工作于方式 0 时，（　　　）。

A. 数据从 RDX 串行输入，从 TXD 串行输出

B. 数据从 RDX 串行输出，从 TXD 串行输入

C. 数据从 RDX 串行输入或输出，同步信号从 TXD 输出

D. 数据从 TXD 串行输入或输出，同步信号从 RXD 输出

6. MCS－51 系列单片机串行口发送/接收中断源的工作过程是：当串行口接收或发送完一帧数据时，将 SCON 中的（　　　），向 CPU 申请中断。

A. RI 或 TI 置 1　　　　　　　　　　　　B. RI 或 TI 置 0

C. RI 置 1 或 TI 置 0　　　　　　　　　　D. RI 置 0 或 TI 置 1

📖 任务描述

利用串行口工作方式 0 设计串行口转并行口电路，并驱动 2 位数码管实现 60s 倒计时显示功能。

🖼 知识链接

一、串行通信技术

1. 计算机通信分类

随着微机系统的广泛应用和计算机网络技术的普及，计算机的通信功能越来越重要。计

算机通信是指计算机与外围设备，或计算机与计算机之间的信息交换。通信有并行通信和串行通信两种方式。如图 5-1 所示，并行通信通常是将每次所传送数据的各位用多条数据线同时进行传送；串行通信是将每次所传送的数据一位一位地按次序在一条传输线上逐个传送。

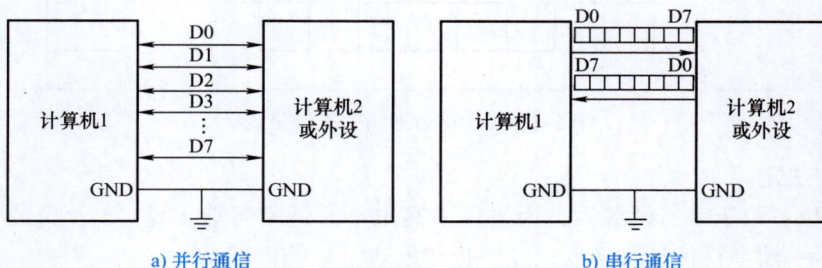

a) 并行通信   b) 串行通信

图 5-1　计算机通信

并行通信控制简单、传输速度快，但由于传输线较多，长距离传送时成本高且接收方的各位同时接收存在困难。串行通信的特点是传输线少，长距离传送时成本低，且可以利用电话网等现成的设备，但数据的传送控制比并行通信复杂。在多微机系统以及现代测控系统中信息的交换多采用串行通信方式。

2. 异步串行通信

异步通信是指通信的发送与接收设备使用各自的时钟控制数据的发送和接收过程。为使双方的收发步调一致，要求发送和接收设备的时钟频率尽可能一致。在异步串行通信中，数据通常是以字符为单位组成字符帧传送的。如图 5-2 所示，字符帧由发送端一帧一帧地发送，每一帧数据均是低位在前、高位在后，通过传输线被接收端一帧一帧地接收。发送端和接收端可以由各自独立的时钟来控制数据的发送和接收，这两个时钟彼此独立，互不同步。

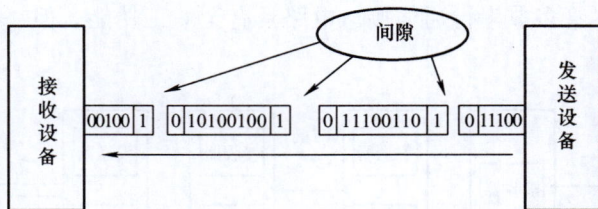

图 5-2　异步串行通信示意图

在异步串行通信中，接收端是依靠字符帧格式来判断发送端是何时开始发送，何时结束发送的。字符帧格式是异步串行通信的一个重要指标。字符帧也称为数据帧，由起始位、数据位、奇偶校验位和停止位四部分组成，如图 5-3 所示。

1）起始位：位于字符帧开头，只占一位，为逻辑 0 低电平，用于向接收设备表示发送端开始发送一帧信息。

2）数据位：紧跟起始位之后，用户根据情况可取 5 位、6 位、7 位或 8 位，低位在前、高位在后。

3）奇偶校验位：位于数据位之后，仅占一位，用来表征串行通信中采用奇校验还是偶

197

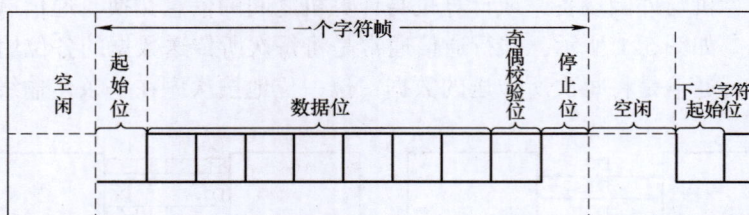

图 5-3　异步串行通信数据帧格式

校验，由用户决定。

4）停止位：位于字符帧最后，为逻辑 1 高电平。通常可取 1 位、1.5 位或 2 位，用于向接收端表示一帧字符信息已经发送完，也为发送下一帧做准备。

异步串行通信的特点：不要求收、发双方时钟的严格一致，实现容易，设备成本较低；但每个字符要附加 2～3 位用于起止位，各帧之间还有间隔，因此传输效率不高。

3. 串行通信的制式

在串行通信中数据是在两个站之间进行传送的，按照数据传送方向，串行通信可分为单工（Simplex）、半双工（Half Duplex）和全双工（Full Duplex）三种制式，如图 5-4 所示。

在单工制式下，通信线的一端接发送器，一端接接收器，数据只能按照一个固定的方向传送，如图 5-4a 所示。

在半双工制式下，系统的每个通信设备都由一个发送器和一个接收器组成，如图 5-4b 所示。在这种制式下，数据能从 A 站传送到 B 站，也可以从 B 站传送到 A 站，但是不能同时在两个方向上传送，即只能一端发送、一端接收。其收/发开关一般是由软件控制的电子开关。

全双工制式下，两端都有发送器和接收器，可以同时发送和接收，即数据可以在两个方向上同时传送，如图 5-4c 所示。

在实际应用中，尽管多数串行通信接口电路具有全双工功能，但一般情况下，只工作于半双工制式下。

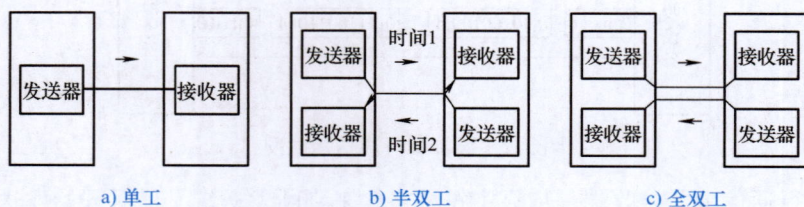

a) 单工　　　　　　　　b) 半双工　　　　　　　　c) 全双工

图 5-4　单工、半双工和全双工三种制式示意图

4. 传输速率与传输距离

比特率是每秒钟传输二进制代码的位数，单位是位/秒（bit/s）。如每秒钟传送 240 个字符，而每个字符格式包含 10bit（1 个起始位、1 个停止位、8 个数据位），这时的比特率为

$$10\text{bit} \times 240 \text{ 个/s} = 2400\text{bit/s}$$

波特率表示每秒钟调制信号变化的次数。波特率和比特率不总是相同的，对于将数字信

号1或0直接用两种不同电压表示的所谓基带传输，比特率和波特率是相同的，所以也经常用波特率表示数据的传输速率。

串行接口或终端直接传送串行信息位流的最大距离与传输速率及传输线的电气特性有关。当传输线使用每0.3m有50pF电容的非平衡屏蔽双绞线时，传输距离随传输速率的增加而减小。当比特率超过1000bit/s时，最大传输距离迅速下降，如比特率为9600bit/s时，最大传输距离下降到只有76m。

5. 异步串行通信总线标准RS-232C接口

RS-232C是使用最早、应用最广的一种异步串行通信总线标准。它是美国电子工业协会（EIA）1962年公布，1969年修订而成的。其中，RS表示Recommended Standard，232是该标准的标志号，C表示最后一次修订。

RS-232C主要用来定义计算机系统的一些数据终端设备（DTE）和数据电路终接设备（DCE）之间的电气性能。

例如，CRT、打印机与CPU的通信大都采用RS-232C接口，MCS-51系列单片机与PC的通信也是采用该种类型的接口。由于MCS-51系列单片机本身有一个全双工的串行接口，因此用RS-232C串行接口总线非常方便。

RS-232C串行接口总线适用于设备之间的通信距离不大于15m、传输速率最大为20kbit/s的情况。

RS-232C连接器（插针和插座）如图5-5所示，有9针D形连接器和25针D形连接器两种。9针D形连接器与25针D形连接器在引脚定义顺序上有所不同，接口主要引脚定义见表5-1。

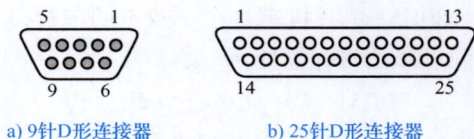

a) 9针D形连接器　　　b) 25针D形连接器

图 5-5　RS-232C 连接器

表5-1　RS-232标准接口主要引脚定义

插针序号	信号名称	功能	信号方向
1	PGND	保护接地	
2（3）	TXD	发送数据（串行输出）	DTE→DCE
3（2）	RXD	接收数据（串行输入）	DTE←DCE
4（7）	RTS	请求发送	DTE→DCE
5（8）	CTS	允许发送	DTE←DCE
6（6）	DSR	DCE就绪（数据建立就绪）	DTE←DCE
7（5）	SGND	信号接地	
8（1）	DCD	载波检测	DTE←DCE
20（4）	DTR	DTE就绪（数据终端准备就绪）	DTE→DCE
22（9）	RI	振铃指示	DTE←DCE

注：插针序号（）内为9针非标准连接器的引脚号。

利用RS-232C标准可以实现具有该标准接口的设备之间的连接。近距离的通信可直接将最基本的串行通信引脚相连即可，如图5-6所示。图5-6a为与Modem控制有关的引脚不连接，图5-6b是将控制线和自身的状态线连接起来。

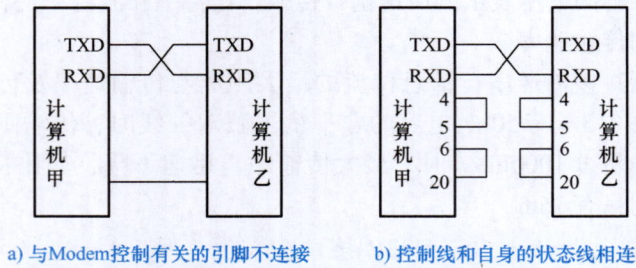

a) 与Modem控制有关的引脚不连接   b) 控制线和自身的状态线相连

图 5-6   近距离通信设备连接

采用 RS-232C 接口存在的问题：传输距离短、传输速率低，RS-232C 总线标准受电容允许值的约束，使用时传输距离一般不可超过 15m（线路条件好时也不超过几十米），最高传送速率为 20kbit/s；有电平偏移，RS-232C 总线标准要求收、发双方共地；通信距离较大时，收、发双方的地电位差别较大，在信号地上将有比较大的地电流并产生压降；抗干扰能力差，RS-232C 在电平转换时采用单端输入/输出，在传输过程中有干扰和噪声混在正常的信号中，为了提高信噪比，RS-232C 总线标准不得不采用比较大的电压摆幅。

二、80C51 单片机串行口工作原理

80C51 单片机有一个全双工的串行口，这个串行口既可以实现异步串行通信，还可以作为同步移位寄存器使用。

1. 80C51 单片机串行口的结构

MCS-51 系列单片机内部有两个独立的接收/发送缓冲器 SBUF。SBUF 属于特殊功能寄存器，在逻辑上只有一个，既表示发送缓冲器，又表示接收缓冲器，具有同一个单元地址 99H，用同一寄存器名 SBUF。在物理上有两个，一个是发送缓冲器，另一个是接收缓冲器。发送缓冲器只能写入不能读出，接收缓冲器只能读出不能写入。串行口硬件结构如图 5-7 所示。

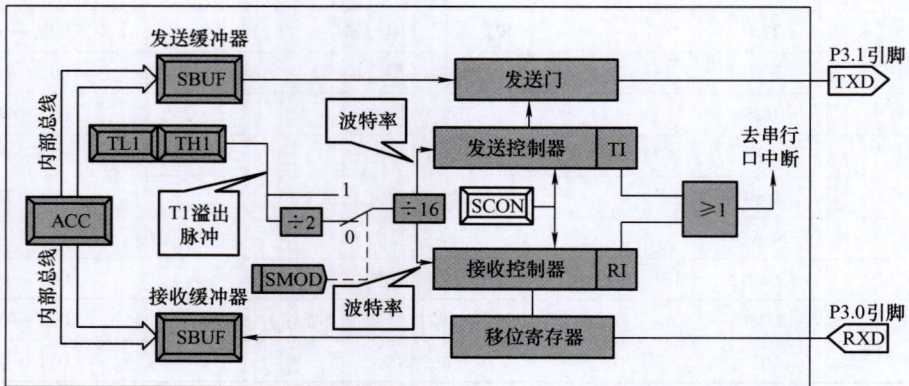

图 5-7   MCS-51 系列单片机串行口硬件结构

当数据由单片机内部总线传送到发送 SBUF 时，即启动一帧数据的串行发送过程。发送 SBUF 将并行数据转换为串行数据，并自动插入格式位，在移位时钟信号的作用下，将串行

二进制信息按照 TXD（P3.1）引脚设定的波特率一位一位地发送出去。发送完毕，TXD 引脚呈高电平，并置 TI 标志位为 1，表示一帧数据发送完毕。

当 RXD（P3.0）引脚由高电平变为低电平时，表示一帧数据的接收已经开始。输入移位寄存器在移位时钟的作用下，自动滤除格式信息，将串行二进制数据一位一位地接收进来，接收完毕，将串行数据转换为并行数据传送到接收 SBUF 中，并置 RI 标志位为 1，表示一帧数据接收完毕。

80C51 单片机串行口的接收缓冲器之前还有一级移位寄存器，从而构成串行接收的双缓冲结构，在一定程度上避免在数据接收过程中出现帧重叠错误，即在一帧数据到来时，上一帧数据还未被读取。

2. 80C51 单片机串行口的控制寄存器

与 80C51 单片机串行口有关的特殊功能寄存器有 SBUF、SCON、PCON，下面对它们分别进行详细介绍。

（1）串行口数据缓冲器（SBUF）

SBUF 是两个在物理上独立的接收/发送寄存器，一个用于存放接收到的数据，另一个用于存放欲发送的数据，可同时发送和接收数据。两个缓冲器共用一个地址 99H，通过对 SBUF 的读、写指令来区分是对接收缓冲器还是发送缓冲器进行操作。CPU 在写 SBUF 时，就是修改发送缓冲器；读 SBUF，就是读接收缓冲器的内容。接收或发送数据是通过串行口对外的两条独立收发信号线 RXD（P3.0）和 TXD（P3.1）来实现的，因此可以同时发送、接收数据，其工作方式为全双工制式。

（2）串行口控制寄存器（SCON）

SCON 用以设定串行口的工作方式、接收/发送控制以及设置状态标志，可以位寻址，字节地址为 98H。单片机复位时，所有位全为 0。SCON 各位名称、位地址及功能见表 5-2。

表 5-2　SCON 各位名称、位地址及功能

SCON	D7	D6	D5	D4	D3	D2	D1	D0
位名称	SM0	SM1	SM2	REN	TB8	RB8	TI	RI
位地址	9FH	9EH	9DH	9CH	9BH	9AH	99H	98H
功能	工作方式选择		多机通信控制	接收允许	发送第 9 位	接收第 9 位	发送中断	接收中断

SM0、SM1：串行口工作方式选择位，其定义见表 5-3（其中 UART 为通用异步收/发传输器）。

表 5-3　80C51 单片机串行口工作方式

SM0	SM1	方式	功能说明	波特率
0	0	0	移位寄存器	$f_{osc}/12$
0	1	1	8 位 UART	可变
1	0	2	9 位 UART	$f_{osc} \times 2^{SMOD}/64$
1	1	3	9 位 UART	可变

SM2：多机通信控制位，用于方式 2 和方式 3 中。在方式 2 和方式 3 处于接收方式时，若 SM2 =1，且接收到的第 9 位数据 RB8 为 0，则不激活 RI；若 SM2 =1，且 RB8 =1，则置 RI =1。在方式 2、3 处于接收或发送方式时，若 SM2 =0，不论接收到的第 9 位 RB8 为 0 还是为 1，TI、RI 都以正常方式被激活。在方式 1 处于接收方式时，若 SM2 =1，则只有收到有效的停止位后，RI 置 1。在方式 0 中，SM2 应为 0。

REN：允许串行接收位，由软件置位或清零。REN =1 时，允许接收；REN =0 时，禁止接收。

TB8：发送数据的第 9 位。在方式 2 和方式 3 中，由软件置位或清零，可作奇偶校验位。在多机通信中，可作为区别地址帧或数据帧的标志位，一般约定：地址帧时，TB8 为 1；数据帧时，TB8 为 0。

RB8：接收数据的第 9 位。功能同 TB8。

TI：发送中断标志位。在方式 0 中，发送完 8 位数据后，由硬件置位；在其他方式中，在发送停止位之初由硬件置位。TI =1 时，也可向 CPU 申请中断，响应中断后，必须由软件清零。

RI：接收中断标志位。在方式 0 中，接收完 8 位数据后，由硬件置位；在其他方式中，在接收停止位的中间由硬件置位。RI =1 时，也可申请中断，响应中断后，必须由软件清零。

（3）电源控制寄存器（PCON）

PCON 主要是为 CHMOS 型单片机的电源控制而设置的专用寄存器，不可以位寻址，字节地址为 87H。在 CHMOS 型的 80C51 单片机中，PCON 除了最高位以外，其他位与串行口无关。其格式见表 5-4。

表 5-4　PCON 的格式

PCON	D7	D6	D5	D4	D3	D2	D1	D0
位名称	SMOD	—	—	—	GF1	GF0	PD	IDL

3. 80C51 串行口工作于方式 0

工作于方式 0 时，串行口为同步移位寄存器的输入/输出方式，主要用于扩展并行输入或输出口。数据由 RXD（P3.0）引脚输入或输出，同步移位脉冲由 TXD（P3.1）引脚输出。发送和接收均为 8 位数据，以 8 位为一帧，不设起始位和停止位，低位在前、高位在后。波特率固定为 $f_{osc}/12$。数据发送和接收时序如图 5-8 所示。

方式 0 通常用于串行数据与并行数据的相互转换。如图 5-9a 所示，当数据写入串行口发送缓冲器后，在移位时钟 TXD 的控制下，由低位到高位按一定的波特率将数据从 RXD 引脚传送出去，发送完毕，硬件自动使 SCON 的 TI 位置 1。此时若配以串入并出移位寄存器，如 CD4094、74HC164 等芯片，即可将 RXD 引脚送出的串行数据转换为并行数据输出，实际上是把串行口扩展为并行输出口。

如图 5-9b 所示，若将并入串出寄存器（如 CD4094、74HC165 等芯片）的输出连接到单片机的 RXD 引脚，当串行口工作于方式 0 接收数据时，即可收到 CD4094 或 74HC165 输入端的并行数据，相当于把串行口扩展为并行输入口。

a) 输出时序

b) 输入时序

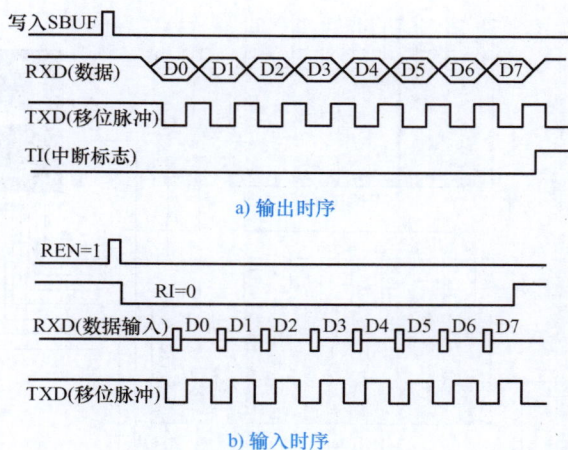

图5-8 串行口工作于方式0数据输出/输入时序

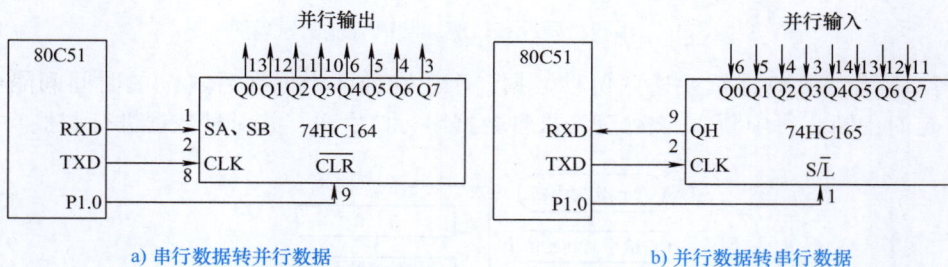

a) 串行数据转并行数据　　　　　　b) 并行数据转串行数据

图5-9 串行数据与并行数据相互转换扩展原理图

任务实践

一、串行口转并行口电路设计

串行口转并行口驱动数码管显示扩展电路可以参照串行数据转并行数据扩展电路,每一片74HC164芯片对应扩展一位数码管,扩展多位数码管时只要将对应74HC164芯片串行扩展连接即可。因此,两位数码管只需要两片74HC164串联扩展即可,电路如图5-10所示。具体扩展时单片机RXD引脚作为数据输出引脚,连接74HC164(1)芯片的SA、SB引脚,TXD引脚提供串行时钟控制信号,串行扩展74HC164(1)的Q0引脚连接74HC164(2)的串行输入引脚SA、SB。数据输出时第一个字节数据发送至74HC164(1)并行输出,74HC164(1)上原并行输出数据依次位移至74HC164(2)各并行引脚,依此类推,可以无限级联后续扩展芯片。

二、串行口转并行口程序设计

1. 程序设计

如图5-11所示,实现串行口转并行口驱动两位数码管显示60s倒计时,需要每间隔1s

203

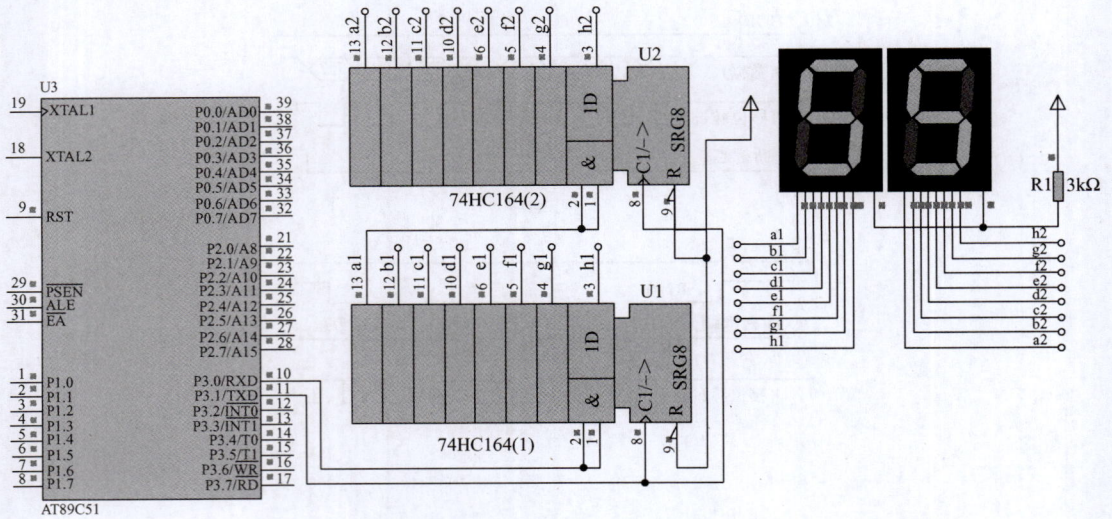

图 5-10　串行口转并行口驱动数码管显示原理图

通过串行口工作方式 0 连续发送两位秒数据，个位在前、十位在后。1s 的时间间隔可以采用 50ms 定时中断，每中断 20 次处理一次秒数据串行口发送，并对秒数据进行调整。

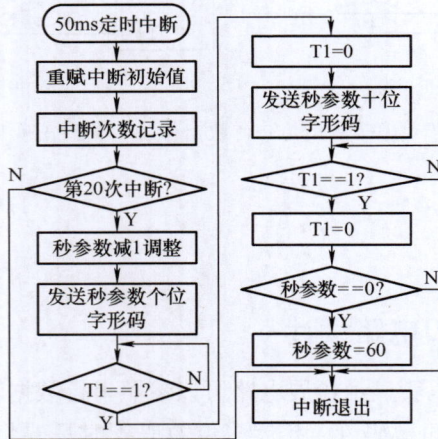

图 5-11　串行口转并行口驱动数码管显示流程图

参考程序如下：

```
#include <reg51.h>
#define uchar unsigned char
#define uint  unsigned int
uchar  SECOND =60,times =20;
uchar code  LED[10] ={0xC0,0xF9,0xA4,0xB0,0x99,0x92,0x82,0xF8,0x80,0x90};
void Time0_int(void) interrupt 1 using 1  //T0 中断服务子程序
{
  uchar S1,S2;
```

```
    TH0 = 0x3C;                        //定时 50ms 初始值
    TL0 = 0x0B0;
    times -- ;                         //中断次数计数
    if(times ==0)
    {
        times = 0x14;                  //重新设置中断次数计数
        SECOND -- ;
        S1 = SECOND/10;                //提取十位上的数
        S2 = SECOND% 10;               //提取个位上的数
        SBUF = LED[ S2];               //查表取字形码并送串行口
        while(!TI);                    //等待发送完成
          TI = 0;                      //清发送完标志
        SBUF = LED[ S1];               //查表取字形码并送串行口
        while(!TI);                    //等待发送完成
          TI = 0;                      //清发送完标志
        if(SECOND ==0)                 //显示到 0 则重新设置秒数据
          SECOND = 60;
    }
}
void main()
{
    TMOD = 0x01;                       //设置 T0 方式 1
    TH0 = 0x3c;                        //设置 50ms 定时初始值
    TL0 = 0xb0;
    SCON = 0x00;                       //设置串行口工作方式 0
    EA = 1;                            //允许中断
    ET0 = 1;                           //允许定时/计数器中断
    TR0 = 1;                           //启动 T0
    TF0 = 1;
    while(1);                          //空循环
}
```

2. 仿真调试

编译程序，根据编译提示修改语法错误后，生成 HEX 文件，并加载至仿真电路进入运行状态。首先观察数码管显示，判断是否能进入中断，若不能进入，检查主程序中断初始化程序，直至中断正常运行；然后判断秒参数显示是否正常，根据观察分析程序秒参数是否正确调整，发送完一个字节后是否有等待 TI 为 1，发送完是否对 TI 标志位清 0，计数为 0 后秒参数是否调整为 60 等，逐渐修改优化程序，直至功能正常运行。

三、举一反三——拓展实践

1. 实践任务

设计并用 Proteus 软件绘制单片机串行口扩展三位数码显示电路，完成三位数码管 0 ~

999 计数（正计数或倒计数）功能。

2. 任务目的

1）学会单片机串行口转并行口驱动数码管显示电路设计。

2）熟练应用 Proteus 软件绘制仿真原理图。

3）学会单片机串行口方式 0 工作原理。

4）学会单片机串行口发送数据的原理和程序设计方法。

5）学会利用 Keil 软件编辑程序及修改语法和逻辑错误，会进行程序调试。

3. 任务要求及考核表

任务名称：单片机串行口扩展三位数码管 0 ~ 999 计数功能

班级			姓名		学号	
考核项目	配分		要求及评价标准			得分
元器件数量	5		各元器件数量是否完整。缺失 1 个扣 1 分			
参数标注	5		各元器件参数是否正确。错误 1 个扣 1 分			
元器件布局	5		元器件布局合理美观，功能模块清晰。若不合要求，根据情况扣 0.5 ~ 4 分			
连线	5		连线合理，连线距离最优且整洁美观，无不必要交叉，交叉连接处有连接点。若不合要求，酌情扣分			
电路正确性	20		电路设计合理，无功能和逻辑错误，功能齐全。若不合要求，根据完成情况酌情扣分			
程序语法	10		能排除相关语法错误，编译成功。若生成 HEX 文件有语法错误或未生成 HEX 文件，则各扣 5 分			
程序运行效果	35		程序无逻辑错误，运行效果符合要求，功能齐全。若不合要求，根据完成情况酌情扣分			
5S 整理	5		整理、清洁自己的工位，完成任务后保持工位整洁整齐，无垃圾			
自主创新	5		在完成任务要求的基础上，自主设计其他功能，使任务具有合理的拓展性能			
团结协作	5		能和同学交流，乐于请教和帮助其他同学，学会分工协作			
时间系数	1		按照完成任务先后顺序，每落后一位同学，系数减 0.01			
成绩合计			各项得分和乘以时间系数			

任务 2　礼尚往来：双机通信

预习测试

班级：＿＿＿＿＿＿　　姓名：＿＿＿＿＿＿　　学号：＿＿＿＿＿＿

一、填空题

1. 假如数据传输的速率是 120 个字符/s，每一个字符规定包含 10 位（1 位起始位、8

位数据位和 1 位停止位)，则传送的波特率是_____。

2. 指针存放的是某个变量在内存中的_____。如果一个指针存放了某个变量的地址值，就称这个指针_____该变量。

3. 指针变量不同于整型或字符型等其他类型的变量，使用前必须将其定义为_____类型。

二、选择题

1. 串行口工作方式 1 的波特率是（　　　）。

A. 固定的，为时钟频率的 1/12

B. 固定的，为时钟频率的 1/32

C. 固定的，为时钟频率的 1/64

D. 可变的，通过 T1 的溢出率设定

2. 帧格式有 1 位起始位、8 位数据位和 1 位停止位的异步串行通信方式是（　　　）。

A. 方式 0　　　　　　　B. 方式 1　　　　　　　C. 方式 2　　　　　　　D. 方式 3

3. 串行口的移位寄存器工作方式为（　　　）。

A. 方式 0　　　　　　　B. 方式 1　　　　　　　C. 方式 2　　　　　　　D. 方式 3

4. 利用 80C51 单片机的串行口扩展并行口时，串行口工作方式选择（　　　）。

A. 方式 0　　　　　　　B. 方式 1　　　　　　　C. 方式 2　　　　　　　D. 方式 3

任务描述

设计单片机与计算机通信电路，使单片机将计算机发送来的数据返回给计算机，发送和接收结束均以回车符为标志。

知识链接

一、80C51 串行口工作方式 1、2、3

1. 串行口工作方式 1

串行口工作方式 1 是收发每帧数据由 10 位二进制数组成。TXD 为数据发送端，RXD 为数据接收端。传送一帧数据的格式如图 5-12 所示，其中有 1 位起始位、8 位数据位和 1 位停止位。

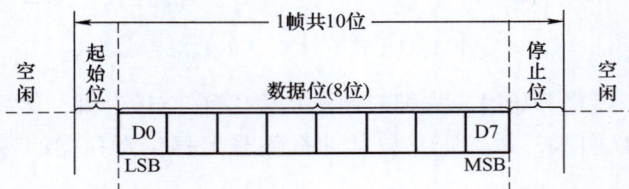

图 5-12　串行口工作于方式 1 的帧数据格式

串行口工作于方式1时，数据发送时序如图5-13所示，数据从TXD端输出，当数据写入发送缓冲器SBUF后，启动发送器发送。当发送完一帧数据后，置中断标志TI为1。方式1的波特率取决于T1的溢出率和PCON中的SMOD位。

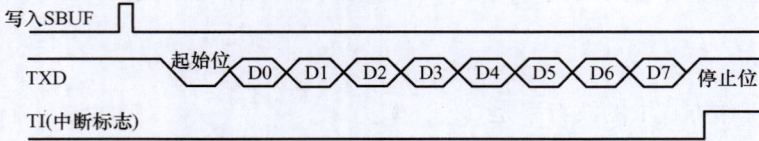

图5-13　串行口工作于方式1的数据发送时序

串行口工作于方式1时，数据接收时序如图5-14所示。用软件置REN为1时，接收器以所选择波特率的16倍速率采样RXD引脚电平，检测到RXD引脚输入电平发生负跳变时，则说明起始位有效，将其移入输入移位寄存器，并开始接收这一帧信息的其余位。接收过程中，数据从输入移位寄存器右边移入，起始位移至输入移位寄存器最左边时，控制电路进行最后一次移位。当RI＝0，且SM2＝0（或接收到的停止位为1）时，将接收到的9位数据的前8位数据装入接收SBUF，第9位（停止位）进入RB8，并置RI＝1，向CPU请求中断。

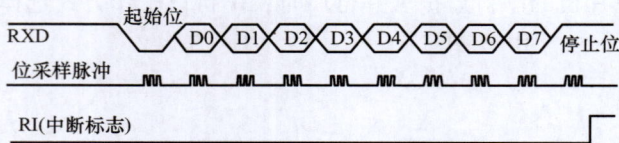

图5-14　串行口工作于方式1的数据接收时序

2. 串行口工作方式2和方式3

串行口工作方式2和方式3时为11位数据的异步通信口。TXD为数据发送端，RXD为数据接收端。方式2和方式3的数据传输格式如图5-15所示，起始位1位、数据9位（含1位附加的第9位，发送时为SCON中的TB8，接收时为RB8）、停止位1位，1帧数据共11位。方式2的波特率固定为晶振频率的1/64或1/32，工作方式3的波特率由T1的溢出率决定。

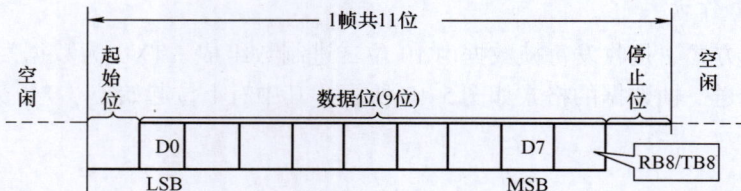

图5-15　串行口工作方式2、3的数据传输格式

如图5-16所示，发送开始时，先把起始位0输出到TXD引脚，然后发送移位寄存器的输出位（D0）到TXD引脚。每一个移位脉冲都使输出移位寄存器的各位右移一位，并由TXD引脚输出。

第一次移位时，停止位"1"移至输出移位寄存器的第9位，以后每次移位，左边都移入0。当停止位移至输出位时，左边其余位全为0，检测电路检测到这一条件时，使控制电

208

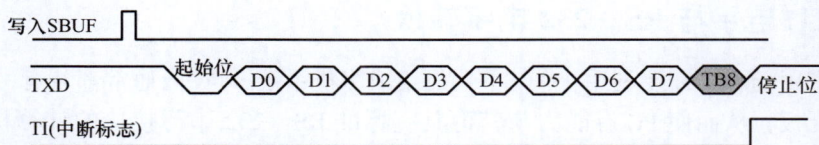

图 5-16　串行口工作方式 2、3 的数据发送时序

路进行最后一次移位，并置 TI = 1，向 CPU 请求中断。

如图 5-17 所示，接收数据时，数据从右边移入输入移位寄存器，在起始位 "0" 移到最左边时，控制电路进行最后一次移位。当 RI = 0 且 SM2 = 0（或接收到的第 9 位数据为 1）时，接收到的数据装入接收缓冲器 SBUF 和 RB8（接收数据的第 9 位），置 RI = 1，向 CPU 请求中断。如果条件不满足，则丢弃数据，且不置位 RI，继续搜索 RXD 引脚的负跳变。

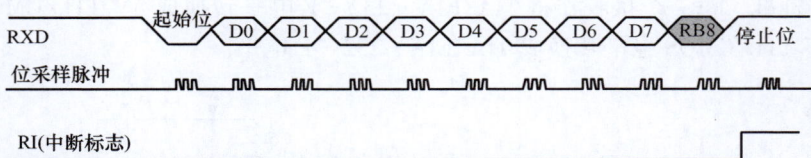

图 5-17　串行口工作方式 2、3 的数据接收时序

二、80C51 串行口的波特率

在串行通信中，收发双方对传送的数据速率（即波特率）要有一定的约定。80C51 单片机的串行口有 4 种工作方式，其中，方式 0 和方式 2 的波特率是固定的，方式 1 和方式 3 的波特率可变，由 T1 的溢出率决定。

工作于方式 0 时，波特率为时钟频率的 1/12，即 $f_{osc}/12$，固定不变。工作于方式 2 时，波特率取决于 PCON 中的 SMOD 值，当 SMOD = 0 时，波特率为 $f_{osc}/64$，当 SMOD = 1 时，波特率为 $f_{osc}/32$，即波特率 = $f_{osc} \times 2^{SMOD}/64$。

工作于方式 1 和方式 3 时，波特率由 T1 的溢出率和 SMOD 共同决定，即方式 1 和方式 3 的波特率为

$$波特率 = (2^{SMOD}/32) \times T1 的溢出率$$

其中，T1 的溢出率取决于单片机 T1 的计数速率和定时器的预置值。计数速率与 TMOD 寄存器中的 $\overline{C}$ 位有关。当 $\overline{C} = 0$ 时，计数速率为 $f_{osc}/12$；当 $\overline{C} = 1$ 时，计数速率为外部输入时钟频率。

实际上，当 T1 作为波特率发生器使用时，通常是工作在模式 2，即自动重装载的 8 位定时器，此时 TL1 作计数用，自动重装载的值在 TH1 内。设计数的预置值（初始值）为 X，那么每过 $256 - X$ 个机器周期，定时器溢出一次，溢出周期为 $(12/f_{osc}) \times (256 - X)$，溢出率为溢出周期的倒数（为了避免因溢出而产生不必要的中断，此时应禁止 T1 中断），所以

$$波特率 = (2^{SMOD}/32) \times f_{osc}/[12 \times (256 - X)]$$

$$定时器初始值 \ X = 256 - (f_{osc} \times 2^{SMOD})/(384 \times 波特率)$$

三、TTL 电平与 RS‑232 电平转换

在许多应用场合，需要利用 PC 与单片机组成多机系统，PC 内通常都装有一个 RS‑232 异步通信适配板，从而使 PC 有能力与其他具有标准 RS‑232 串行接口的计算机进行通信。RS‑232 标准采用负逻辑，逻辑"1"电平在 −5 ~ −15V 范围内，逻辑"0"电平在 5 ~ 15V 范围内。

80C51 单片机本身具有一个全双工的串行口，但单片机的串行口为 TTL 电平。由于 RS‑232 的逻辑电平与 TTL 电平不兼容，为了与 TTL 电平的 80C51 单片机器件连接，必须进行电平转换。如图 5‑18 所示，美国 MAXIM 公司生产的 MAX232 系列 RS‑232 收发器是目前较为普遍的串行口电平转换器件。MAX232 是的一款兼容 RS‑232 标准的芯片。该器件包含 2 个驱动器、2 个接收器和 1 个电压发生器电路，提供 TIA/EIA‑232‑F 电平。该器件符合 TIA/EIA‑232‑F 标准，每一个接收器将 TIA/EIA‑232‑F 电平转换成 5V TTL/CMOS 电平，每一个发送器将 TTL/CMOS 电平转换成 TIA/EIA‑232‑F 电平。

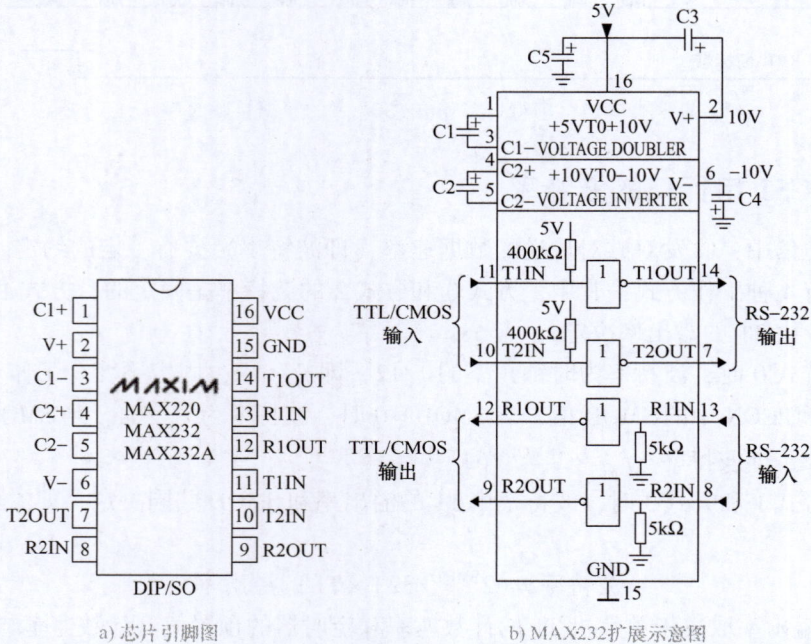

a) 芯片引脚图   b) MAX232 扩展示意图

图 5‑18　MAX232 芯片及接线扩展图

MAX232 芯片内部两路收发器原理一样，多数设备中只用其中一路。以单片机与 MAX232 第二路收发器扩展为例，将 80C51 芯片的 RXD（P3.0）引脚与 MAX232 的信号输入端 T2IN 连接，TXD（P3.1）引脚与 MAX232 的信号输出端 T2OUT 连接；将 MAX232 的信号输出端 T2OUT 与 RS‑232 接口的 2 号引脚（RXD）连接，MAX232 的信号输入端 T2IN 与 RS‑232 接口的 3 号引脚（TXD）连接；同时将 RS‑232 接口的 5 号脚（GND）接地即可。

四、指针

指针是 C 语言中的一个重要概念，是一种使用广泛的数据类型。利用指针变量可以表

示各种数据结构，能很方便地使用数组和字符串，并能像汇编语言一样处理内存地址，从而编写出精练而高效的程序。指针极大地丰富了 C 语言的功能。

1. 指针的概念

源程序编译后，在其执行过程中，就会为其中的程序实体（如变量、数组以及函数）分配存储空间。这些被分配了内存空间的程序实体都具有自己的内存地址。

从根本上说，程序是按照地址访问程序实体的。C 语言不仅可用变量名访问内存数据（直接访问），还可直接使用内存地址访问内存数据（间接访问）。变量的内存地址就称为指向该变量的指针。由于变量是有类型的，因此指针也依附于所指变量的类型。通俗地说，一个数据的"指针"就是它的地址。通过变量的地址能找到该变量在内存中的存储单元，从而能得到它的值。指针是一种特殊类型的变量，指针的命名与一般变量是相同的，它与一般变量的区别在于类型和值上。

指针存放的是某个变量在内存中的地址值。被定义过的变量都有一个内存地址。如果一个指针存放了某个变量的地址值，就称这个指针指向该变量。由此可见，指针本身具有一个内存地址，另外，它还存放了它所指向的变量的地址值。一个指针所指变量的类型称为该指针的基类型。

2. 指针的定义

指针变量不同于整型或字符型等其他类型的变量，使用前必须将其定义为指针类型。其定义的一般形式如下：

> 类型说明符　*指针名字

例如，

```
int i;          //定义一个整型变量 i
int * pointer;  //定义整型指针,其名字为 pointer
```

可以用取地址运算符"&"使一个指针变量指向另一个变量。例如，经上述两行定义后，"pointer = &i;"语句中"&i"表示取 i 的地址，将 i 的地址存放在指针变量 pointer 中。

在定义指针时要注意以下两点：

1）指针名字前的"*"表示该变量为指针变量。

2）一个指针变量只能指向同一个类型的变量。例如，整型指针不能指向字符型变量。

3. 指针的初始化

指针在使用之前必须经定义说明和初始化。

> 类型说明符 指针交量 = 初始地址值;

例如，

```
unsigned char * p;      //定义无符号字符型指针变量 p
unsigned char m;        //定义无符号字符型数据 m
p = &m;                 //将 m 的地址存在 p 中(指针变量 p 有了确定指向,即被初始化了)
```

4. 指针的相关运算符及引用

C 语言中有两个与指针有关的运算符：

1）&：取地址运算符，其作用是取得某变量的地址。

2）＊：指针运算符，其作用是取得指针所指某变量的值。

例如，&x 代表变量 x 的地址，＊p 是指针变量 p 所指向变量的值。

＊p++：先取 p 所指向单元的值，然后再计算 p++。

＊p－－：先取 p 所指向单元的值，然后再计算 p－－。

（＊p）++：先取 p 所指向单元的值，然后将所取值加1。

（＊p）－－：先取 p 所指向单元的值，然后将所取值减1。

5. 指向数组的指针

一个变量有地址，一个数组元素也有地址，所以可以用一个指针指向一个数组元素。如果一个指针存放了某数组的第一个元素的地址，就可以说该指针是指向这一数组的指针。数组的指针即数组的起始地址。

```
unsigned char a[ ]={0,1,2,3};
unsigned char *p;
p=&a[0];          //将数组 a 的首地址存放在指针变量 p 中
```

或

```
p=a;      //将数组 a 的首地址存放在指针变量 p 中
```

经上述定义后，指针 p 就是数组 a 的指针。C 语言规定，数组名代表数组的首地址，也就是第一个元素的地址。上面 p=&a[0] 和 p=a 的作用是等价的。

C 语言规定，p 指向数组 a 的首地址后，p+1 就指向数组的第二个元素 a[1]，p+2 指向 a[2]，p+i 指向 a[i]，依此类推。

例 5-1　利用指针给数组 a[10] 各元素依次赋数值0~9。

```
void main(void)
{
 int a[10],i;
 int *p;
 p=a;
 for(i=0;i<10;i++)
 {
  *p++=i;
 }
}
```

任务实践

一、双机通信电路设计

单片机与计算机通信时，由于单片机和计算机电平标准不一样，逻辑电平不兼容，因此需要由电平转换芯片 MAX232 进行转换。利用 Proteus 仿真软件设计单片机与 PC（可用虚拟终端代替）通信的仿真原理图，如图 5-19 所示。单片机 RXD 引脚接

MAX232 芯片输出引脚 R1OUT，经 MAX232 芯片 R1IN 引脚接计算机 RS－232 接口 3 号引脚；单片机 TXD 引脚接 MAX232 芯片 T1IN 引脚，经 MAX232 芯片 T1OUT 引脚接计算机 RS－232 接口 2 号引脚。要注意计算机、单片机及 MAX232 驱动电路保持共地，以保证参考电压一致。

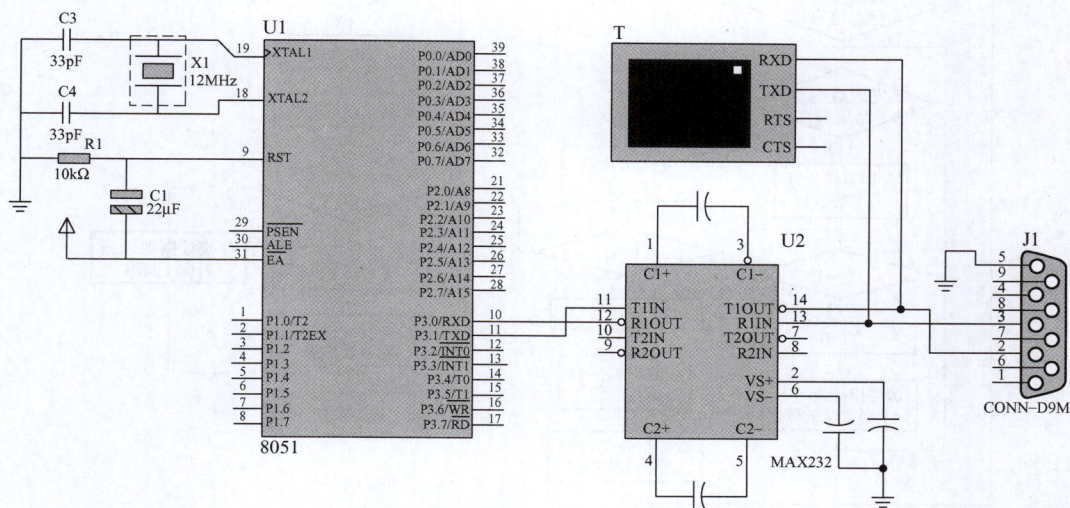

图 5-19　单片机与 PC 通信仿真原理图

二、双机通信程序设计

1. 计算波特率

采用 T1 工作方式 2 作为波特率发生器，设置 SMOD = 0，设定时器初值为 X，则

$$X = 256 - (f_{osc} \times 2^{SMOD})/(384 \times 波特率) = 256 - (12 \times 10^6 \times 2^0)/(384 \times 9600)$$
$$= 253 = 0xfd$$

2. 程序设计

程序设计时 PC 端输入字符，以回车符（0x0d）作为输入结束符；单片机接收字符并保存，以回车符作为接收结束符；接收结束后将保存的字符转发给 PC。单片机接收和发送字符可采用查询或中断方法。一般情况下，接收字符采用中断方法，以免丢失数据；而发送字符采用主程序查询或中断都可。

如图 5-20 所示，本程序设计主要分为主程序和串行口中断服务子程序两部分。串行口中断服务子程序用于接收上位机发送的数据。程序首先定义一指针指向单片机 0x40 为起始地址的存储单元，上位机有数据发送时单片机通过中断接收并依次保存在指针指向的存储单元，依次加 1 调整指针，直至接收的数据为回车符时，设立接收一组数据标志位，单片机查询到该标志位时将接收到的数据依次返还给计算机，完成单片机和计算机串行通信数据的接收和发送。

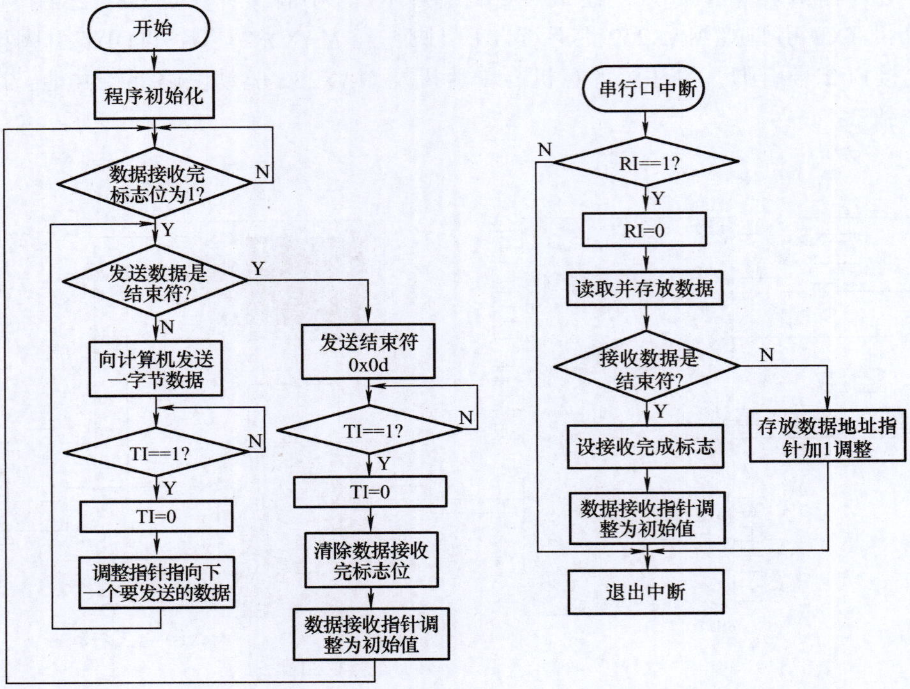

a) 主程序　　　　　　　　　　b) 串行口中断服务子程序

图 5-20　双机通信单片机程序流程

参考程序如下：

```
/************************************************

功能:串行接收数据并原数据发回
方法:发送数据采用查询方法,接收数据采用中断方法
************************************************/
#include <reg51.h>
#define uchar unsigned char
#define uint unsigned int
uchar idata *DATA;
bit FLG=0;
void UART_INT(void) interrupt 4 using 2
{
   if(RI)                    //判断是否接收中断
   {
      RI=0;                  //接收标志位清0
      *DATA=SBUF;            //存放接收数据
      if(*(DATA)==0x0d)      //判断接收是否完成
      {
         FLG=1;             //设置接收完成标志
         DATA=0x40;          //设置指针地址
```

```
        return;                          //返回
    }
    DATA ++ ;                            //调整存储地址(指针)
  }
}
void main(void)
{
  SCON = 0x50;                           //初始化串行口工作方式
  PCON = PCON&0x7f;                      //SMOD = 0
  TMOD = 0x20;                           //T1 工作方式 2
  TH1 = 0xfd;                            //设置波特率发生器初始值 9600
  TL1 = 0xfd;
  TR1 = 1;                               //启动 T1
  ES = 1;                                //允许串行口中断
  EA = 1;                                //开中断
  DATA = 0x40;                           //初始化指针指向地址
  while(1)
  {
      if(FLG == 1)                       //判断是否有接收数据
      {
          while(*DATA! = 0x0d)           //判断是否发送完成
          {
              SBUF = *DATA;              //发送数据
              while(!TI);                //等待发送完成
              TI = 0;                    //清发送完标志位
              DATA ++ ;                  //调整指针
          }
      SBUF = 0x0d;                       //发送回车符
      while(!TI);
      TI = 0;
      FLG = 0;                           //清接收标志
      DATA = 0x40;                       //设置指针地址
      }
  }
}
```

3. 仿真调试

编译程序，根据编译提示修改语法错误后，生成 HEX 文件，并加载至仿真电路进入运行状态。从计算机仿真端口输入一串数字，按回车键后观察是否有同样的数据返回。可以在中断服务子程序中设置断点，观察有数据接收时程序是否顺利进入中断，如不能进入中断，仔细检查中断初始化部分程序是否正确；程序进入中断后观察是否有数据返回给计算机，如没有，则检查接收数据后是否设置标志位，存储指针是否调整正确，验证主程序是否上传数据和调整指针等。逐渐修改优化程序，直至功能正常运行。仿真结果如图 5-21 所示。

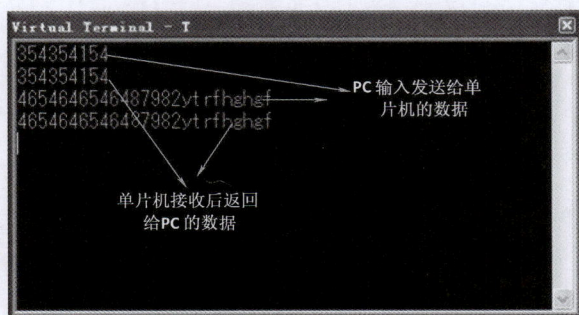

图 5-21　数据发送/接收仿真结果

三、举一反三——拓展实践

1. 实践任务

在双机通信电路基础上增加 4 位数码管显示电路，使计算机通过单片机驱动数码管显示计算机依次发送的数字，每次显示 4 个数字。

2. 任务目的

1）学会计算机与单片机串行口通信电路设计。

2）熟练应用 Proteus 软件绘制仿真原理图。

3）学会单片机串行口工作方式 1 的应用原理。

4）学会单片机串行口发送数据及中断接收数据的程序设计方法。

5）学会利用 Keil 软件编辑程序及修改语法和逻辑错误，会进行程序调试。

3. 任务要求及考核表

任务名称：计算机与单片机通信并驱动 4 位数码管显示					
班级		姓名		学号	
考核项目	配分	要求及评价标准			得分
元器件数量	5	各元器件数量是否完整。缺失 1 个扣 1 分			
参数标注	5	各元器件参数是否正确。错误 1 个扣 1 分			
元器件布局	5	元器件布局合理美观，功能模块清晰。若不合要求，根据情况扣 0.5~4 分			
连线	5	连线合理，连线距离最优且整洁美观，无不必要交叉，交叉连接处有连接点。若不合要求，酌情扣分			
电路正确性	20	电路设计合理，无功能和逻辑错误，功能齐全。若不合要求，根据完成情况酌情扣分			
程序语法	10	能排除相关语法错误，编译成功。若生成 HEX 文件有语法错误或未生成 HEX 文件，则各扣 5 分			
程序运行效果	35	程序无逻辑错误，运行效果符合要求，功能齐全。若不合要求，根据完成情况酌情扣分			
5S 整理	5	整理、清洁自己的工位，完成任务后保持工位整洁整齐，无垃圾			

（续）

考核项目	配分	要求及评价标准	得分
自主创新	5	在完成任务要求的基础上，自主设计其他功能，使任务具有合理的拓展性能	
团结协作	5	能和同学交流，乐于请教和帮助其他同学，学会分工协作	
时间系数	1	按照完成任务先后顺序，每落后一位同学，系数减 0.01	
成绩合计		各项得分和乘以时间系数	

项 目 小 结

通过本项目的学习，主要掌握通信的基本知识、通信协议，重点掌握单片机串行口转并行口技术扩展和应用、单片机与计算机双机通信电路设计和编程方法。主要内容如下：

1）串行通信的概念、工作方式、通信帧格式。

2）单片机串行口内部结构。

3）单片机串行口波特率的计算。

4）单片机串行口的 4 种工作方式。

5）单片机串行口转并行口、计算机与单片机通信应用程序设计。

单 元 测 试

班级：_____　姓名：_____　学号：_____

一、填空题

1. AT89C51 的串行异步通信口为_____通信制式。

2. 串行通信波特率的单位是_____，串行口工作方式 0 的波特率为_____。

3. AT89C51 单片机的通信接口有_____和_____两种。在串行通信中，发送时要把_____数据转换成_____数据。接收时又需把_____数据转换成_____数据。

4. AT89C51 单片机串行口的 4 种工作方式中，_____和_____的波特率是可调的，与 T1 的溢出率有关，另外两种方式的波特率是固定的。

5. 在串行通信中，波特率的定义为_____，收发双方对波特率的设定应该是_____的。

6. 串行口中断标志 RI/TI 由_____置位，由_____清零。

7. 串行数据通信方式分为单工、_____和_____全双工。

8. 电源控制寄存器（PCON）的最高位 SMOD =_____时，串行口的波特率加倍。

9. MCS－51 系列单片机串行接口有 4 种工作方式，这可在初始化程序中用软件设置特殊功能寄存器_____加以选择。

10. 计算机与计算机或外围设备之间的_____称为通信。通信可分为_____通信和_____通信。串行通信按传送的数据格式不同，分为_____和_____。

二、选择题

1. 控制串行口工作方式的寄存器是（　　）。

A. TCON   B. PCON   C. TMOD   D. SCON

2. 串行口通信的波特率为 1200bit/s，数据格式为 1 位起始位、8 位数据位和 1 位停止位，则每秒传送的字符数是（   ）个。

A. 8   B. 12   C. 100   D. 120

3. AT89C51 单片机片内的串行口通信接口有（   ）种工作方式。

A. 2   B. 3   C. 4   D. 6

4. AT89C51 单片机的串行口是（   ）制式。

A. 单工   B. 半双工   C. 半单工   D. 全双工

5. 串行口工作方式 1 的波特率是（   ）。

A. 固定的，为 $f_{osc}/32$ B. 固定的，为 $f_{osc}/16$

C. 可变的，通过 T1 的溢出率设定   D. 固定的，为 $f_{osc}/64$

6. 串行口的移位寄存器方式为（   ）。

A. 方式 0   B. 方式 1   C. 方式 2   D. 方式 3

7. 利用 51 单片机的串行口扩展并行口时，串行口工作方式应选择（   ）。

A. 方式 0   B. 方式 1   C. 方式 2   D. 方式 3

8. 控制串行口工作方式的寄存器是（   ）。

A. TCON   B. PCON   C. SCON   D. TMOD

9. 发送一次串行数据的操作不包含的是（   ）。

A. TI = 0   B. x = SBUF   C. while（！TI）   D. SBUF = 0xa5

10. 在进行串行通信时，若两机的发送与接收可以同时进行，则称为（   ）。

A. 半双工传送   B. 单工传送   C. 双工传送   D. 全双工传送

三、判断题

（   ）1. MCS－51 系列单片机的串行口是全双工制式。

（   ）2. 要进行多机通信，MCS－51 系列单片机串行口的工作方式应为方式 1。

（   ）3. MCS－51 系列单片机上电复位时，SBUF = 00H。

（   ）4. 用串行口扩展并行口时，串行口工作方式应选为方式 1。

（   ）5. MCS－51 系列单片机串行口多机通信时，可工作在方式 2 或方式 3。

（   ）6. MCS－51 系列单片机串行口多机通信时，允许数据双向传送。

（   ）7. MCS－51 系列单片机串行通信时，数据的奇偶校验位可有可无，视具体情况而定。

（   ）8. 在串行口的 4 种工作方式中，方式 1 与方式 3 的波特率是固定值。

（   ）9. 用串行口扩展并行口时，RXD 引脚用于接收数据，TXD 引脚用于发送数据。

（   ）10. 串行口接收到的第 9 数据位送 SCON 寄存器的 RB8 中保存。

（   ）11. 串行口发送数据的第 9 数据位内容在 SCON 寄存器的 TB8 位中预先准备好。

（   ）12. 串行口接收或发送第 9 数据位的功能可由用户定义。

四、简答题

设置串行口的波特率为 9600bit/s，请列出计算初始值步骤，并写出初始化程序。

项目6

简易数字电压表设计

知识目标

1. 了解 LCD1602 液晶模块的工作原理。
2. 掌握 LCD1602 液晶模块与单片机接口的扩展方法。
3. 理解对 LCD1602 液晶模块的读/写操作方法。
4. 了解 A/D 转换器常见类型。
5. 理解 A/D 转换相关技术指标意义。
6. 理解 I²C 总线的工作原理。

技能目标

1. 会利用单片机对 LCD1602 液晶模块进行电路扩展。
2. 会编写程序控制 LCD1602 液晶模块显示相关字符。
3. 会利用单片机对 A/D 转换芯片 PCF 8591 进行电路扩展。
4. 会利用 A/D 转换芯片 PCF8591 进行 A/D 转换程序设计。

情景导入

在电控监测系统中通常需要对外部物理量进行检测，如压力、温度等。首先需要将其转换成对应的模拟量，然后通过 A/D 转换器转换成数字信号，或直接将模拟量（电压或电流）通过 A/D 转换器转换成数字信号，以便单片机做进一步处理。本项目对电压量进行 A/D 转换，转换成数字量后，由单片机计算出对应电压值并通过 LCD1602 液晶模块进行显示。本项目主要通过两个任务实现，首先完成 LCD1602 液晶模块显示任务，然后在此基础上利用 A/D 转换芯片 PCF8591 对电压量进行转换，并将计算后的电压值通过 LCD1602 液晶模块显示。

任务1 低碳显示，技术有责：LCD1602 液晶模块显示

预习测试

班级：＿＿＿＿＿＿＿＿ 姓名：＿＿＿＿＿＿＿＿ 学号：＿＿＿＿＿＿＿＿

一、填空题

1. LCD1602 液晶模块可以显示＿＿＿＿＿＿行，每行显示＿＿＿＿＿＿个 ASCII 码。
2. LCD1602 控制器内部有＿＿＿＿＿＿字节的显示 RAM 缓冲区。
3. LCD1602 是＿＿＿＿＿＿型液晶显示模块，在其显示字符时，只需将待显示字符的

_____码由单片机写入 LCD1602 的显示数据 RAM（DDRAM），内部控制电路就可将字符在 LCD 上显示出来。

4. LCD1602 显示一个字符的操作过程为：首先 _____，然后 _____，随后_____，最后_____。

5. LCD1602 常用的写子函数有_____和_____两种。

二、选择题

1. LCD1602 模块的 RS＝1，R/W＝1，表示（　　）。

A. 数据寄存器写入　　B. 数据寄存器读出　　C. 指令寄存器写入　　D. 忙信号读出

2. LCD1602 的使能端 E，在引脚上出现（　　）后，模块执行命令。

A. 低电平　　　　　　B. 高电平　　　　　　C. 负跳变　　　　　　D. 正跳变

3. LCD1602 显示控制时，第一行显示地址的首地址为（　　）。

A. 0x40　　　　　　　B. 0x80　　　　　　　C. 0xC0　　　　　　　D. 0xF0

4. LCD1602 显示控制时，第二行显示地址的首地址为（　　）。

A. 0x40　　　　　　　B. 0x80　　　　　　　C. 0xC0　　　　　　　D. 0xF0

5. LCD1602 的 RS 引脚为（　　）时选择数据寄存器。

A. 低电平　　　　　　B. 高电平　　　　　　C. 负跳变　　　　　　D. 正跳变

6. LCD1602 的 RS 引脚为（　　）时选择指令寄存器。

A. 低电平　　　　　　B. 高电平　　　　　　C. 负跳变　　　　　　D. 正跳变

7. LCD1602 的 R/W 引脚为读/写信号线，（　　）时进行读操作。

A. 低电平　　　　　　B. 高电平　　　　　　C. 负跳变　　　　　　D. 正跳变

8. LCD1602 的 R/W 引脚为读/写信号线，（　　）时进行写操作。

A. 低电平　　　　　　B. 高电平　　　　　　C. 负跳变　　　　　　D. 正跳变

9. LCD1602 控制中，当 RS 和 R/W 共同为（　　）时，可以写入指令或者显示地址。

A. 低电平　　　　　　B. 高电平　　　　　　C. 负跳变　　　　　　D. 正跳变

10. LCD1602 控制中，当 RS 和 R/W 共同为（　　）时，可以读忙信号。

A. 低电平　　　　　　B. 高电平　　　　　　C. 负跳变　　　　　　D. 正跳变

11. LCD1602 液晶显示模块的清屏指令码是（　　）。

A. 0x01　　　　　　　B. 0x04　　　　　　　C. 0x06　　　　　　　D. 0x38

任务描述

利用单片机和 LCD1602 模块扩展液晶显示电路，显示 0～9 数字和 a～v 字符。掌握 LCD1602 液晶显示程序的设计方法。

知识链接

一、LCD1602 简介

液晶显示器的英文名是 Liquid Crystal Display，简称 LCD。液晶显示器作为显示器件具有体积小、重量轻、功耗低、性价比高等优点，广泛用于电子仪器仪表、冰箱、空调等装置。

常用的字符型液晶模块有 1601 和 1602 两种。前者只有一行，只能显示 16 个 ASCII 码字符；后者能显示两行，共 32 个 ASCII 码字符。这两种液晶模块都采用了 HD44780 及兼容芯片作为驱动器。其内部组成如图 6-1 所示。

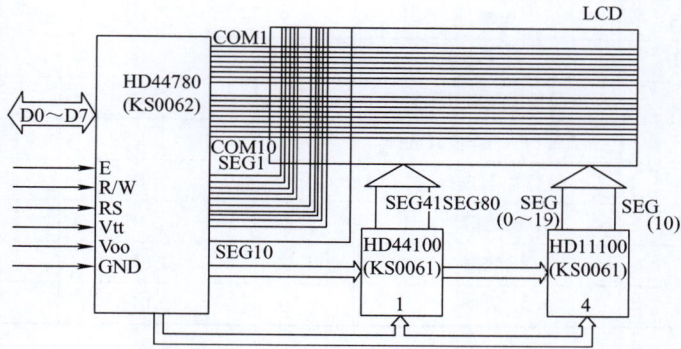

图 6-1　液晶模块的内部组成

LCD1602 的实物图和外形尺寸如图 6-2 所示，本项目中使用的液晶部件是一种将液晶显示器件、连接件、集成电路、PCB、背光源、结构件装配在一起的组件，英文名为 LCD Module，简称 LCM，即 "液晶显示模块"。

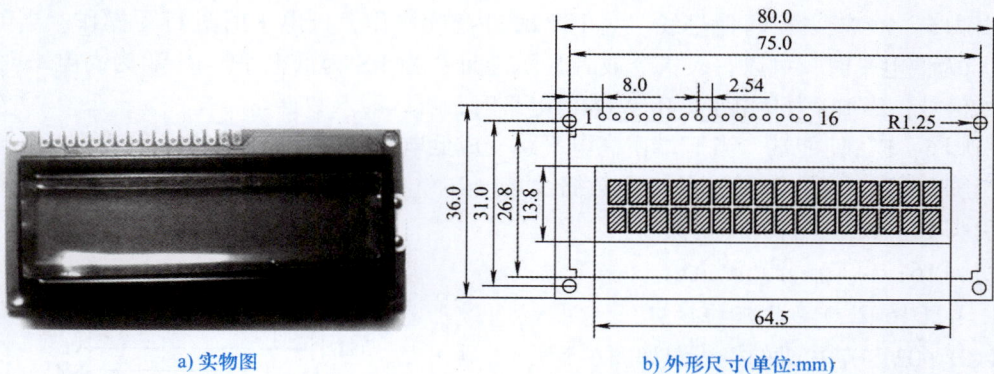

a) 实物图　　　　　　　　　　b) 外形尺寸(单位:mm)

图 6-2　LCD1602 的实物图和外形尺寸

二、LCD1602 与单片机接口

1. LCD1602 工作参数

- 显示容量：16×2 个字符。
- 芯片工作电压：4.5～5.5V。
- 工作电流：2.0mA（5.0V）。
- 模块最佳工作电压：5.0V。
- 字符尺寸：2.95mm×4.35mm（宽×高）。
- 工作温度：0～50℃。

2. LCD1602 引脚功能说明

LCD1602 采用标准的 14 脚（无背光）或 16 脚（带背光）。各引脚说明见表 6-1。

表 6-1　LCD1602 引脚说明

编 号	符号	引脚说明	编 号	符号	引脚说明
1	VSS	电源地	9	D2	数据
2	VDD	+5V 电源	10	D3	数据
3	VL	液晶显示器对比度调整	11	D4	数据
4	RS	数据/指令寄存器选择	12	D5	数据
5	R/W	读/写选择	13	D6	数据
6	E	使能信号	14	D7	数据
7	D0	数据	15	BLA	背光源正极
8	D1	数据	16	BLK	背光源负极

引脚 1：VSS，接地电源。

引脚 2：VDD，接 +5V 电源。

引脚 3：VL，液晶显示器对比度调整端。接正电源时对比度最弱，接地时对比度最高。对比度过高时会产生"鬼影"，使用时可以通过一个 10kΩ 的电位器调整对比度。

引脚 4：RS，寄存器选择端。高电平时选择数据寄存器，低电平时选择指令寄存器。

引脚 5：R/W，读/写信号线。高电平时进行读操作，低电平时进行写操作。当 RS 和 R/W 同为低电平时，可以写入指令或者显示地址；当 RS 为低电平、R/W 为高电平时，可以读忙信号；当 RS 为高电平、R/W 为低电平时，可以写入数据。

引脚 6：E，使能端。当 E 端由高电平跳变成低电平时，液晶模块执行命令。

引脚 7～14：D0～D7，8 位双向数据线。

引脚 15：BLA，背光源正极。

引脚 16：BLK，背光源负极。

3. LCD1602 与单片机的接口

LCD1602 与单片机的接线图如图 6-3 所示。其中，LD1602 的 D0～D7 引脚与单片机的 P0 口相连作为数据接口；RS、R/W 及 E 引脚可与单片机普通引脚相连，以便灵活控制 LCD1602 读/写数据。

三、LCD1602 读/写操作

1. LCD1602 的 RAM 地址映射

液晶显示模块是一个慢显示器件，所以在执行每条指令之前一定要确认模块的忙标志为低电平，表示不忙，否则此指令失效。显示字符时要先输入显示字符地址，即告诉模块在哪里显示字符。LCD1602 控制器内部有 80B 的显示 RAM 缓冲区，对应关系如图 6-4 所示。

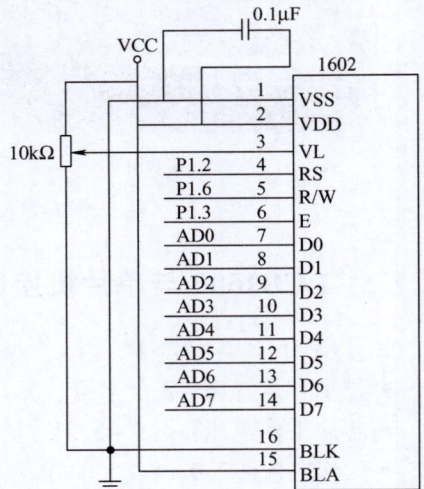

图 6-3　LCD1602 与单片机接线图

222

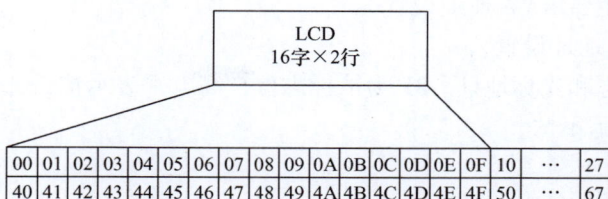

图 6-4　LCD1602 控制器内部显示地址

2. LCD1602 的指令说明

LCD1602 显示一个字符的操作过程：首先读忙标志位 BF，然后写命令，再写显示字符，最后自动显示字符。LCD1602 液晶模块的读/写操作、屏幕和光标的操作都是通过指令编程来实现的，内部的控制器共有 11 条控制指令，见表 6-2。

表 6-2　LCD1602 控制指令说明表

序号	指令	RS	R/W	D7	D6	D5	D4	D3	D2	D1	D0
1	清显示	0	0	0	0	0	0	0	0	0	1
2	光标复位	0	0	0	0	0	0	0	0	1	*
3	光标和显示模式设置	0	0	0	0	0	0	0	1	I/D	S
4	显示开/关控制	0	0	0	0	0	0	1	D	C	B
5	光标或字符移位控制	0	0	0	0	0	1	S/C	R/L	*	*
6	设置功能	0	0	0	0	1	DL	N	F	*	*
7	设置字符发生存储器地址	0	0	0	1	字符发生存储器地址					
8	设置数据存储器地址	0	0	1	显示数据存储器地址						
9	读忙标志和光标地址	0	1	BF	计数器地址						
10	写数据到 CGRAM 或 DDRAM	1	0	要写的数据内容							
11	从 CGRAM 或 DDRAM 读数据	1	1	读出的数据内容							

注：表中 * 表示 0 或 1 均可。

指令 1：清显示。指令码为 01H，光标复位到地址 00H。

指令 2：光标复位。光标返回到地址 00H。

指令 3：光标和显示模式设置。I/D 表示光标移动方向，高电平右移，低电平左移；S 表示屏幕上是否所有文字左移或者右移，高电平表示有效，低电平则无效。

指令 4：显示开/关控制。D 控制整体显示的开与关，高电平表示开显示，低电平表示关显示为 C 控制光标的开与关，高电平表示有光标，低电平表示无光标。B 控制光标是否闪烁，高电平闪烁，低电平不闪烁。

指令 5：光标或字符移位控制。S/C 为高电平时移动显示的文字，为低电平时移动光标。光标或字符移位的移动方向由 R/L 决定，高电平时右移，低电平时左移。

指令 6：功能设置指令。DL 为低电平时是 4 位总线，为高电平时是 8 位总线；N 为低电平时表示单行显示，为高电平时表示双行显示；F 为低电平时显示 5×7 的点阵字符，为高电平时显示 5×10 的点阵字符。

指令 7：字符发生器 RAM 地址设置。

指令 8：DDRAM 地址设置。

指令 9：读忙标志和光标地址。BF 为忙标志位，高电平表示忙，此时模块不能接收指令或者数据；低电平表示不忙。

指令 10：写数据。

指令 11：读数据。

3. LCD1602 读/写

LCD1602 的三个功能引脚 RS、R/W、E 及数据接口用于液晶显示模块的读/写控制访问。写函数通常有写指令和写数据两种函数，且当 E 引脚出现负跳变信号时执行具体指令。具体功能见表 6-3。

表 6-3 LCD1602 控制引脚功能

功能	RS	R/W	E	D0 ~ D7
写指令	0	0	1	指令码
读数据	1	1	1	读数据
写数据	1	0	1	对应数据

根据各引脚功能，具体功能程序设计如下：

（1）写指令程序设计

```
/* -----------------------------------
;模块名称：LCD_write_command()
;功    能：LCD1602 写指令函数
#define        LCD_DB    P0
;sbit          LCD_RS = P2^0;   //P2^0 指 P2.0
;sbit          LCD_RW = P2^1;   //P2^1 指 P2.1
;sbit          LCD_E = P2^2;    //P2^2 指 P2.2
;------------------------------------ */
void LCD_write_command(uchar dat)
{
    delay_n10us(10);
    LCD_RS = 0;                 //指令
    LCD_RW = 0;                 //写入
    LCD_E = 1;                  //允许
    LCD_DB = dat;
    delay_n10us(10);           //LCD1602 用 for 循环,1 次就能完成普通写指令
    LCD_E = 0;                  //执行命令
    delay_n10us(10);
}
```

（2）写数据程序设计

```
/* -----------------------------------
;模块名称：LCD_write_data()
```

```
;功　　能：LCD1602 写数据函数
;------------------------------------ */
void LCD_write_data(uchar dat)
{
    delay_n10us(10);
    LCD_RS =1;                //数据
    LCD_RW =0;                //写入
    LCD_E =1;                 //允许
    LCD_DB = dat;             //LCD_DB:P0
    delay_n10us(10);
    LCD_E =0;                 //执行命令
    delay_n10us(10);
}
```

（3）LCD1602 初始化程序设计

LCD1602 初始化工作步骤如下：

1）程序运行时，等待约 15ms，让 LCD1602 的 VDD 电压达 4.5V。

2）用 LCD 写指令函数设置 LCD 的显示模式。例如，设置 LCD1602 采用 16×2 显示、5×7 点库、8 位数据端口，由表 6-2 指令 6 可知，DL 位应设为 1，N 位设为 1，F 位设为 0，则对应送往 LCD1602 的数据端口的数据为 0x38。

3）设置 LCD1602 开/关显示模式，是否显示光标，光标是否闪烁。由指令 4 可知，若整体显示、关光标、不闪烁，则数据端口的数据为 0x0c。

4）设置 LCD1602 读/写字符后地址指针、光标位置是否增 1，屏幕移动与否。由指令 3 可知，若地址指针、光标在读/写字符后增 1、屏幕不移动，则数据端口的数据为 0x06。

5）清屏。清屏指令为 0x01，可在 LCD1602 写指令模式设置下写入清屏指令。清屏指令主要是为了下一次的显示不受上一次显示的干扰。

初始化参考程序如下：

```
/* ------------------------------------
;模块名称：LCD_init()
;功　　能：初始化 LCD1602
;------------------------------------ */
void LCD_init(void)
{
    delay_n10us(10);
    LCD_write_command(0x38);       //设置 8 位格式,2 行,5x7
    delay_n10us(10);
    LCD_write_command(0x0c);       //整体显示,关光标,不闪烁
    delay_n10us(10);
    LCD_write_command(0x06);       //设定输入方式,增量不移位
    delay_n10us(10);
    LCD_write_command(0x01);       //清除屏幕显示
```

```
        delay_n10us(100);              //延时清屏,延时函数,延时约 n 个 10μs
}
```

(4) LCD1602 显示一个字符程序设计

由表 6-2 可知,LCD1602 显示地址由指令 8 控制。写入显示地址时,要求最高位 D7 恒定为高电平 1,指令后面数据结合液晶字符位置偏移地址即为显示位置地址。因此,液晶第一行首地址为 0x80,后续地址只需加上液晶字符偏移地址;第二行字符偏移首地址为 0x40,访问时和 0x80 相加为 0xc0,即为第二行字符位置首地址,因此第二行各字符地址为 0xc0 + 位置偏移量。

在指定位置显示一个字符的参考程序如下:

```
/* --------------------------------------
;模块名称: LCD_disp_char(uchar x,uchar y,uchar dat)
;功    能: LCD1602 显示一个字符的函数,在某个屏幕位置上显示一个字符
;参数说明: x 为 LCD1602 的列值(取值范围是 0 ~ 15),y 为 LCD1602 的行值(取值范围
;是 1 ~ 2),dat 为所要显示字符对应的地址参数
;-------------------------------------- */
void LCD_disp_char(uchar x,uchar y,uchar dat)
{
    uchar address;
    if(y ==1)                         //第 1 行
        address =0x80 + x;            //计算显示地址
    else                              //第 2 行
        address =0xc0 + x;            //计算显示地址
    LCD_write_command(address);       //输出显示地址命令
    LCD_write_data(dat);              //输出显示字符
}
```

(5) LCD1602 显示字符串程序设计

由于单个字符显示完成后 LCD1602 控制器会自动调整光标至下一个位置,因此字符串显示时,只需在第一次输出字符时确定地址,后续将自动依次显示相应字符,不需要再指定显示地址。

参考程序如下:

```
/* --------------------------------------
;模块名称: LCD_disp_str()
;功    能: LCD1602 显示字符串的函数
;参数说明: x 为 LCD1602 的列值(取值范围是 0 ~ 15),y 为 LCD1602 的行值(取值范围
;是 1 ~ 2),str 为所要显示字符串对应的指针参数。
;-------------------------------------- */
void LCD_disp_str(uchar x,uchar y,uchar * str)
{
    uchar address;
    if(y ==1)                                      //第 1 行
```

```
    address = 0x80 + x;              //计算显示地址
    else                             //第 2 行
    address = 0xc0 + x;              //计算显示地址
    LCD_write_command(address);      //输出显示地址命令
    while(*str! ='\0')               //判断字符串结束符
    {
        LCD_write_data(*str);        // 输出显示数据
        str ++;
    }
}
```

任务实践

一、LCD1602 液晶模块显示电路设计

如图 6-5 所示，LCD1602 液晶模块数据端接单片机 P0 口；RS、R/W 和 E 引脚分别由单片机 P2.0、P2.1 和 P2.2 引脚控制；VEE 引脚经电位器接地；为了增强 P0 口驱动能力，在 P0 口接上拉电阻 RP3。

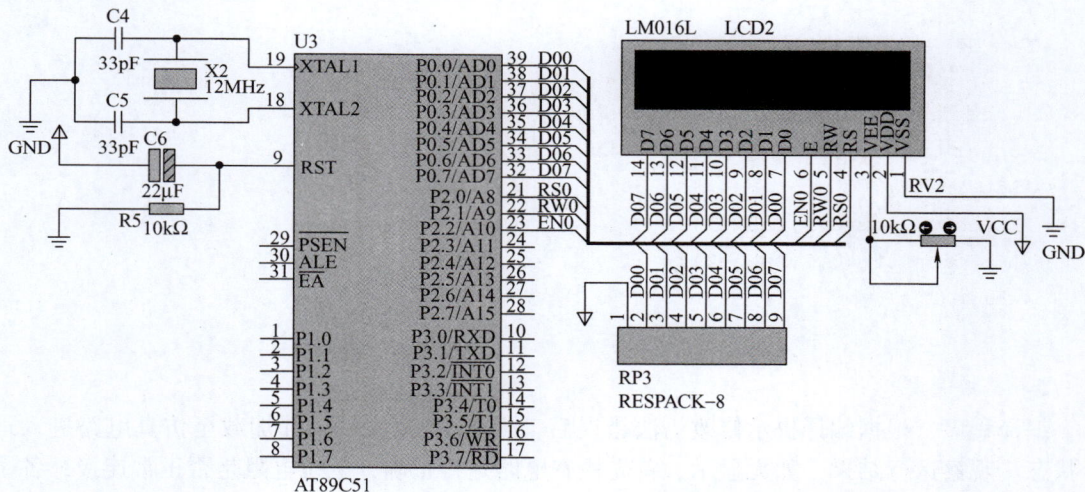

图 6-5 单片机控制 LCD1602 液晶模块显示电路

二、LCD1602 液晶模块显示程序设计

1. 程序设计

在学会 LCD1602 写指令子程序、写数据子程序、初始化子程序以及字符和字符串显示子程序的基础上，再编写本任务程序就变得非常简单，只需将字符串放入数组中，并将数组名以地址指针的形式传递给字符串显示子程序即可。参考程序如下：

```
#include <reg52.h>
#define    LCD_DB    P0
```

```
sbit        LCD_RS = P2^0;      //P2^0 指 P2.0
sbit        LCD_RW = P2^1;      //P2^1 指 P2.1
sbit        LCD_E = P2^2;       //P2^2 指 P2.2
/******声明函数****************/
#define uchar unsigned char
#define uint unsigned int
void LCD_init(void);                            //初始化函数
void LCD_write_command(uchar command);          //写指令函数
void LCD_write_data(uchar dat);                 //写数据函数
void LCD_disp_char(uchar x,uchar y,uchar dat);  //在某位置上显示一个字符
void LCD_disp_str(uchar x,uchar y,uchar *str);  //LCD1602 显示字符串函数
void delay_n10us(uint n)
{
    uint i;
    for(i=n;i>0;i--)
    {
        _nop_();_nop_();_nop_();_nop_();_nop_();_nop_(); //延时 10μs
    }
}
void main(void)
{
  uchar table1[]="0123456789abcdef";  //第一行测试字符
  uchar table2[]="fhijklmnopqrstuv";   //第二行测试字符
  LCD_init();                          //初始化
  LCD_disp_str(0,1,table1);            //第一行显示
  LCD_disp_str(0,2,table2);            //第二行显示
  while(1);
}
```

2. 仿真调试

编译程序，根据编译提示修改语法错误后，生成 HEX 文件，并加载至仿真电路进入运行状态。观察运行结果，如无显示，首先检查电路是否正确，上拉电阻是否正常连接，各子程序语句和指令是否正确。逐渐修改与优化程序，直至功能正常运行。仿真运行如图 6-6所示。

三、举一反三——拓展实践

1. 实践任务

在液晶显示电路的基础上扩展不多于五个按键，实现对液晶第一行显示的 10 个数字（0~9）的大小进行调整的功能。

2. 任务目的

1）学会 LCD1602 液晶显示电路设计。

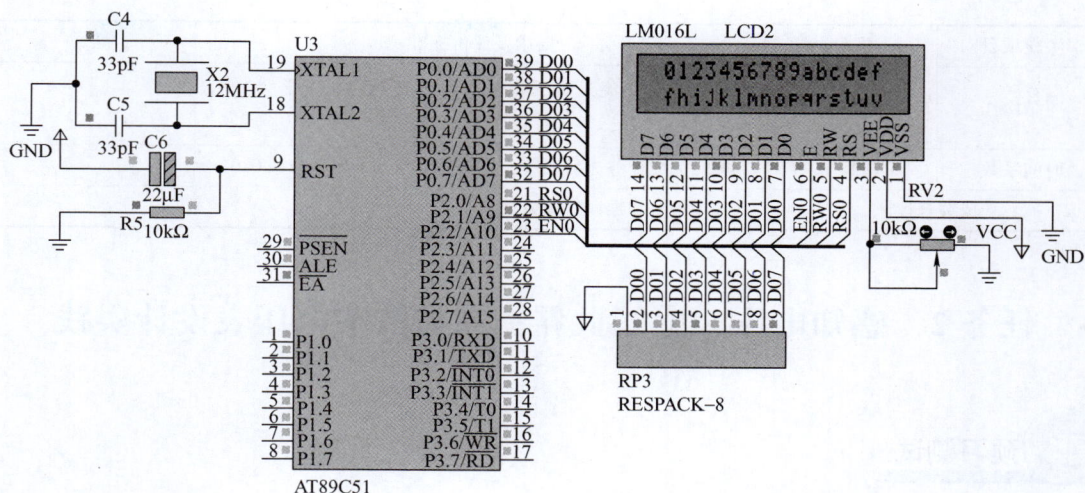

图 6-6　仿真运行结果

2）熟练应用 Proteus 软件绘制仿真原理图。

3）熟练掌握液晶显示程序设计。

4）学会 LCD1602 液晶显示程序设计，利用按键对光标定位和数字大小进行调整。

5）学会利用 Keil 软件编辑程序及修改语法和逻辑错误，会进行程序调试。

3. 任务要求及考核表

任务名称：利用按键调整液晶显示各位数字的大小					
班级		姓名		学号	
考核项目	配分	要求及评价标准			得分
元器件数量	5	各元器件数量是否完整。缺失 1 个扣 1 分			
参数标注	5	各元器件参数是否正确。错误 1 个扣 1 分			
元器件布局	5	元器件布局合理美观，功能模块清晰。若不合要求，根据情况扣 0.5~4 分			
连线	5	连线合理，连线距离最优且整洁美观，无无必要交叉，交叉连接处有连接点。若不合要求，酌情扣分			
电路正确性	20	电路设计合理，无功能和逻辑错误，功能齐全。若不合要求，根据完成情况酌情扣分			
程序语法	10	能排除相关语法错误，编译成功。若生成 HEX 文件有语法错误或未生成 HEX 文件，则各扣 5 分			
程序运行效果	35	程序无逻辑错误，运行效果符合要求，功能齐全。若不合要求，根据完成情况酌情扣分			
5S 整理	5	整理、清洁自己的工位，完成任务后保持工位整洁整齐，无垃圾			
自主创新	5	在完成任务要求的基础上，自主设计其他功能，使任务具有合理的拓展性能			

229

（续）

考核项目	配分	要求及评价标准	得分
团结协作	5	能和同学交流，乐于请教和帮助其他同学，学会分工协作	
时间系数	1	按照完成任务先后顺序，每落后一位同学，系数减0.01	
成绩合计		各项得分和乘以时间系数	

任务2 感知电压，感知世界：简易数字电压表设计实践

预习测试

班级：_____ 姓名：_____ 学号：_____

一、填空题

1. A/D 转换器用于实现_____至_____的转换。

2. A/D 转换器按转换原理可分为四种，即_____A/D 转换器、_____A/D 转换器、_____A/D 转换器和并行式 A/D 转换器。

3. A/D 转换器的主要技术指标有_____、_____和转换速率三种。

4. I^2C 总线是 Philips 公司推出的串行总线，整个系统仅靠_____和_____实现数据传输。

5. I^2C 总线起始信号是在 SCL 线为高电平期间，SDA 线_____的信号；终止信号是 SCL 线为高电平期间，_____的信号。

二、选择题

1. A/D 转换结束通常采用（　　）方式编程。

A. 中断　　　　　　B. 查询　　　　　　C. 延时等待　　　　D. 中断、查询和延时等待

2. A/D 转换的精度由（　　）确定。

A. A/D 转换位数　　B. 转换时间　　　　C. 转换方式　　　　D. 查询方法

3. PCF8591 芯片的 A/D 转换为（　　）。

A. 16 位　　　　　　B. 12 位　　　　　　C. 10 位　　　　　　D. 8 位

4. PCF8591 芯片是（　　）A/D 和 D/A 转换芯片。

A. 串行　　　　　　B. 并行　　　　　　C. 通用　　　　　　D. 专用

5. I^2C 总线向对方发送数据时，首先要发送（　　）。

A. 起始信号　　　　B. 终止信号　　　　C. 应答信号　　　　D. 数据帧

6. I^2C 总线数据发送结束时要发送（　　）。

A. 起始信号　　　　B. 终止信号　　　　C. 应答信号　　　　D. 数据帧

7. I^2C 总线数据传送时，先传送最高位（MSB），每一个被传送的字节后面都必须跟随一位从机的（　　）。

A. 起始信号　　　　B. 终止信号　　　　C. 应答信号　　　　D. 数据帧

8. 进行 A/D 转换时，主机产生起始条件后，首先发送一个寻址字节，如果 PCF8591 扩展物理地址为 0，则寻址字节为（　　　）。

　　A. 0x90　　　　　　B. 0x91　　　　　　C. 0x92　　　　　　D. 0x93

9. 利用 PCF8591 进行 A/D 转换，首先对芯片功能进行设置，需要向 PCF8591 控制器写入控制数据，整个字节地址为（　　　）。

　　A. 0x90　　　　　　B. 0x91　　　　　　C. 0x92　　　　　　D. 0x93

📖 任务描述

利用电位器对 0~5V 分压，并利用 A/D 转换芯片 PCF8591 对分压信号进行 A/D 转换，实时测量电压值，并通过 LCD1602 液晶模块显示。

🔧 知识链接

一、A/D 转换

1. A/D 转换器简介

A/D（模/数）转换器用于实现模拟量至数字量的转换，按转换原理可分为四种：计数式 A/D 转换器、双积分式 A/D 转换器、逐次逼近式 A/D 转换器和并行式 A/D 转换器。

目前最常用的是双积分式 A/D 转换器和逐次逼近式 A/D 转换器。双积分式 A/D 转换器的主要优点是转换精度高，抗干扰性能好，价格便宜；其缺点是转换速度较慢。因此，这种转换器主要用于速度要求不高的场合。

另一种常用的 A/D 转换器是逐次逼近式的，逐次逼近式 A/D 转换器是一种速度较快、精度较高的转换器，其转换时间为几微秒到几百微秒。常使用的逐次逼近式 A/D 转换器芯片有：

1）ADC0801~ADC0805 型 8 位 MOS 型 A/D 转换器。

2）ADC0808/0809 型 8 位 MOS 型 A/D 转换器。

3）ADC0816/0817 型 A/D 转换器。除输入通道数增加至 16 个以外，其他性能与 ADC0808/0809 型基本相同。

4）PCF8591 型 A/D 转换器。它是一种具有 I²C 总线接口的 8 位 A/D 和 D/A 转换芯片。

2. A/D 转换器的主要技术指标

1）分辨率：指对输入模拟量变化的灵敏度。习惯上用输出二进制的位数或 BCD 码位数表示。A/D 转换器转换位数越多，分辨率越高。

对于 n 位的 A/D 转换器，转换结果与输入模拟量的大小之间的关系为

$$\frac{D}{2^n} = \frac{V_i}{V_{ref}}$$

式中，D 为输入模拟量转换后的数字量；n 为 A/D 转换器位数；V_i 为输入模拟量值，V_{ref} 为 A/D 转换电路中的参考电压。

A/D 转换器分辨率的计算公式为

$$V_r = \frac{V_{ref}}{2^n - 1}$$

式中，V_r 表示 A/D 转换器的分辨率；V_{ref} 为 A/D 转换电路中的参考电压；n 为 A/D 转换器位数。

2）转换精度：指与数字输出量所对应的模拟输入量的实际值与理论值之间的差值。转换精度有绝对精度和相对精度两种表示方法。

3）转换速率：指能够重复进行数据转换的速度，即每秒转换的次数。完成一次 A/D 转换所需的时间（包括稳定时间）为转换速率的倒数。

二、PCF8591 工作原理

PCF8591 的 A/D 转换采用逐次逼近转换技术。一个 A/D 转换周期总是开始于发送一个有效读模式地址给 PCF8591 之后，当向芯片发送一个读地址字或读取一个 A/D 数据字节后，在应答时钟脉冲后沿开始进行新的 A/D 转换。如果模拟输入为单端输入，则 A/D 转换数值为 8 位二进制原码（0～255）；如果模拟输入为差分输入，则 A/D 转换数值为 8 位二进制补码（−128～127）。上电复位之后读取的第一个字节是 0x80。

1. 引脚功能说明

PCF8591 是具有 I²C 总线口的 8 位 A/D 及 D/A 转换器，有 4 路 A/D 转换输入、1 路 D/A 转换模拟输出。这就是说，它既可以做 A/D 转换也可以做 D/A 转换。A/D 转换为逐次比较型。图 6-7 为 PCF8591 引脚排列，各引脚的具体功能如下：

AIN0～AIN3：模拟信号输入端。

A0～A2：引脚地址端。

VDD、VSS：电源端（2.5～6V）。

SDA、SCL：I²C 总线的数据线、时钟线。

OSC：外部时钟输入端，内部时钟输出端。

EXT：内部、外部时钟选择线。使用内部时钟时，EXT 接地。

AGND：模拟信号地。

AOUT：D/A 转换输出端。

VREF：基准电源端。

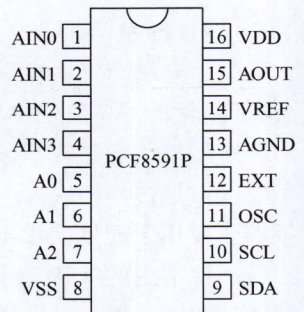

图 6-7　PCF8591 引脚排列

2. PCF8591 可编程功能设置

PCF8591 内部的可编程功能控制字有两个：一个为地址选择字，另一个为转换控制字。PCF8591 地址选择字采用典型的 I²C 总线接口的器件寻址方法，即总线地址由器件地址、引脚地址和方向位组成。Philips 公司规定 A/D 器件高四位（D7～D4）地址为 1001，低三位（D3～D1）地址为引脚地址 A2～A0，由硬件电路决定。地址选择字格式见表 6-4。因此，I²C 系统中最多可接 8 个具有总线接口的 A/D 器件。地址的最后一位（D0）为方向位 R/$\overline{W}$，当主控器对 A/D 器件进行读操作时为 1，进行写操作时为 0。总线操作时，由器件地址、引脚地址和方向位组成的从地址为主控器起始条件后发送的第一字节。

表6-4　地址选择字格式

D7	D6	D5	D4	D3	D2	D1	D0
1	0	0	1	A2	A1	A0	R/$\overline{\text{W}}$

PCF8591的转换控制字存放在控制寄存器中，用于实现器件的各种功能。总线操作时为主控器发送的第二字节。转换控制字的格式如图6-8所示。

MSB							LSB
0	×	×	×	0	×	×	×
D7	D6	D5	D4	D3	D2	D1	D0

图6-8　PCF8591转换控制字的格式

1）D1、D0两位用于A/D通道选择设置。

00：选择通道0；

01：选择通道1；

10：选择通道2；

11：选择通道3。

2）D2：自动增益选择（有效位为1）。

3）D3：特征位，固定为0。

4）D5、D4用于模拟量输入选择。

00：四路单端输入；

01：三路差分输入；

10：单端与差分输入；

11：二路差分输入。

5）D6：模拟输出允许位。A/D转换时设置为0，D/A转换时设置为1。

6）D7：特征位，固定为0。

三、I²C总线工作原理

I²C总线是Philips公司推出的串行总线，整个系统仅靠数据线（SDA）和时钟线（SCL）实现数据传输，即CPU与各个外围器件仅靠这两条线实现信息交换，I²C串行的8位双向数据位在高速模式下传输速率可达3.4Mbit/s。I²C总线系统与传统的并行总线系统相比具有结构简单、可维护性好、易实现系统扩展、易实现模块化与标准化设计、可靠性高等优点。I²C总线在传送数据过程中共有4种典型信号，分别是起始信号、终止信号、应答信号及数据帧。只有在时钟线上的信号为低电平期间，数据线上的高电平或低电平状态才允许变化。

1. 起始和终止信号

I²C总线向对方发送数据时，首先要发送起始信号，以通知对方做好接收数据的准备；数据发送结束时，同样要发送终止信号。如图6-9所示，起始信号是在SCL线为高电平期间，SDA线由高电平向低电平变化的信号；终止信号是SCL线为高电平期间，SDA线由低电平向高电平变化的信号。

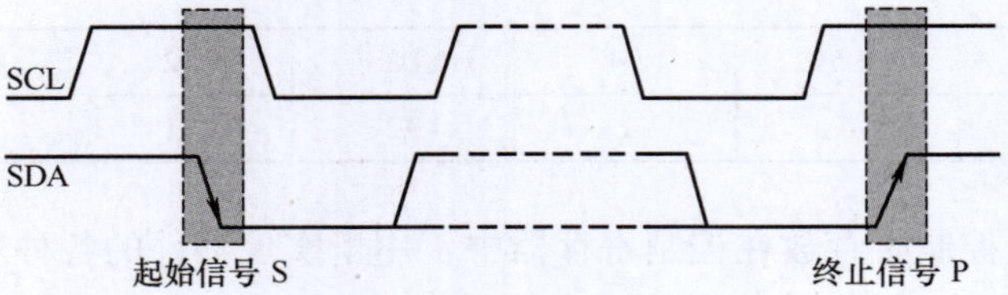

图 6-9　I²C 起始和终止信号

I²C 起始程序和终止程序如下：

```
void i2c_start(void)    //起始信号程序
{
    sda =1;             //SDA 高电平
    scl =1;             //SCL 高电平
    i2c_delay(5);       //约 5μs
    sda =0;             //SDA 低电平
    i2c_delay(5);       //约 5μs
    scl =0;             //SCL 低电平
}
void i2c_stop(void)     //终止信号程序
{
    sda =0;             //SDA 低电平
    scl =1;             //SCL 高电平
    i2c_delay(5);       //约 5μs
    sda =1;             //SDA 高电平
    i2c_delay(5);       //约 5μs
}
```

2. 字节传送与应答

　　起始信号后开始发送数据，如图 6-10 所示，发送数据时每一个字节必须保证是 8 位长度。数据传送时，先传送最高位（MSB），每一个被传送的字节后面都必须跟随一位从机的应答位（即一帧共有 9 位）。如果一段时间内没有收到从机的应答信号，则自动认为从机已正确接收到数据。

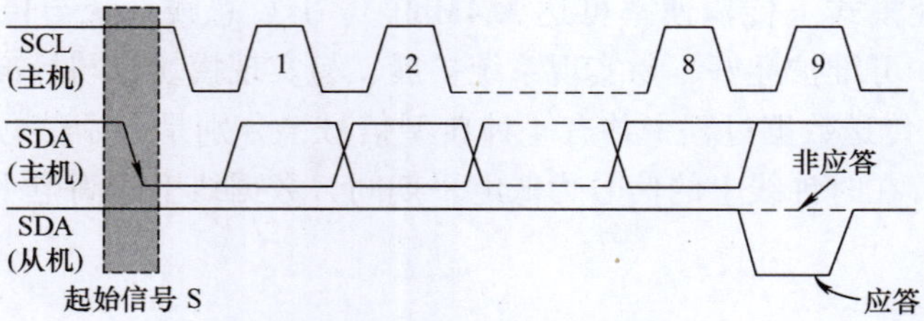

图 6-10　I²C 字节传送和应答

字节传送与应答程序如下：

```
void i2c_sendbyte(unsigned char byt)
{
```

```
    unsigned char i;
    EA = 0;                          //禁止所有中断
    for(i = 0;i < 8;i ++){           //循环8次
        scl = 0;                     //时钟信号低电平
        i2c_delay(5);                //延时约5μs
        if(byt & 0x80){              //判断所发送数据最高位
            sda = 1;                 //SDA高电平
        }
        else{
            sda = 0;                 //SDA低电平
        }
        i2c_delay(5);                //延时5μs
        scl = 1;                     //时钟高电平,发送数据
        byt <<= 1;                   //左移一位,去掉刚发送出的位
        i2c_delay(5);                //延时约5μs
    }
    EA = 1;                          //开中断
    scl = 0;
}
unsigned char i2c_waitack(void)
{
unsigned char ackbit;
    scl = 1;                         //时钟信号高电平
    i2c_delay(5);                    //延时5μs
    ackbit = sda;                    //读取应答信号
    scl = 0;                         //时钟信号低电平
    i2c_delay(5);                    //延时5μs
    return ackbit;                   //返回应答信号
}
void i2c_sendack(unsigned char ackbit)
{
    scl = 0;                         //拉低时钟信号
    sda = ackbit;                    //0:发送应答信号;1:发送非应答信号
    i2c_delay5);
    scl = 1;                         //拉高时钟信号
    i2c_delay(5);
    scl = 0;                         //拉低时钟信号
    sda = 1;                         //拉高数据信号
    i2c_delay(5);
}
```

3. 单片机读从机数据

总线读与写的不同之处在于，需要两次传输才能完成一次读取，首先要写寄存器地址到

从设备,即写到从设备的控制寄存器或者命令寄存器,从设备内部会根据这个地址来寻址所要操作的寄存器。在第一次寄存器地址写入后,然后再发起始信号开始读取数据。

读数据程序如下:

```
unsigned char i2c_receivebyte(void)        //I²C 读数据
{
    unsigned char da;
    unsigned char i;
    EA = 0;                                //禁止中断
    for(i = 0;i < 8;i ++)                   //循环 8 次读取一个字节
    {
        scl = 1;                           //拉高时钟信号
        i2c_delay(5);                      //延时 5μs
        da <<= 1;                          //空出一位数据位(低位)
        if(sda)                            //判断数据位为高
            da |= 0x01;                    //移入数据位 1
        scl = 0;                           //拉低时钟信号
        i2c_delay(5);
    }
    EA = 1;                                //开中断
    return da;                             //返回接收数据
}
```

4. PCF8591 的 A/D 转换程序

利用 PCF8591 进行 A/D 转换,要先对芯片功能进行设置,需向 PCF8591 控制器写入控制数据,具体格式如图 6-11 所示。首先发送地址字,由于是向 PCF8591 控制器写数据,因此最低位为 0,假如 PCF8591 在扩展电路中物理地址为 0,则整个字节地址为 0x90,等待从机应答后,再发送 PCF8591 控制字进行 A/D 功能和转换通道设置,最后在等待应答信号后发出停止信号。

1	2	3	4	5	6	7	N	N−1
主机产生起始位	发从机地址 90H	等待从机应答	发送数据	等待从机应答	发送数据	等待从机应答	…	停止位

图 6-11 PCF8591 写数据格式

具体初始化程序如下:

```
void init_pcf8591(unsigned char ch)
{
    i2c_start();
    i2c_sendbyte(0x90);      //发送地址和写数据指令
    i2c_waitack();
    i2c_sendbyte(ch);        //写入 A/D 转换器,ch 为转换通道号
```

```
        i2c_waitack();
        i2c_stop();
        operate_delay(10);
    }
```

　　进行 A/D 转换时，主机产生起始条件后，首先发送一个寻址字节，如果 PCF8591 扩展物理地址为 0，则由表 6-4 可知，寻址字节值为 0x91；主机发送完寻址字节，收到从机应答后，接着传输数据；数据传输一般由主机产生的停止位终止。PCF8591 转换器读数据格式如图 6-12 所示。但如果主机仍希望在总线上通信，则它可以重复产生起始条件并寻址另一个从机，而不必产生一个停止条件。

1	2	3	4	5	6	7	N	N−1
主机产生起始位	发从机地址 91H	等待从机应答	接收从机发出的数据	向从机应答	接收从机发出的数据	向从机应答	…	主机产生停止位

图 6-12　PCF8591 转换器读数据格式

PCF8591 的 A/D 转换及数据读取程序如下：

```
unsigned char adc_pcf8591(void)
{
    unsigned char temp;
    i2c_start();                    //起始信号
    i2c_sendbyte(0x91);             //发送控制字
    i2c_waitack();
    temp = i2c_receivebyte();
    i2c_sendack(1);
    i2c_stop();
    return temp;
}
```

任务实践

一、简易数字电压表电路设计

　　简易数字电压表电路如图 6-13 所示。在 LCD1602 液晶模块的基础上添加了 PCF8591 的 A/D 转换电路，由 P1.0 和 P1.1 引脚负责 I²C 通信，两引脚各接 4.7kΩ 上拉电阻以增强两引脚驱动能力；PCF8591 芯片引脚 A0、A1、A2 接地，从而确定 PCF8591 芯片系统串行扩展地址为 0；EXT 引脚接地，确定使用芯片内部转换时钟信号；AGND 和 VREF 引脚分别接地和 VCC，从而确定电压转换范围为 0 ~ 5V。

二、简易数字电压表程序设计

1. 程序设计

程序设计时先定义一数组作为显示缓存，并对 LCD1602 和 PCF8591 初始化；进入程序

237

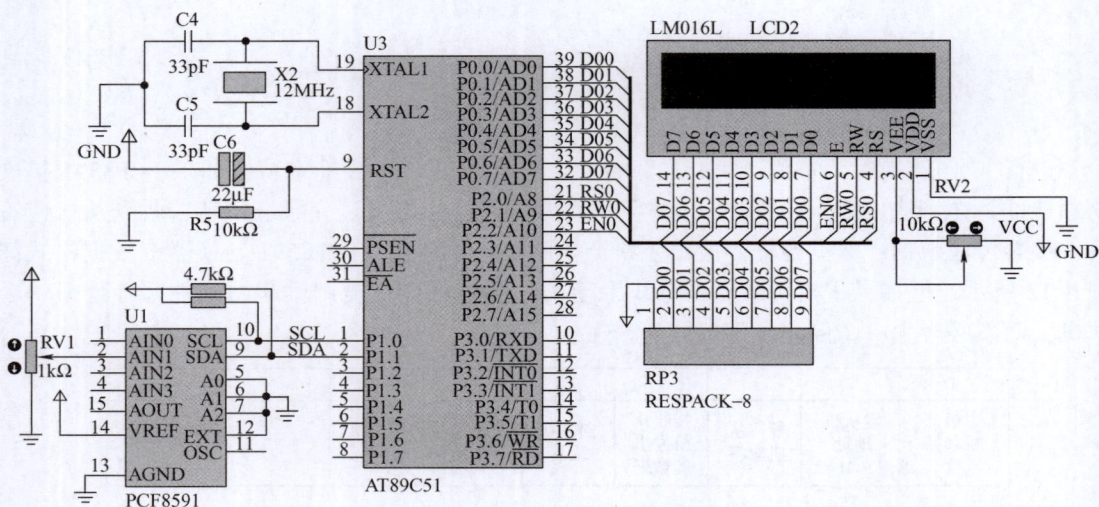

图 6-13　简易数字电压表电路

主循环后，首先读取一次 A/D 转换值，并和 100 相乘用以将后续计算所得两位小数变成整数，以方便后续数据的提取；然后将扩大 100 倍的 A/D 转换值乘以 5 除以 256（相当于除以 51）后，得到扩大相应倍数的电压值；再根据电压值提取相应的百位、十位、个位放入显示缓存；最后，显示时把小数点加入百位后面显示，这样液晶显示的就是 0 ~ 5V 带两位小数的电压值。

参考程序如下：

```
void main(void)
{
    int ad_dat;
    uchar tempdat[6]={'0','.','0','0','V','\0'};//显示缓存
    LCD_init();//LCD1602 初始化
    pcf8591_init(1);//PCF8591 初始化,A/D 选择通道 1
    while(1)
    {
        ad_dat=adc_pcf8591()*100;           //先乘100,为保留两位小数做好准备
        ad_dat=ad_dat/51;                   //5/256 约为 1/51,计算电压值
        tempdat[0]=ad_dat/100+0x30;         //提取百位数,转换 ASCII 码并保存
        tempdat[2]=ad_dat%100/10+0x30;      //提取十位数,转换 ASCII 码并保存
        tempdat[3]=ad_dat%10+0x30;          //提取个位数,转换 ASCII 码并保存
        LCD_disp_str(5,1,tempdat);          //显示数据
        delay(200);                         //延时
    }
}
```

2. 仿真调试

编译程序，根据编译提示修改语法错误后，生成 HEX 文件，并加载至仿真电路进入运

行状态。观察运行结果，电压值是否显示正确，若显示不正常，检查电路是否正确，上拉电阻是否正常连接，主程序定义变量类型是否正确，各子程序语句和指令是否正确，逐渐修改与优化程序，直至功能正常运行。仿真运行结果如图6-14所示。

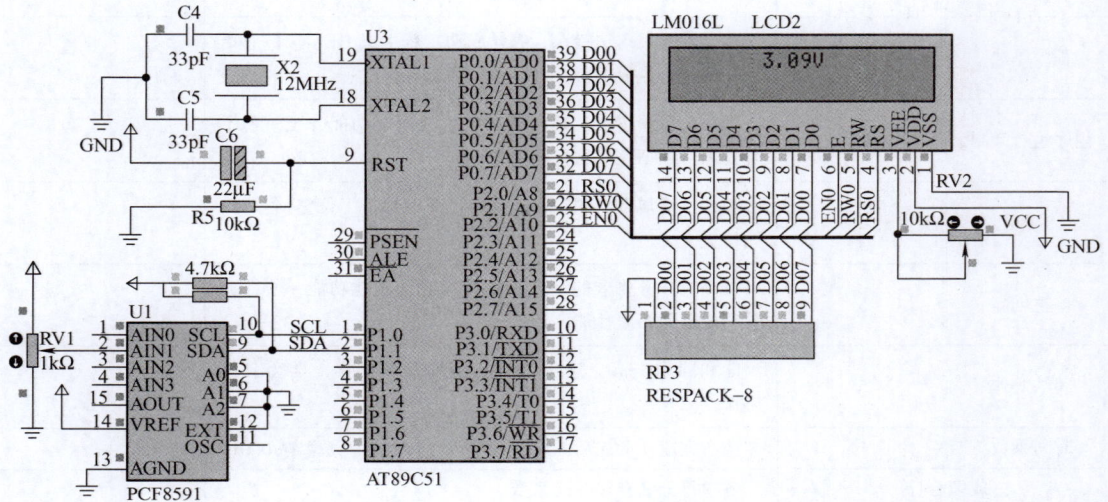

图6-14　简易电压表仿真运行结果

三、举一反三——拓展实践

1. 实践任务

利用4个电位器设计4路A/D转换电路，在液晶显示器上显示各自的转换电压值。

2. 任务目的

1）学会利用PCF8195芯片设计A/D转换电路。

2）学会PCF8195芯片的A/D转换驱动程序设计。

3）熟练应用Proteus软件绘制仿真原理图。

4）学会利用A/D转换值进行电压等物理量的计算。

5）学会利用Keil软件编辑程序及修改语法和逻辑错误，会进行程序调试。

3. 任务要求及考核表

任务名称：多路电压检测设计

班级		姓名		学号	
考核项目	配分	要求及评价标准			得分
元器件数量	5	各元器件数量是否完整。缺失1个扣1分			
参数标注	5	各元器件参数是否正确。错误1个扣1分			
元器件布局	5	元器件布局合理美观，功能模块清晰。若不合要求，根据情况扣0.5~4分			
连线	5	连线合理，连线距离最优且整洁美观，无不必要交叉，交叉连接处有连接点。若不合要求，酌情扣分			

239

（续）

考核项目	配分	要求及评价标准	得分
电路正确性	20	电路设计合理，无功能和逻辑错误，功能齐全。若不合要求，根据完成情况酌情扣分	
程序语法	10	能排除相关语法错误，编译成功。若生成 HEX 文件有语法错误或未生成 HEX 文件，则各扣 5 分	
程序运行效果	35	程序无逻辑错误，运行效果符合要求，功能齐全。若不合要求，根据完成情况酌情扣分	
5S 整理	5	整理、清洁自己的工位，完成任务后保持工位整洁整齐，无垃圾	
自主创新	5	在完成任务要求的基础上，自主设计其他功能，使任务具有合理的拓展性能	
团结协作	5	能和同学交流，乐于请教和帮助其他同学，学会分工协作	
时间系数	1	按照完成任务先后顺序，每落后一位同学，系数减 0.01	
成绩合计		各项得分和乘以时间系数	

项 目 小 结

人机交互中相关信息显示是非常重要的一个方面，除了常用的数码管显示外，还有液晶显示。本项目主要学习 LCD1602 液晶显示模块软、硬件设计方法。同时，模拟量采集在系统控制中是重要的数据依据，对 A/D 转换技术的学习也非常关键。本项目主要学习了以下内容：

1）LCD1602 接口电路设计。

2）LCD1602 写指令程序设计。

3）LCD1602 写数据程序设计。

4）LCD1602 初始化程序设计。

5）LCD1502 字符显示程序设计。

6）A/D 转换相关技术及指标。

7）PCF8591 的工作原理。

8）I²C 总线的工作原理和驱动程序设计。

单 元 测 试

班级：＿＿＿＿＿＿＿＿＿ 姓名：＿＿＿＿＿＿＿＿ 学号：＿＿＿＿＿＿＿＿

一、填空题

1. 变量的指针就是变量的＿＿＿＿＿＿，指针变量的值是＿＿＿＿＿＿。

2. C51 支持的指针有＿＿＿＿＿＿和＿＿＿＿＿＿。

3. 键盘的结构形式一般有＿＿＿＿＿＿和＿＿＿＿＿＿两种。

4. LCD1602 常用的写子函数有＿＿＿＿＿＿和＿＿＿＿＿＿两种。

5. 字符型 LCD 标准西文字库采用的是＿＿＿＿＿＿编码方式。

6. A/D 转换器将＿＿＿＿＿＿转换成＿＿＿＿＿＿。

7. A/D 转换器的最重要指标有＿＿＿＿＿＿、＿＿＿＿＿＿和＿＿＿＿＿＿。

8. 若某 8 位 D/A 转换器的输出满刻度电压为 +5V，则该 D/A 转换器的分辨率为＿＿＿＿＿。

9. I²C 总线是由串行数据线＿＿＿＿＿＿和串行时钟线＿＿＿＿＿＿构成的，可发送和接收数据。

二、选择题

1. LCD1602 显示控制时，第一行显示地址的首地址为（　　　）。

A. 0x40　　　　　B. 0x80　　　　　C. 0xC0　　　　　D. 0xF0

2. LCD1602 显示控制时，第二行显示地址的首地址为（　　　）。

A. 0x40　　　　　B. 0x80　　　　　C. 0xC0　　　　　D. 0xF0

3. I²C 总线数据传送时，先传送最高位（MSB），每一个被传送的字节后面都必须跟随一位从机的（　　　）。

A. 起始信号　　　B. 终止信号　　　C. 应答信号　　　D. 数据帧

4. 进行 A/D 转换时，主机产生起始条件后，首先发送一个寻址字节，如果 PCF8591 扩展物理地址为 0，则寻址字节为（　　　）。

A. 0x90　　　　　B. 0x91　　　　　C. 0x92　　　　　D. 0x93

5. 下列不是 A/D 转换器的主要技术指标的是（　　　）。

A. 分辨率　　　　B. 频率　　　　　C. 转换速率　　　D. 转换精度

三、思考题

PCF8591 除了具有 A/D 转换功能，还具有 D/A 转换功能。利用 PCF859 的 D/A 转换功能扩展驱动电路，并编程实现三角波信号发生器功能。

项目7

温度控制直流电动机转速设计

知识目标

1. 了解 DS18B20 内部结构。
2. 理解 DS18B20 读/写操作流程。
3. 掌握利用 DS18B20 设计温度测量电路的方法。
4. 掌握利用 DS18B20 设计温度测量程序的方法。
5. 了解直流电动机的工作原理。
6. 掌握利用 PWM 技术进行直流电动机调速的原理和方法。

技能目标

1. 会利用单片机和 DS18B20 设计温度测量电路。
2. 会根据 DS18B20 时序图编写驱动程序。
3. 会在 DS18B20 驱动程序的基础上编写温度测量程序。
4. 会利用单片机编写产生 PWM 信号波程序。
5. 会利用 LN298 驱动芯片设计直流电动机驱动电路。
6. 会利用单片机结合直流电动机驱动电路对直流电动机进行调速控制。

情景导入

直流电动机在航空航天、工农业生产及日常生活等各个领域中应用广泛，对直流电动机控制的学习很有必要。本项目分为 DS18B20 温度测量器设计和温度控制直流电动机转速设计实践两个任务进行学习。

任务1　感知世界的温度：DS18B20 温度测量器设计

预习测试

班级：_____　　姓名：_____　　学号：_____

一、填空题

1. DS18B20 采用由一条数据线实现数据双向传输的_____协议方式。
2. DS18B20 单总线协议定义了三种通信时序，即_____、_____和写时序。
3. DS18B20 单总线协议所有时序都是将主机作为主设备，单总线器件作为_____，

242

每一次命令和数据的传输都是从＿＿＿＿＿＿启动写时序开始，如果要求单总线器件回送数据，在进行写命令后，主机需启动＿＿＿＿＿＿完成数据接收。

4. DS18B20 是可编程器件，在使用时必须经过三个步骤：＿＿＿＿＿＿、＿＿＿＿＿＿和读字节操作。

5. DS18B20 可以使用＿＿＿＿＿＿，也可以使用＿＿＿＿＿＿电源，在外部供电的方式下，DS18B20 的 GND 引脚不能＿＿＿＿＿＿，否则不能转换温度，读取的温度总是＿＿＿＿＿＿℃。

二、选择题

1. DS18B20 复位时，单片机首先将 DQ 置为（　　　）。

A. 高电平　　　　　　B. 低电平　　　　　　C. 上升沿　　　　　　D. 下降沿

2. DS18B20 写字节时，单片机首先将 DQ 置为低电平，延时 15μs 后，将待写的数据以串行形式送一位 DQ 端，每发送完一位数据后，将 DQ 端状态再拉回到（　　　）。

A. 高电平　　　　　　B. 低电平　　　　　　C. 上升沿　　　　　　D. 下降沿

3. 当单片机从 DS18B20 温度传感器读取每一位数据时，应先发出启动读时序脉冲，即将 DQ 设置为（　　　）。

A. 上升沿　　　　　　B. 下降沿　　　　　　C. 高电平　　　　　　D. 低电平

4. 在外部供电的方式下，DS18B20 的 GND 引脚不能悬空，否则不能转换温度，读取的温度总是（　　　）。

A. 35℃　　　　　　　B. 55℃　　　　　　　C. 85℃　　　　　　　D. 95℃

5. 根据 DS18B20 的通信协议，主机控制 DS18B20 完成温度转换必须经过三个步骤，即每一次读/写之前都要对 DS18B20 进行（　　　）。

A. 写操作　　　　　　B. 读操作　　　　　　C. 置位操作　　　　　　D. 复位操作

6. DS18B20 数据和命令的传输都是以（　　　）的串行方式进行。

A. 高位在前　　　　　B. 低位在前　　　　　C. 低电平在前　　　　　D. 高电平在前

7. DS18B20 采用的是 MAXIM 公司专有的 1-Wire 总线协议，该总线协议仅需要（　　　）控制信号进行通信。

A. 3 个　　　　　　　B. 2 个　　　　　　　C. 1 个　　　　　　　D. 4 个

8. DS18B20 内部 64 位 ROM 用于存储（　　　）。

A. 序列号　　　　　　B. 温度值　　　　　　C. 过温值　　　　　　D. 低温值

9. DS18B20 单线数字温度传感器是 Dallas 半导体公司开发的适配微处理器的智能温度传感器，其测量温度范围为（　　　）。

A. 0～100℃　　　　　B. －10～110℃　　　　C. －55～125℃　　　　D. －25～25℃

任务描述

利用 DS18B20 作为温度传感器设计单片机温度测量电路，并通过 LCD1602 液晶模块显示，温度值精确到个位。

知识链接

一、DS18B20 的工作原理

1. DS18B20 简介

温度的测量在仓库管理、生产制造、气象观测、科学研究以及生活中应用广泛。DS18B20 单线数字温度传感器是 Dallas 半导体公司开发的适配微处理器的智能温度传感器。如图 7-1 所示，它具有 3 个引脚，采用 TO - 92 小体积封装形式，温度测量范围为 - 55 ~ 125℃，可进行 9 ~ 12 位的编程，分辨率可达 0.0625，工作电压支持 3 ~ 5.5V，被测温度用符号扩展的 16 位数字量方式串行输出，从 DS18B20 读出的信息或写入 DS18B20 的信息仅需要一根接口线（单线接口）读/写，温度变换功率来源于数据总线，总线本身也可以向所挂接的 DS18B20 供电，而无须额外电源。因而 DS18B20 具有可使系统结构更简单、测温精度高、转换时间快、传输距离长等优点；CPU 只需一根接口线就能与诸多 DS18B20 通信，占用微处理器的接口较少。

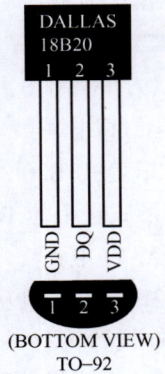

图 7-1　DS18B20

2. DS18B20 的主要特性

1）适应电压范围为 3 ~ 5.5V，在寄生电源方式下可由数据线供电。

2）DS18B20 与微处理器之间仅需要一条通信口线即可双向传输。

3）支持多点组网功能，多个 DS18B20 可以并联在唯一的三线上，实现组网多点测温。

4）不需要任何外围元器件，全部传感元器件及转换电路集成在外形如一只晶体管的电路内。

5）测温范围为 - 55 ~ 125℃。在 - 10 ~ 85℃时，精度为 ±0.5℃。

6）可编程的分辨率为 9 ~ 12 位，对应的可分辨温度分别为 0.5℃、0.25℃、0.125℃和 0.0625℃，可实现高精度测温。

7）在 9 位分辨率时，最多 93.75ms 便可把温度值转换为数字；在 12 位分辨率时，最多 750ms 便可把温度值转换为数字量。

8）直接输出数字温度信号，以一根总线串行传送给 CPU，同时可传送 CRC 校验码，具有极强的抗干扰纠错能力。

9）电源极性接反时，芯片不会因发热而烧毁，但不能正常工作。

3. DS18B20 的内部结构

DS18B20 的内部结构如图 7-2 所示。内部的 64 位 ROM 用于存储其独一无二的序列号。ROM 中的 64 位序列号是出厂前被光刻好的，它可以看作该 DS18B20 的地址序列码。该 64 位序列号的排列是：开始 8 位（28H）是产品类型标号，接着的 48 位是该 DS18B20 自身的序列号，最后 8 位是前面 56 位的循环冗余检验码（CRC = $X^8 + X^5 + X^4 + 1$）。其作用是使每一个 DS18B20 的序列号都各不相同，这样就可以实现一根总线上挂接多个 DS18B20 的目的。

暂存器包含了存储有数字温度结果的 2B 宽度的温度寄存器。另外，暂存器还提供了 1B

的过温和低温（TH 和 TL）报警寄存器和 1B 的配置寄存器。配置寄存器允许用户自定义温度转换为 9、10、11、12 位精度。过温和低温报警寄存器以及配置寄存器是非易失性的（EEPROM），所以其可以在设备断电的情况下保存。

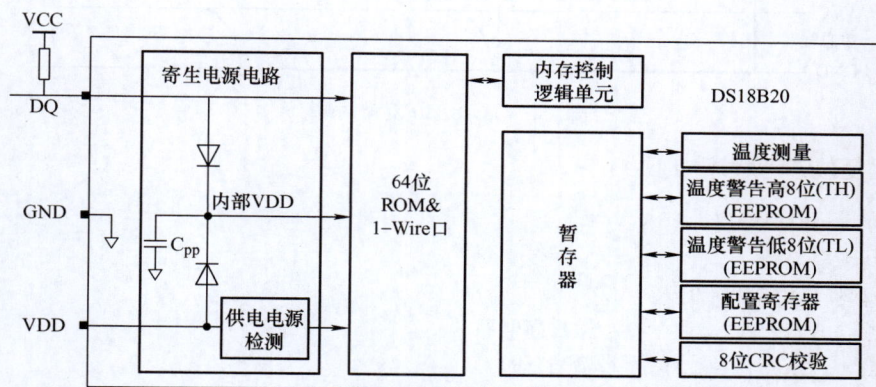

图 7-2　DS18B20 内部结构

DS18B20 采用由一条数据线实现数据双向传输的 1 - Wire 单总线协议，该总线协议仅需要一个控制信号进行通信。该控制信号线需要一个唤醒的上拉电阻以防止连接在该总线上的口线是 3 态或者高阻态（DQ 信号线是在 DS18B20 上）。在该总线系统中，微控制器（主设备）通过每个设备的 64 位序列号来识别该总线上的设备。因为每个设备都有一个独一无二的序列号，挂在一个总线上的设备理论上可以有无限个。DS18B20 的另外一个特性就是无须外部电源供电。当数据线 DQ 为高电平时，由其为设备供电；总线拉高时为内部电容（C_{pp}）充电，当总线拉低时，由该电容向设备供电。这种由 1 - Wire 总线为设备供电的方式称为"寄生电源"。此外，DS18B20 也可以由外部电源通过 VDD 供电。

二、DS18B20 的驱动程序

1 - Wire 协议定义了三种通信时序，即初始化时序、读时序和写时序。而 AT89C51 单片机在硬件上并不支持单总线协议，因此，必须采用软件方法模拟单总线的协议时序来完成与 DS18B20 间的通信。该协议所有时序都是将主机作为主设备，单总线器件作为从设备，每一次命令和数据的传输都是从主机启动写时序开始；如果要求单总线器件回送数据，在进行写命令后，主机需启动读时序完成数据的接收。数据和命令的传输都是以低位在先的串行方式进行。

DS18B20 是可编程器件，在使用时必须经过以下三个步骤：初始化、写字节操作和读字节操作。每一次读/写操作之前都要先将 DS18B20 初始化复位，复位成功后才能对 DS18B20 进行预定的操作，三个步骤缺一不可。

1. DS18B20 初始化复位

图 7-3 为 DS18B20 复位时序，单片机先将 DQ 设置为低电平，延时至少 480μs 后再将其变成高电平，即提供一个脉宽 480～960μs 的低电平。等待 15～60μs 后，检测 DQ 是否变为低电平（阴影部分），若已变为低电平则表明复位成功，然后可进入下一步操作。否则，可能发生器件不存在、器件损坏或其他故障。

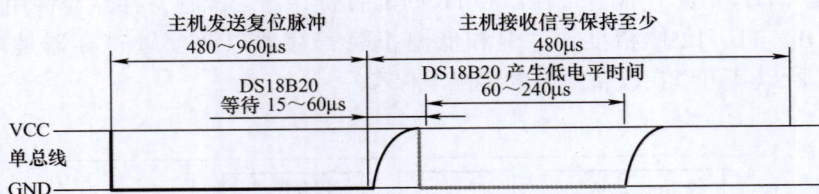

图 7-3　DS18B20 复位时序

初始化复位参考程序如下：

```
bit init_ds18b20(void)
{
    bit initflag = 0;
    DQ = 1;                    //输出高电平
    Delay_OneWire(12);         //适当延时
    DQ = 0;                    //输出低电平
    Delay_OneWire(80);         //延时大于 480μs
    DQ = 1;                    //输出高电平
    Delay_OneWire(10);         //60μs 左右
    initflag = DQ;             //读取 DS18B20 输出状态
    Delay_OneWire(5);          //适当延时
    return initflag;           //若 initflag = 1,初始化失败
}
```

2. DS18B20 写字节

图 7-4 为 DS18B20 写字节时序，单片机首先将 DQ 置为低电平，延时 15μs 后，将待写的数据以串行形式送至 DQ 端，DS18B20 将在 60 ~ 120μs 时间内接收一位数据，每发送完一位数据后，将 DQ 端状态再拉回到高电平，并保持至少 1μs 恢复时间，然后再写下一位数据。

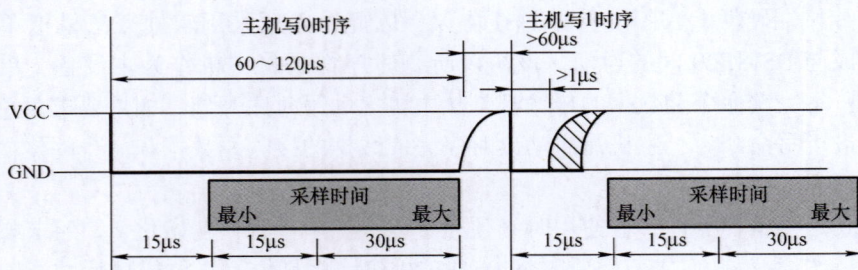

图 7-4　DS18B20 写字节时序

写字节参考程序如下：

```
void Write_DS18B20(unsigned char dat)
{
    unsigned char i;
    for(i = 0; i < 8; i ++)        //循环 8 次完成 1B 数据的传输
```

```
    {
        DQ = 0;                  //输出低电平
        DQ = dat&0x01;           //提取一位数据
        Delay_OneWire(10);       //延时60μs
        DQ = 1;                  //高电平
        dat >> =1;               //发送数据右移一位
    }
    Delay_OneWire(5);            //适当延时
}
```

3. DS18B20 读字节

图 7-5 为 DS18B20 读字节时序。读时序周期至少 $60\mu s$，两个读周期间至少 $1\mu s$ 的恢复时间。当总线控制器把数据线从高电平拉到低电平时，读时序开始，数据线必须至少保持 $1\mu s$，然后总线被释放，DS18B20 通过拉高或拉低总线电平来传输 1 或 0。当传输逻辑 0 结束后，总线将被释放，通过上拉电阻回到上升沿状态。从 DS18B20 输出的数据在读时序的下降沿出现后 $15\mu s$ 内有效。因此，总线控制器在读时序开始后必须停止把 I/O 驱动为低电平 $15\mu s$，以读取 I/O 口状态。

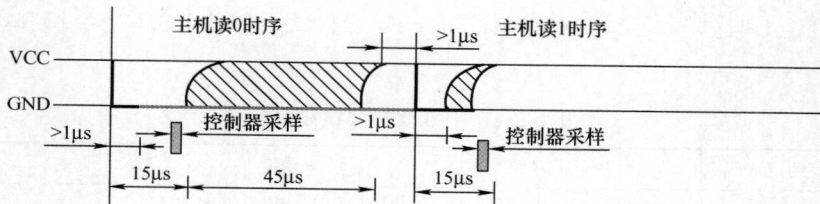

图 7-5　DS18B20 读字节时序

读字节参考程序如下：

```
unsigned char Read_DS18B20(void)
{
    unsigned char i;
    unsigned char dat;
    for(i = 0;i < 8;i ++)    //循环8次,每次读1位,共读1B数据
    {
        DQ = 0;              //DQ总线设置为低电平
        dat >>=1;            //右移一位,最高位变为0
        DQ = 1;              //DQ总线设置为高电平
        if(DQ)               //判断DQ状态
          dat |=0x80;        //最高位置1
        Delay_OneWire(5);
    }
    return dat;
}
```

4. DS18B20 外部电源的连接方式

DS18B20 可以使用外部电源 VDD，也可以使用内部的寄生电源。如图 7-6 所示，当 VDD 端接 3.0 ~ 5.5V 的电压时，使用外部电源；当 VDD 端接地时，使用内部寄生电源。无论内部寄生电源还是外部电源，I/O 口线都要接 4.7kΩ 的上拉电阻。在外部电源供电方式下，DS18B20 工作电源由 VDD 引脚接入，此时 I/O 口线不需要强上拉，不存在电源电流不足的问题，可以保证转换精度，同时在总线上理论上可以挂接任意多个 DS18B20 传感器，组成多点测温系统。注意：在外部电源供电方式下，DS18B20 的 GND 引脚不能悬空，否则不能转换温度，读取的温度总是 85℃。

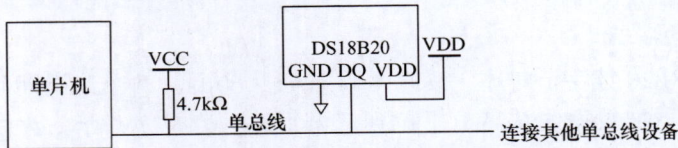

图 7-6　DS18B20 连接扩展

5. DS18B20 温度测量

根据 DS18B20 的通信协议，主机控制 DS18B20 完成温度转换必须经过三个步骤，即每一次读/写之前都要对 DS18B20 进行初始化复位操作，复位成功后发送一条 ROM 指令，最后发送 RAM 指令，这样才能对 DS18B20 进行指定操作。具体的 ROM 指令和 RAM 指令分别见表 7-1 和表 7-2。

表 7-1　DS18B20 ROM 指令表

指令	约定代码	功能
读 ROM	33H	读 DS18B20 温度传感器 ROM 中的编码（即 64 位地址）
匹配 ROM	55H	发出此命令之后，接着发出 64 位 ROM 编码，访问单总线上与该编码相对应的 DS18B20，使之做出响应，为下一步对该 DS18B20 的读/写做准备
查找 ROM	0F0H	用于确定挂接在同一总线上 DS18B20 的个数和识别 64 位 ROM 地址。为操作各器件做好准备
跳过 ROM	0CCH	忽略 64 位 ROM 地址，直接向 DS18B20 发温度变换命令。适用于单片工作
告警查找	0ECH	执行后只有温度超过设定值上限或下限的芯片才做出响应

表 7-2　DS18B20 RAM 指令表

指令	约定代码	功能
温度转换	44H	启动 DS18B20 进行温度转换，12 位转换时间最长为 750ms（9 位为 93.75ms），结果存入内部 9 字节的 RAM 中
读暂存存储器	0BEH	读内部 RAM 中 9 字节的内容
写暂存存储器	4EH	发出向内部 RAM 的第 3、4 字节写上、下限温度数据命令，紧跟该命令之后，传送 3 字节的数据，3 字节的数据分别被存到暂存器的第 3、4、5 字节
复制暂存器	48H	将 RAM 中第 3、4、5 字节的内容复制到 E^2PROM 中
重调 E^2PROM	0B8H	将 E^2PROM 中的内容恢复到 RAM 中的第 3、4、5 字节
读供电方式	0B4H	读 DS18B20 的供电模式。寄生供电时，DS18B20 发送 0；外部电源供电时，DS18B20 发送 1

　　DS18B20 中的温度传感器可完成对温度的测量（温度值格式见表 7-3）：温度值以 16 位符号扩展的二进制补码读数形式提供，其中 S 为符号位（正数 S = 0，负数 S = 1）。温度传感器的分辨率可由用户配置为 9、10、11 或 12 位，分别对应 0.5℃、0.25℃、0.125℃ 和 0.0625℃ 的增量。开机时的默认分辨率是 12 位。如果 DS18B20 配置为 12 位分辨率，那么温度寄存器中的所有位都将包含有效数据；对于 11 位分辨率，bit0 没有定义；对于 10 位分辨率，bit1 和 bit0 没有定义；对于 9 位分辨率，bit2、bit1 和 bit0 没有定义。

表 7-3　DS18B20 温度值格式

	bit7	bit6	bit5	bit4	bit3	bit2	bit1	bit0
LS 字节	2^3	2^2	2^1	2^0	2^{-1}	2^{-2}	2^{-3}	2^{-4}
	bit15	bit14	bit13	bit12	bit11	bit10	bit9	bit8
MS 字节	S	S	S	S	S	2^6	2^5	2^4

　　以 9 位分辨率为例，如果测得的温度大于 0，5 位符号位为 0，只要将测到的数值乘以 0.0625 即可得到实际温度；如果温度小于 0，5 位符号位为 1，测到的数值需要取反加 1 再乘以 0.0625 才可得到实际温度。

　　读取 DS18B20 温度值的参考程序如下：

```
unsigned char rd_temperature(void)
{
    unsigned char low,high;
    unsigned char temp;
    init_ds18b20();             //开始操作前复位
    Write_DS18B20(0xCC);        //跳过 ROM 匹配,跳过读序列号操作,节省时间
    Write_DS18B20(0x44);        //启动温度转换
    Delay_OneWire(200);
    init_ds18b20();             //开始操作前复位
    Write_DS18B20(0xCC);
    Write_DS18B20(0xBE);        //读取寄存器命令
    low = Read_DS18B20();       //低字节
    high = Read_DS18B20();      //高字节
    temp = high << 4;           //去除符号位
    temp |= (low > > 4);        //去除小数,整合整数位
    return temp;
}
```

任务实践

一、DS18B20 温度测量器电路设计

DS18B20 温度测量器电路如图 7-7 所示，主要由温度采集模块、温度显示模块及单片机最小

系统电路组成。其中，温度显示模块采用 LCD1602 液晶显示模块，DS18B20 负责温度采集，DQ 引脚连接单片机的 P1.0 引脚，负责数据的传输，VCC 和 GND 引脚分别外接电源 VCC 和 GND。

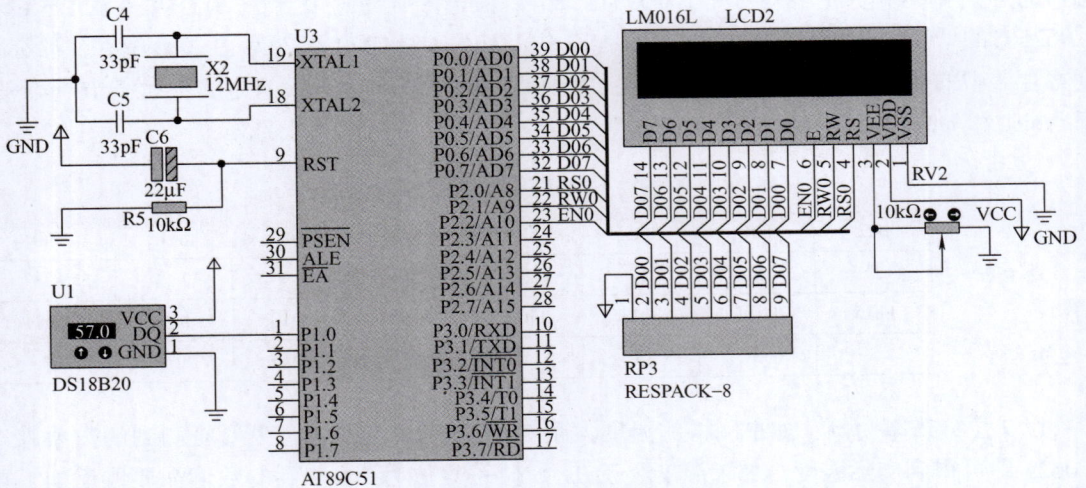

图 7-7　DS18B20 温度测量器电路

二、DS18B20 温度测量器程序设计

1. 程序设计

程序流程图如图 7-8 所示。程序初始化后，读取 DS18B20 温度值，然后分别提取百位、

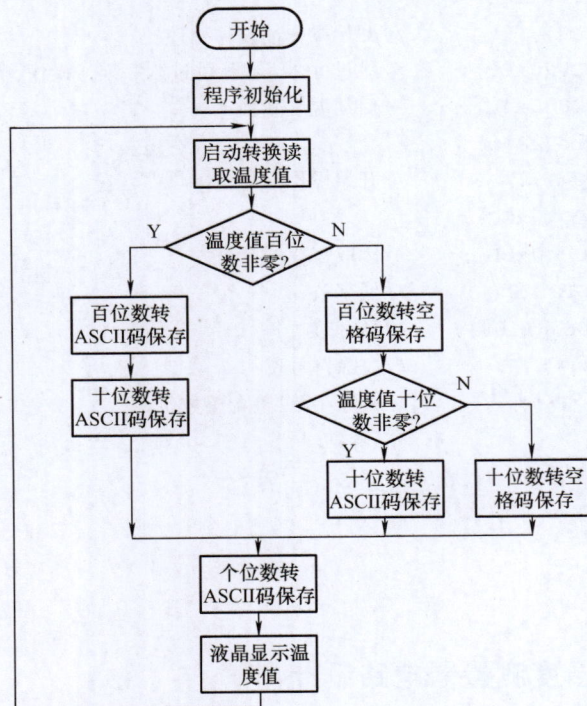

图 7-8　DS18B20 温度测量器程序流程图

十位、个位，并转换成相应的 ASCII 码保存，以方便液晶显示。显示时还要注意，当百位和十位显示为 0 时，则只显示个位，百位和十位用空格代替。

参考程序如下：

```
#include <reg52.h>
#include <intrins.h>
#include <math.h>                              //Keil library
#include <stdio.h>                             //Keil library
#define      LCD_DB   P0
sbit         LCD_RS = P2^0;                    //P2^0 指 P2.0
sbit         LCD_RW = P2^1;                    //P2^1 指 P2.1
sbit         LCD_E = P2^2;                     //P2^2 指 P2.2
sbit DQ = P1^0;
#define uchar unsigned char
#define uint unsigned int
void LCD_init(void);                           //初始化函数
void LCD_write_command(uchar command);         //写指令函数
void LCD_write_data(uchar dat);                //写数据函数
void LCD_disp_char(uchar x,uchar y,uchar dat); //在某个位置上显示一个字符
void LCD_disp_str(uchar x,uchar y,uchar *str); //显示字符串函数
void delay_n10us(uint n);                      //延时函数
void Write_DS18B20(unsigned char dat);         //向 DS18B20 写数据函数
unsigned char Read_DS18B20(void);              //从 DS18B20 读数据函数
bit init_ds18b20(void);                        //DS18B20 初始化复位
unsigned char rd_temperature(void);            //DS18B20 转换并读取一次温度值
void main(void)
{
  uchar table1[] ="TEMPERATURE:";              //第一行提示字符
  uchar temp[4] = {'0','0','0',' ','C','\0'};  //显示缓冲
  uchar temptrure =0;
  LCD_init();                                  //LCD1602 初始化
  LCD_disp_str(2,1,table1);                    //显示提示符
  while(1)
  {
     temptrure = rd_temperature();             //启动转换,读取一次温度值
     if(temptrure/100)                         //判断温度百位值为 1
     {
       temp[0] = temptrure/100 +0x30;          //转换 ASCII 码存储
       temp[1] = temptrure% 100/10 +0x30;      //转换 ASCII 码存储
     }
     else
     {
       temp[0] ='';                            //为 0 则存储空格码
```

```
    if(temptrure%100/10)                    //判断温度十位值为1
        temp[1]=temptrure%100/10+0x30;      //转换ASCII码存储
    else
        temp[1]='';                         //为0则存储空格码
    }
    temp[2]=temptrure%10+0x30;              //转换ASCII码存储
    LCD_disp_str(5,2,temp);                 //显示温度信息
    delay_n10us(100);                       //延时
    }
}
```

2. 仿真调试

编译程序，根据编译提示修改语法错误后，生成 HEX 文件，并加载至仿真电路进入运行状态。观察运行结果，温度值是否显示正确，若显示不正常，检查电路是否正确，主程序定义变量类型是否正确，各子程序语句和指令是否正确，逐渐修改优化程序，直至功能正常运行。仿真运行效果如图 7-9 所示。

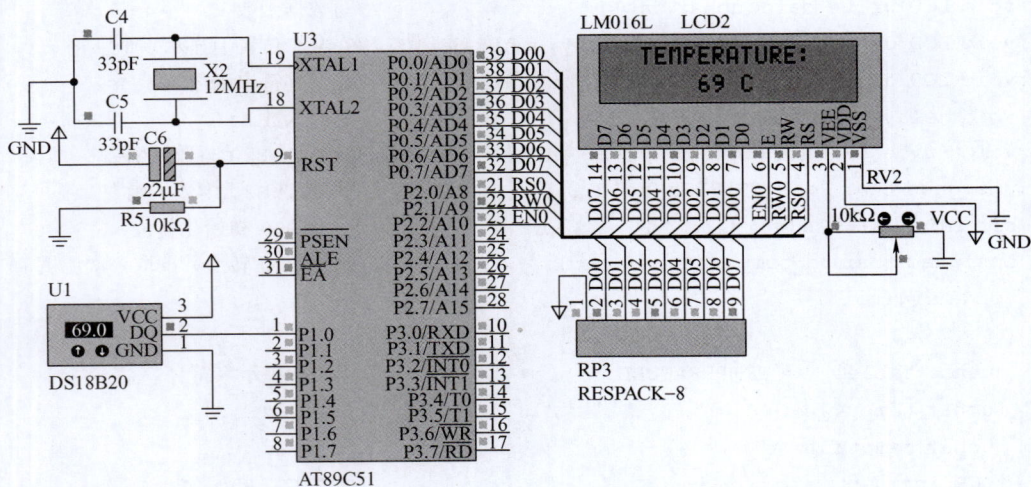

图 7-9 DS18B20 温度测量器仿真运行效果

三、举一反三——拓展实践

1. 实践任务

在任务 1 的基础上，编写优化程序，实现温度采集值精确到 1 位小数的显示功能。

2. 任务目的

1）学会利用 DS18B20 芯片设计温度测量电路。

2）学会针对 DS18B20 芯片的 A/D 转换驱动程序设计。

3）熟练应用 Proteus 软件绘制仿真原理图。

4）学会利用 DS18B20 转换值进行温度值的计算。

5）学会利用 Keil 软件编辑程序及修改语法和逻辑错误，会进行程序调试。

3. 任务要求及考核表

任务名称：精确到 1 位小数的温度检测设计

班级		姓名		学号	
考核项目	配分	要求及评价标准			得分
元器件数量	5	各元器件数量是否完整。缺失 1 个扣 1 分			
参数标注	5	各元器件参数是否正确。错误 1 个扣 1 分			
元器件布局	5	元器件布局合理美观，功能模块清晰。若不合要求，根据情况扣 0.5~4 分			
连线	5	连线合理，连线距离最优且整洁美观，无不必要交叉，交叉连接处有连接点。若不合要求，酌情扣分			
电路正确性	20	电路设计合理，无功能和逻辑错误，功能齐全。若不合要求，根据完成情况酌情扣分			
程序语法	10	能排除相关语法错误，编译成功。若生成 HEX 文件有语法错误或未生成 HEX 文件，则各扣 5 分			
程序运行效果	35	程序无逻辑错误，运行效果符合要求，功能齐全。若不合要求，根据完成情况酌情扣分			
5S 整理	5	整理、清洁自己的工位，完成任务后保持工位整洁整齐，无垃圾			
自主创新	5	在完成任务要求的基础上，自主设计其他功能，使任务具有合理的拓展性能			
团结协作	5	能和同学交流，乐于请教和帮助其他同学，学会分工协作			
时间系数	1	按照完成任务先后顺序，每落后一位同学，系数减 0.01			
成绩合计		各项得分和乘以时间系数			

任务2 温度决定速度：温度控制直流电动机转速设计实践

预习测试

班级：＿＿＿＿＿ 姓名：＿＿＿＿＿ 学号：＿＿＿＿＿

一、填空题

1. 直流电机是指能将直流电能转换成＿＿＿＿或将机械能转换成＿＿＿＿的旋转电机。

2. 直流电动机转速控制可分为＿＿＿＿法与＿＿＿＿法。

3. 直流电动机转速控制可以通过改变电动机电枢电压接通时间与通电周期的＿＿＿＿来调整直流电动机的电枢电压，从而控制电动机的转速。

4. 在电动机转速控制中，_____控制具有调速精度高、响应速度快、调速范围宽和耗损低等特点。

5. 在PWM调速系统中，以一个固定的频率来接通和断开电源，并根据需要改变一个周期内_____和_____时间的长短。

二、选择题

1. 直流电动机是（   ）。

A. 将机械能转换为直流电能　　　　　　B. 将直流电能转换为机械能

C. 将直流电能转换为交流电能　　　　　D. 将交流电能转换为直流电能

2. 直流发电机是（   ）。

A. 将机械能转换为直流电能　　　　　　B. 将直流电能转换为机械能

C. 将直流电能转换为交流电能　　　　　D. 将交流电能转换为直流电能

3. PWM技术调节的是（   ）。

A. 信号幅度值　　　　B. 信号频率　　　　C. 信号占空比　　　　D. 电流值

4. PWM技术控制电动机转速时，增加高电平时间，（   ）。

A. 电动机速度降低　　B. 电动机速度不变　　C. 电动机速度不稳　　D. 电动机速度增加

5. 电动机驱动芯片L298N引脚ENA=1、IN1=1、IN2=1时，电动机（   ）。

A. 正转　　　　　　　B. 反转　　　　　　　C. 停止　　　　　　　D. 来回摆动

6. 电动机驱动芯片L298N引脚ENA=1、IN1=0、IN2=1时，电动机（   ）。

A. 正转　　　　　　　B. 反转　　　　　　　C. 停止　　　　　　　D. 来回摆动

7. 电动机驱动芯片L298N引脚ENA=1、IN1=1、IN2=0时，电动机（   ）。

A. 正转　　　　　　　B. 反转　　　　　　　C. 停止　　　　　　　D. 来回摆动

📖 任务描述

本任务根据温度值调节直流电动机的转速。当温度为10~50℃时，电动机反转，且随温度的降低；当温度低于10℃时，转动速度增至全速；当温度为50~60℃时，电动机停止转动；当温度为60~100℃时，电动机正转，且随温度升高转速升高；当温度为100~128℃（DS18B20检测温度上限为128℃）时，转速增至全速，且温度值实时显示在LCD1602液晶屏上。

🔖 知识链接

一、直流电动机工作原理

直流电机是指能将直流电能转换成机械能（直流电动机）或将机械能转换成直流电能（直流发电机）的旋转电机，即实现直流电能和机械能的相互转换。当它作电动机运行时是直流电动机，将直流电能转换为机械能。

图7-10所示为最简单的两极直流电动机工作原理图。它的固定部分（定子）为两个静止的磁极N、S；旋转部

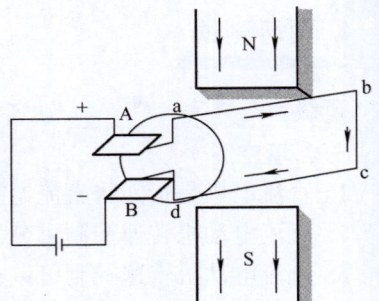

图7-10　两极直流电动机工作原理

分（转子）为电枢线圈 abcd，线圈的首端和末端分别接到两个相互绝缘的换向片上。换向片与一对静止的电刷 A、B 接触，A 接电源正极，B 接电源负极。

在直流电动机中，电流并非直接接入线圈，而是通过电刷 A、B 和换向片接入线圈。因为电刷 A、B 静止不动，电流总是从正极性电刷 A 流入，经过旋转的换向片流入位于 N 极下的导体，再经过位于 S 极下的导体，由负极性电刷 B 流出。故当导体旋转而交替地处于 N 极和 S 极下时，导体中的电流将随其所处磁极极性的改变而同时改变方向，从而使电磁转矩始终保持不变，使电枢向同一个方向旋转，这就是直流电动机的工作原理。

二、直流电动机调速

直流电动机转速控制可分为励磁控制法与电枢电压控制法。其中，励磁控制法在低速时受磁饱和的限制，在高速时受换向火花和换向器件结构强度的限制，并且励磁线圈电感较大，动态性能响应较差，所以用得很少，大多数场合都使用电枢电压控制法。随着电力电子技术的进步，改变电枢电压可通过多种途径实现，其中脉冲宽度调制（PWM）便是一种常用途径。其方法是通过改变电动机电枢电压接通时间与通电周期的比值（即占空比）来调整直流电动机的电枢电压，从而控制电动机的转速。它具有调速精度高、响应速度快、调速范围宽和耗损低等特点。

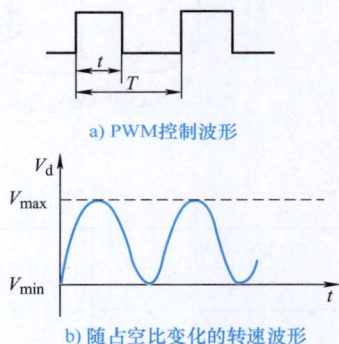

a) PWM控制波形

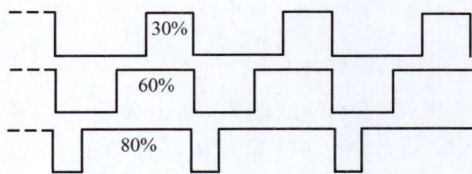

b) 随占空比变化的转速波形

图 7-11　PWM 控制与转速关系图

PWM 即脉冲宽度调制（Pulse Width Modulation），它是指将输出信号的基本周期固定，通过调整基本周期内工作周期的大小来控制电动机输出功率的方法。在 PWM 调速系统中，以一个固定的频率来接通和断开电源，并根据需要改变一个周期内高电平和低电平时间的长短。如图 7-11 所示，在脉冲作用下，当加长高电平时间，转速增加；减少高电平电时，转速逐渐减少。只要按一定规律，改变通、断电的时间，即可让电动机转速得到控制。

如图 7-11a 所示，PWM 波形占空比 $D = t/T$。当 PWM 波形占空比为 100% 时，电动机转速最大为 V_{max}；PWM 波形占空比最小时对应电动机转速最小为 V_{min}（占空比为 0 时，$V_{min} = 0$）。如图 7-11b 所示，电动机的平均速度为 $V_d = V_{max}D$。可见，当改变占空比 D 时，就可以得到不同的电动机平均速度，从而达到调速的目的。图 7-12 为不同占空比的 PWM 波形。

图 7-12　不同占空比的 PWM 波形

任务实践

一、温度控制直流电动机转速电路设计

1. L298N 电动机驱动工作原理

L298N 是全桥步进电动机或直流电动机专用驱动芯片，内部包含四信道逻辑驱动电路，

是一种二相和四相步进电动机和直流电动机的专用驱动器，接收标准的 TTL 逻辑准位信号，可驱动 46V、2A 以下的步进电动机和直流电动机。该芯片可以直接由单片机的 I/O 口提供模拟时序信号，电路简单，使用方便。L298N 的引脚排列如图 7-13 所示，第 1 和 15 号引脚（SENSA 和 SENSB）可与电流侦测电阻连接来控制负载电路；OUT1、OUT2 和 OUT3、OUT4 之间分别接两个电动机；IN1～IN4 输入控制电位来控制电动机正反转；ENA（B）则控制电动机停转。L298N 输入/输出关系见表 7-4。

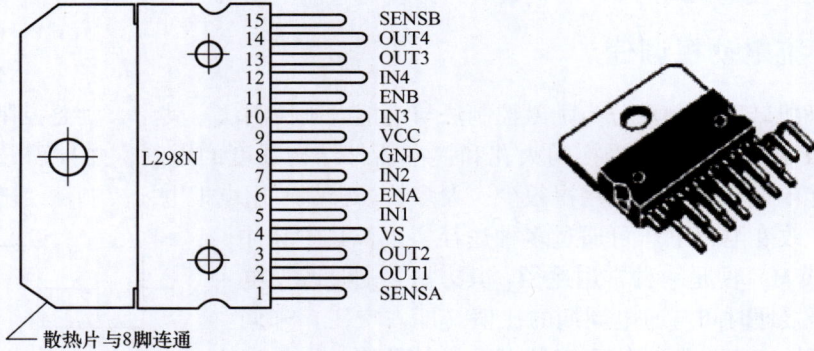

图 7-13　L298N 引脚排列

表 7-4　L298N 输入/输出关系

ENA（B）	IN1（3）	IN2（4）	电动机运行状态
1	1	0	正转
1	0	1	反转
1	1	1	急停
0	*	*	停止

注：1. 表内（）表示 ENA、IN1、IN2 作为一组输入信号或 ENB、IN3、IN4 作为一组输入信号；
　　2. *表示 0 或 1 均可。

2. 电路设计

根据 L298N 的输入/输出关系，电动机驱动电路如图 7-14 所示。使能控制端 ENA 接 AT89C51 的 P1.5，单片机 I/O 口 P1.7 和 P1.6 分别接 L298N 输入端 IN1 和 IN2 以控制直流电动机，OUT1 和 OUT2 接直流电动机两端。电动机的转速由单片机通过 ENA 输入的 PWM 信号控制，也可以使 ENA 保持高电平，使 PWM 信号输入 IN1 或 IN2 控制电动机转速。L298N 结合温度检测电路和 LCD1602 显示电路，构成温度控制直流电动机转速电路。

二、温度控制直流电动机转速程序设计

1. 程序设计

根据直流电动机驱动电路可知，对直流电动机转速的控制，主要通过对 PWM 信号的调节。实现本任务通过对 ENA 引脚输入 PWM 信号，改变 IN1 和 IN2 高/低电平关系控制电动机正/反转。程序流程图如图 7-15 所示。PWM 信号调节可采用定时/计数器中断服务程序实现。如 PWM 信号周期为 10ms，则可以设定连续两次中断，总时间为 10ms；其中一次中断/

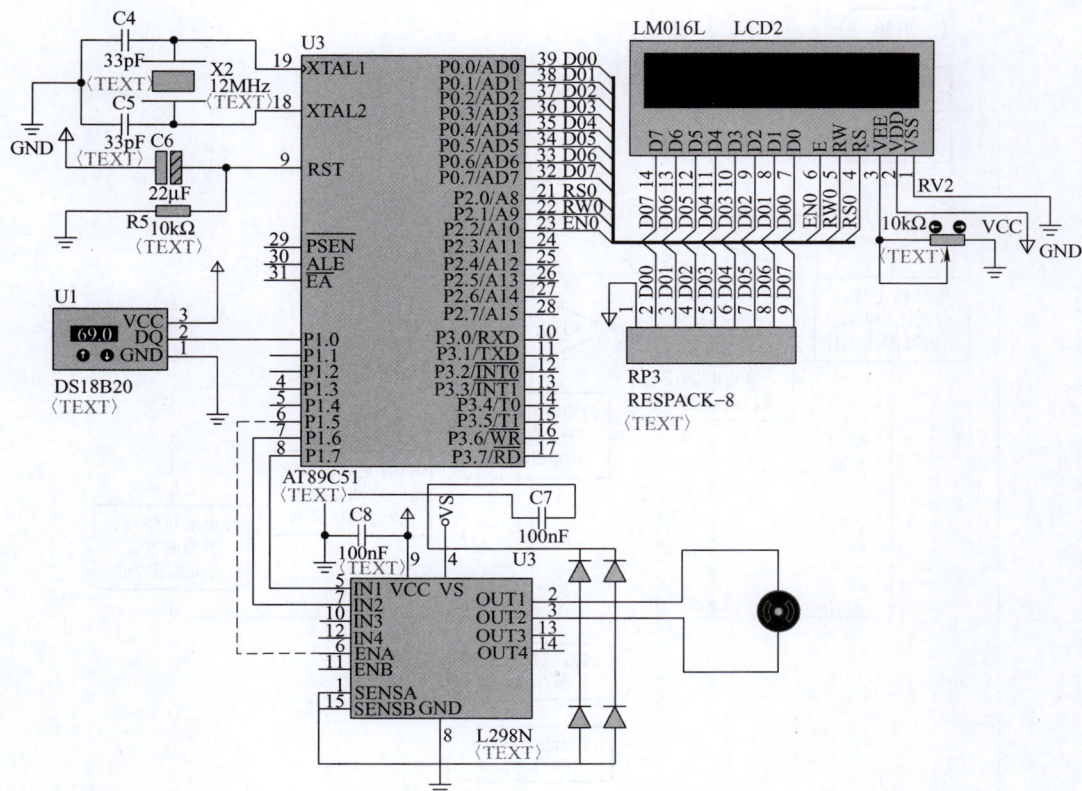

图 7-14　温度控制直流电动机转速电路

输出 PWM 波形高电平，另一次输出低电平，从而构成一个 PWM 波形周期，只要改变其中一次中断时间，相邻下一次中断时间相关联改变，且保持周期为 10ms 固定不变，即可完成 PWM 信号连续调节功能。如单片机采用 12MHz 外部晶振、10ms 定时，则需要单片机计数 10000 次（每次计数 1μs），如第一次定时中断内部计数为 PWM_data 次，对应定时器初始数值为 65536 − PWM_data，且中断服务程序中 ENA = 1，则下次中断内部计数值应为 10000 − PWM_data 次，对应定时器初始数值为 65536 − （10000 − PWM_data），且对应服务程序中 ENA = 0，中断服务程序依次交替改变初始值，即可完成一定占空比的脉冲输出，如果改变脉冲占空比，只需在主程序中改变 PWM_data 值即可。中断服务子程序流程图如图 7-16 所示。

　　根据任务要求，检测温度 T 从 60℃ 变化至 100℃，即差为 40℃，对应 PWM 高电平维持时间为 0 ~ 10000μs（10ms），直流电动机相应地根据温度上升进行加速运转，温度每上升 1℃，高电平增加的维持时间为 10000μs/40℃ = 250μs/℃，因此 PWM_data 值的计算公式为 PWM_data = （T − 60）× 250；同理，温度从 10℃ 变化至 50℃ 时，对应 PWM_data 值的计算公式为 PWM_data = （50 − T）× 250。因此随着温度 T 变化计算出 PWM_data，则可计算相邻两次中断初始值，从而进行 PWM 信号调节。

　　根据以上 PWM 调节思路，如图 7-16 所示，设温度检测范围为 0 ~ 128℃，并对检测温度分为 5 个区间进行分别处理，当温度高于 100℃ 时，电动机全速转动；温度为 60 ~ 100℃ 时，电动机随温度上升而加速正转；温度为 10 ~ 50℃ 时，电动机停止转动；温度为 10 ~ 50℃ 时，电动机随温度下降而加速反转；温度低于 10℃ 时，电动机停止转动。

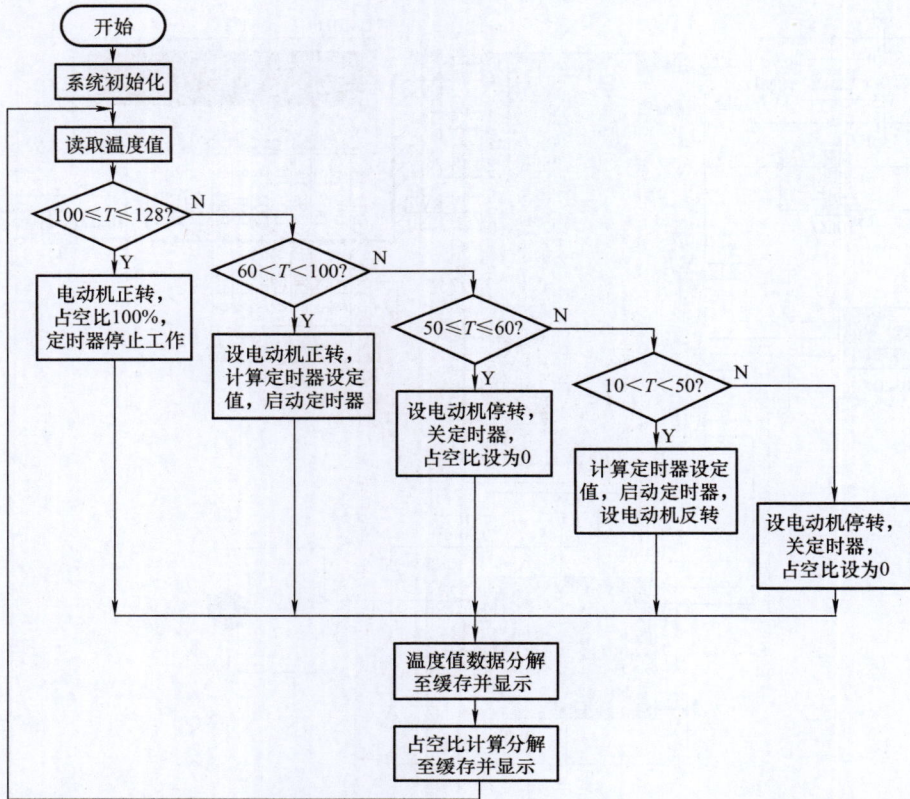

图 7-15　温度控制直流电动机转速程序流程图

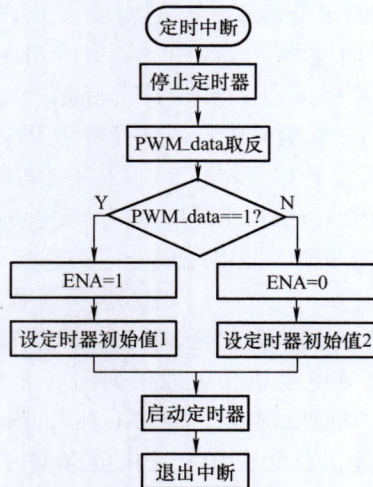

图 7-16　温度控制直流电动机转速定时中断服务子程序流程图

参考程序如下：

```
#include <reg51.h>          //包含头文件,含有51单片机内部资源信息
#include <intrins.h>
#include <math.h>           //Keil library
```

```
#include <stdio.h>                                    //Keil library
#define  uchar unsigned char
#define  uint  unsigned int
bit PWM_flag = 0;
sbit ENA = P1^5;
sbit IN1 = P1^7;
sbit IN2 = P1^6;
uint duty_data = 9990;
//*******************第一部分 LCD1602 设置
#define       LCD_DB   P0
sbit          LCD_RS = P2^0;
sbit          LCD_RW = P2^1;
sbit          LCD_E = P2^2;
sbit          DQ = P1^0;
/******定义函数****************/
void LCD_init(void);                                 //初始化函数
void LCD_write_command(uchar command);               //写指令函数
void LCD_write_data(uchar dat);                      //写数据函数
void LCD_disp_char(uchar x,uchar y,uchar dat);
//在屏幕某位置显示一个字符,x(0-15),y(1-2)
void LCD_disp_str(uchar x,uchar y,uchar *str);      //LCD1602 显示字符串函数
void delay_n10us(uint n);                            //延时函数
unsigned char rd_temperature(void);
void T0_PWM()interrupt 1
{
  TR0 = 0;
  PWM_flag = ~PWM_flag;
  if(PWM_flag)
  {
     ENA = 1;
     TH0 = (65536 - duty_data)/256;
     TL0 = (65536 - duty_data)% 256;
  }
  else
  {
     ENA = 0;
     TH0 = (65536 - 10000 + duty_data)/256;
     TL0 = (65536 - 10000 + duty_data)% 256;
  }
TR0 = 1;
}
```

```
/* * * * * * * * * * * * * * * * * * * * * * * * * * * * * * * * * * * * * *
//10~50：加速反转；<10：全速
//50~60：停止
//60~100：加速正传；〉100:全速
* * * * * * * * * * * * * * * * * * * * * * * * * * * * * * * * * * * * */
void main(void)
{
uchar tempture;
uchar table1[]="TEMPERATURE:";                  //第一行温度提示字符
uchar table2[]="DUTY:";                          //第二行温度提示字符
uchar temp[5]={'0','0','0','C','\0'};            //温度显示缓存
uchar duty[7]={'0','0','0','.','0','%','\0'};    //占空比显示缓存
LCD_init();                                      //液晶显示初始化
TMOD=0x01;                                       //定时/计数器工作方式1
TH0=(65536-duty_data)/256;                       //按占空比初始值设定定时器初始值
TL0=(65536-duty_data)%256;
ET0=1;                                           //T0 中断允许
EA=1;                                            //总中断允许
IN1=1;                                           //直流电动机停止
IN2=1;
LCD_disp_str(0,1,table1);                        //显示温度提示信息
LCD_disp_str(0,2,table2);                        //显示占空比提示信息
while(1)
{
  tempture=rd_temperature();                     //启动转换并读取一次温度
  if((tempture>=100)&&(tempture<=128))           //判断温度范围为100~128℃
  {
    IN1=1;                                        //正转设置
    IN2=0;
    TR0=0;                                        //禁止中断
    ENA=1;                                        //电动机全速运行
    duty_data=10000;                             //占空比100%
  }
  else if((tempture>60)&&(tempture<100))         //判断温度范围为60~100℃
  {
    duty_data=(tempture-60)*250;                 //计算占空比,60~100 对应0~10000
    IN1=1;                                        //电动机正转
    IN2=0;
    TR0=1;                                        //启动定时器
  }
  else if((tempture>=50)&&tempture<=60))         //判断温度范围为50~60℃
  {
```

```
      IN1 = 1;                                  //电动机停止转动
      IN2 = 1;
      TR0 = 0;                                  //定时器停止运行
      duty_data = 0;                            //占空比为 0
    }
    else if((tempture >10)&&(tempture <50))     //判断温度范围为 10~50℃
    {
      duty_data = (50 - tempture)*250;          //计算占空比,10~50 对应 0~10000
      IN1 = 0;                                  //电动机反转
      IN2 = 1;
      TR0 = 1;                                  //启动定时器
    }
    else if((tempture > =0)&&(tempture <=10))
    {
      IN1 = 0;                                  //电动机反转
      IN2 = 1;
      TR0 = 0;                                  //定时器停止运行
      ENA = 1;                                  //占空比 100%
      duty_data =10000;
    }
    else                                        //其他温度值
    {
      IN1 = 1;                                  //停止电动机
      IN2 = 1;
      TR0 = 0;                                  //定时器停止运行
      duty_data = 0;                            //占空比 0
    }

    if(tempture/100)                            //判断温度 >100℃
    {
      temp[0] = tempture/100 +0x30;             //百位转 ASCII 码
      temp[1] = tempture% 100/10 +0x30;         //十位转 ASCII 码
    }
    else                                        //判断温度 <100℃
    {
      temp[0] ='';                              //百位显示空格
      if(tempture% 100/10)                      //温度>10℃
          temp[1] = tempture% 100/10 +0x30;     //转换 ASCII 码
      else
          temp[1] ='';                          //十位显示空格
}
temp[2] = tempture% 10 +0x30;                   //计算个位并转 ASCII 码
```

```
    LCD_disp_str(12,1,temp);                        //显示温度值
    if(duty_data==10000)                            //占空比100%
    {
        duty[0]=1+0x30;                             //显示缓存赋值1
        duty[1]=0+0x30;                             //显示缓存赋值0
        duty[2]=0+0x30;                             //显示缓存赋值0
        duty[4]=0+0x30;                             //小数显示缓存赋值0
    }
    else if(duty_data/1000)                         //十位>10
    {
        duty[0]='';                                 //百位显示空格
        duty[1]=(duty_data/1000)+0x30;              //计算十位并转ASCII码
        duty[2]=(duty_data%1000/100)+0x30;          //计算个位并转ASCII码
        duty[4]=(duty_data%1000%100/10)+0x30;       //计算小数位并转ASCII码
    }
    else if(duty_data%1000/100)                     //个位>1
    {
        duty[0]='';                                 //百位显示空格
        duty[1]='';                                 //十位显示空格
        duty[2]=(duty_data%1000/100)+0x30;          //计算个位并转ASCII码
        duty[4]=(duty_data%1000%100/10)+0x30;       //计算小数位并转ASCII码
    }
    else                                            //其他情况
    {
        duty[0]='';                                 //百位显示空格
        duty[1]='';                                 //十位显示空格
        duty[2]=0x30;                               //个位显示0
        duty[4]=0x30;                               //小数为显示0
    }
    LCD_disp_str(6,2,duty);                         //显示占空比
    delay_n10us(250);                               //延时,每250μs采样一次温度值
    }
}
```

2. 仿真调试

编译程序，根据编译提示修改语法错误后，生成 HEX 文件，并加载至仿真电路进入运行状态。观察运行结果，温度值和占空比是否显示正确，直流电动机是否按任务要求进行速度调整，如不正常，检查电路是否正确，主程序中定时中断初始化和初始值是否计算正确，定时中断服务子程序是否能正常进入，结合仿真示波器观察 PWM 信号输出，逐渐修改优化程序，直至功能正常运行。仿真运行结果如图 7-17 所示。

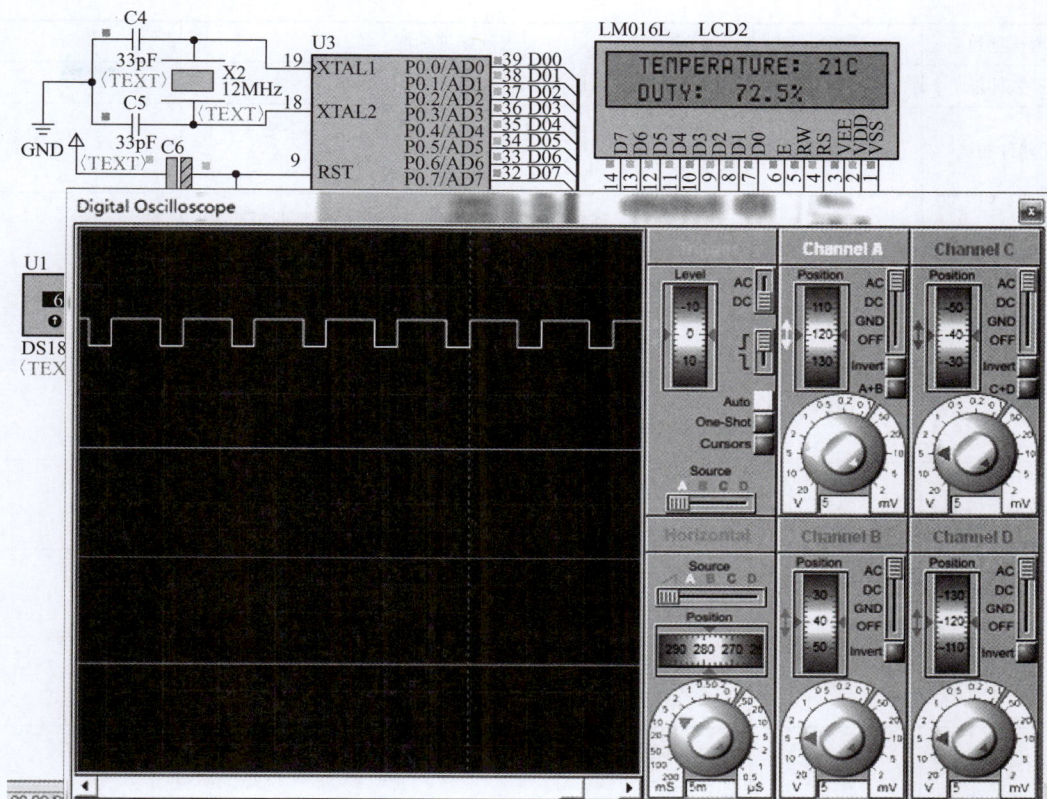

图 7-17　温度控制直流电动机转速仿真运行结果

三、举一反三——拓展实践

1. 实践任务

在任务 2 的基础上，再添加一路温度检测和直流电动机控制，编写优化程序，实现两路温度控制两路直流电动机调速功能。

2. 任务目的

1）学会直流电动机驱动电路设计。

2）学会直流电动机正/反转程序设计。

3）熟练应用 Proteus 软件绘制仿真原理图。

4）学会 PWM 占空比调节驱动程序设计。

5）学会利用 Keil 软件编辑程序及修改语法和逻辑错误，会进行程序调试。

3. 任务要求及考核表

任务名称：两路温度控制两路直流电动机调速					
班级		姓名		学号	
考核项目	配分	要求及评价标准			得分
元器件数量	5	各元器件数量是否完整。缺失 1 个扣 1 分			

（续）

考核项目	配分	要求及评价标准	得分
参数标注	5	各元器件参数是否正确。错误 1 个扣 1 分	
元器件布局	5	元器件布局合理美观，功能模块清晰。若不合要求，根据情况扣 0.5~4 分	
连线	5	连线合理，连线距离最优且整洁美观，无不必要交叉，交叉连接处有连接点。若不合要求，酌情扣分	
电路正确性	20	电路设计合理，无功能和逻辑错误，功能齐全。若不合要求，根据完成情况酌情扣分	
程序语法	10	能排除相关语法错误，编译成功。若生成 HEX 文件有语法错误或未生成 HEX 文件，则各扣 5 分	
程序运行效果	35	程序无逻辑错误，运行效果符合要求，功能齐全。若不合要求，根据完成情况酌情扣分	
5S 整理	5	整理、清洁自己的工位，完成任务后保持工位整洁整齐，无垃圾	
自主创新	5	在完成任务要求的基础上，自主设计其他功能，使任务具有合理的拓展性能	
团结协作	5	能和同学交流，乐于请教和帮助其他同学，学会分工协作	
时间系数·	1	按照完成任务先后顺序，每落后一位同学，系数减 0.01	
成绩合计		各项得分和乘以时间系数	

项 目 小 结

在单片机控制系统中，常需要有系统输入量，如温度、压力、电压等。本项目主要以温度为系统输入，以直流电动机作为输出控制机构。主要要掌握的内容如下：

1）DS18B20 内部结构。

2）根据时序进行 DS18B20 驱动程序设计。

3）DS18B20 外部电源的连接方式。

4）DS18B20 温度测量程序设计。

5）直流电动机的工作原理。

6）直流电动机的调速原理。

7）L298N 电动机驱动电路设计。

8）PWM 调速原理。

9）简单控制系统设计方法。

单 元 测 试

班级：＿＿＿＿＿＿＿＿ 姓名：＿＿＿＿＿＿＿＿ 学号：＿＿＿＿＿＿＿＿

一、填空题

1. DS18B20 单总线协议定义了 3 种通信时序，即初始化复位操作、＿＿＿＿＿＿＿＿和写操作。

2. 单总线协议所有时序都是将主机作为＿＿＿＿＿＿，单总线器件作为＿＿＿＿＿＿，每一次命令和数据的传输都是从＿＿＿＿＿＿启动写时序开始。

3. DS18B20 数字传感器测温时，可对该传感器进行分辨率为 9 至＿＿＿＿＿＿位的设置，被测温度用符号扩展的＿＿＿＿＿＿位数字量方式串行输出。

4. ＿＿＿＿＿＿电机是直流电能和机械能互相转换的旋转电机。

5. 直流电动机转速控制可分为励磁控制法与电枢电压控制法，其中＿＿＿＿＿＿法动态性能响应较差，＿＿＿＿＿＿法具有调速精度高、响应速度快、调速范围宽和耗损低等特点。

6. PWM 控制是对脉冲＿＿＿＿＿＿＿进行调制。

二、选择题

1. DS18B20 复位时，单片机首先先将 DQ 设置为低电平，延时至少（　　）μs 后再将其变成高电平。

 A. 15   B. 60   C. 480   D. 960

2. 当 DS18B20 写数据时，单片机首先将 DQ 置为低电平，延时（　　）后，将待写的数据以串行形式送至 DQ 端。每发送完一位数据后，将 DQ 端状态再拉回到高电平。

 A. 15μs   B. 60μs   C. 480μs   D. 960μs

3. 当 DS18B20 读数据时，总线控制器把数据线从高电平拉到低电平时，读时序开始，然后数据线必须至少保持（　　），然后总线被释放。

 A. 15μs   B. 60μs   C. 480μs   D. 1μs

4. 将直流电能转换为机械能的是（　　）。

 A. 直流发电机   B. 交流发电机   C. 直流电动机   D. 交流电动机

5. 将机械能转换为直流电能的是（　　）。

 A. 直流发电机   B. 交流发电机   C. 直流电动机   D. 交流电动机

6. PWM 信号运行时（　　）保持不变。

 A. 信号低电平   B. 信号高电平   C. 信号周期   D. 整个信号

三、思考题

编写程序实现温度检测（温度值精确到 2 位小数）。

参 考 文 献

［1］王静霞．单片机基础与应用（C 语言版）［M］．北京：高等教育出版社，2016.

［2］陈希球，陈贵银．单片机应用［M］．北京：高等教育出版社，2017.

［3］刘松，朱水泉．单片机技术与应用［M］．北京：高等教育出版社，2019.

［4］戴娟．单片机技术与应用［M］．2 版．北京：高等教育出版社，2017.

［5］宋铁桥，刘洁，赵叶．C 语言程序设计任务驱动式教程［M］．2 版．北京：人民邮电出版社，2018.

［6］张志良．单片机原理与控制技术——双解汇编和 C51［M］．3 版．北京：机械工业出版社，2013.